房屋建筑工程工程量清单
快速编制实例

田永复　编著

中国建筑工业出版社

图书在版编目（CIP）数据

房屋建筑工程工程量清单快速编制实例/田永复编
著. —北京：中国建筑工业出版社，2015.8
ISBN 978-7-112-17941-1

Ⅰ.①房…　Ⅱ.①田…　Ⅲ.①建筑工程-建筑预算
定额-基本知识　Ⅳ.①TU723.3

中国版本图书馆 CIP 数据核字 (2015) 第 053715 号

　　本书通过住宅建筑工程和幼儿园建筑工程清单项目编制和清单计价示例，详细介绍采用表格方法，快速完成建筑工程清单编制过程和清单计价工作，包括熟悉工程图纸、编制清单资料数据表、项目工程量计算、清单表格编制、编制清单计价表的过程和方法。在最后一章光盘操作知识中，介绍利用光盘表格法，简化计算程序，解决繁重的手工清单编制和计价工作。光盘放入电脑后，输入基本计算基数，电脑自行完成计算和表格编制工作。非常适合工程招标和投标清单编制与计价使用。

　　本书可供工程建设造价人员、施工企业预算人员学习使用，也可作为大专院校相关专业师生教学参考资料。

　　　　责任编辑：范业庶　王砾瑶
　　　　责任设计：董建平
　　　　责任校对：张　颖　党　蕾

房屋建筑工程工程量清单快速编制实例
田永复　编著
*
中国建筑工业出版社出版、发行（北京西郊百万庄）
各地新华书店、建筑书店经销
北京科地亚盟排版公司制版
北京云浩印刷有限责任公司印刷
*
开本：787×1092 毫米　1/16　印张：14½　字数：360 千字
2015 年 7 月第一版　2015 年 7 月第一次印刷
定价：**45.00** 元（含光盘）
ISBN 978-7-112-17941-1
(27184)

前　　言

对房屋建筑工程工程量清单的编制与计价，我们在《房屋建筑与装饰工程工程量计算规范》GB 50854—2013 解读与应用示例一书中，对其具体操作作了比较详细介绍，但那是一个花费时间长，消耗精力大的一项工作。而在工程量清单编制工作中，最让人头疼的工作就是计算工程量，因为它牵涉的项目多，计算内容烦琐，消耗大量精力，容易使人产生烦躁和疲惫。

在清单计价工作中，最让人厌烦的事情就是重复性计算方式，因为它牵涉多项目的、单一性的重复计算，重复到使人产生厌倦和厌恶。

为此，我们特编著本书，在普及电脑的今天，利用光盘表格法，来解决繁重的手工计算，使其简化计算程序，减少计算工作量，快速完成编制工作。

在光盘中，按工程量清单计价规范设置一些相应表格，将光盘放入电脑打开后，按工作进程选用相应表格，只要输入最基本的基数（如长、宽、高，或单价、百分率等），就可立刻得到你所需要的计算结果，从而摒弃手工计算器和烦琐的计算操作，减少了寻找计算公式和计算系数的麻烦，使过去需要若干小时、甚至若干天的工作劳累，即可在瞬间简单完成。使复杂的计算工作，变成简单的填表游戏。本书内容共分为五章：

第一章　住宅建筑工程"项目清单编制"。介绍采用表格方法，编制住宅房屋"工程量清单"的全过程。

第二章　住宅建筑工程"清单计价"。介绍采用表格方法，快速完成住宅房屋工程的"清单计价"工作。

第三章　幼儿园建筑工程"项目清单编制"。以幼儿园工程复习和扩展，用表格法编制工程量清单。

第四章　幼儿园建筑工程"清单计价"。衔接上一章内容，复习和扩展表格法的清单计价。

第五章　光盘操作知识。以通俗易懂的形式，介绍使用光盘表格的一些基本操作知识。

附：计价计算光盘。光盘中列有四套表格：第一套"住宅建筑工程"快速计算表；第二套"幼儿园建筑工程"快速计算表；第三套"建筑工程基础定额基价表"、第四套"装饰装修工程消耗量定额基价表"。

房屋建筑工程工程量清单及计价，因工程结构形式多样化，如何提高编制速度，还需要在实践中不断总结经验和积累知识，因此，对本书编写中的错误和不足，恳请广大读者多加谅解和批评指正，在此表示谢意。

在本书编写过程中，吴宝珠、杨芳、徐俭红、杨晓东、廖艳平、田春英、孟宪军、田夏峻、田夏涛、孟晶晶等，担任了部分章节内容的收集、整理和数据复核计算工作，在此一并表示谢意。

目　　录

第一章　住宅建筑工程项目清单编制 ·· 1

第一节　工程图纸 ··· 1

　　一、工程图纸设计说明 ·· 1

　　二、工程平面图 ·· 2

　　三、工程立面图 ·· 4

　　四、工程剖面图 ·· 6

　　五、工程结构图 ·· 7

　　六、其他构配件图 ·· 9

第二节　编制清单资料数据表 ··· 10

　　一、房间平面尺寸数据表 ·· 10

　　二、房间墙裙踢脚数据表 ·· 14

　　三、门窗洞口尺寸数据表 ·· 19

　　四、砖砌墙柱数据表 ·· 21

　　五、基础土方与砖基工程数据表 ·· 25

　　六、混凝土及钢筋混凝土构件数据表 ··· 29

第三节　项目工程量计算 ··· 43

　　一、土方工程的工程量计算 ·· 43

　　二、砌筑工程的工程量计算 ·· 44

　　三、钢筋混凝土工程的工程量计算 ··· 45

　　四、木结构工程的工程量计算 ·· 50

　　五、门窗工程的工程量计算 ·· 53

　　六、屋面及防水工程的工程量计算 ··· 54

　　七、楼地面工程的工程量计算 ·· 56

　　八、墙、柱面工程的工程量计算 ·· 58

　　九、天棚面工程的工程量计算 ·· 60

　　十、油漆涂料工程的工程量计算 ·· 62

　　十一、栏杆扶手项目的工程量计算 ··· 63

　　十二、措施项目的工程量计算 ·· 64

第四节　清单表格编制 ··· 65

　　一、分部分项工程和单价措施项目清单与计价表 ·································· 66

　　二、总价措施项目清单与计价表 ·· 71

　　三、其他项目清单与计价汇总表 ·· 72

　　四、规费、税金项目计价表 ……………………………………………… 74

　　五、主要材料、工程设备一览表 ………………………………………… 74

　　六、封面、扉页、总说明的填写 ………………………………………… 75

第二章　住宅建筑工程"清单计价" …………………………………… 77

第一节　编制清单计价资料数据表 ………………………………………… 77

　　一、"清单计价资料数据表" …………………………………………… 77

　　二、"主要施工材料数据表" …………………………………………… 83

第二节　编制清单计价表 …………………………………………………… 89

　　一、综合单价分析表 …………………………………………………… 89

　　二、分部分项工程和单价措施项目清单与计价表 …………………… 95

　　三、总价措施项目清单与计价表 ……………………………………… 100

　　四、其他项目清单与计价汇总表 ……………………………………… 101

　　五、规费、税金项目计价表 …………………………………………… 103

　　六、主要材料、工程设备一览表 ……………………………………… 103

　　七、单位工程招标控制价/投标报价汇总表 ………………………… 104

　　八、封面、扉页、总说明的填写 ……………………………………… 106

第三章　幼儿园建筑工程"项目清单编制" ……………………… 107

第一节　编制前准备工作 …………………………………………………… 107

　　一、幼儿园工程图纸内容 ……………………………………………… 107

　　二、编制清单资料数据表 ……………………………………………… 116

第二节　项目工程量计算 …………………………………………………… 138

　　一、土方工程的工程量计算 …………………………………………… 138

　　二、砌筑工程的工程量计算 …………………………………………… 140

　　三、混凝土及模板工程量计算 ………………………………………… 141

　　四、钢筋工程的工程量计算 …………………………………………… 144

　　五、木门窗工程的工程量计算 ………………………………………… 147

　　六、屋面及防水工程的工程量计算 …………………………………… 147

　　七、楼地面工程的工程量计算 ………………………………………… 148

　　八、墙柱面工程的工程量计算 ………………………………………… 150

　　九、天棚面工程的工程量计算 ………………………………………… 152

　　十、油漆涂料工程的工程量计算 ……………………………………… 153

　　十一、栏杆扶手项目的工程量计算 …………………………………… 154

　　十二、措施项目的工程量计算 ………………………………………… 154

第三节　填写工程量清单项目表 …………………………………………… 155

　　一、分部分项工程和单价措施项目清单与计价表 …………………… 155

　　二、总价措施项目清单与计价表 ……………………………………… 159

　　三、其他项目清单与计价汇总表 ……………………………………… 160

四、规费、税金项目计价表 ················ 162

五、主要材料、工程设备一览表 ············ 163

六、填写封面、扉页和总说明 ·············· 163

第四章　幼儿园建筑工程"清单计价" ·········· 164

第一节　编制清单计价资料数据表 ············ 164

一、编制"计价数据表" ·················· 164

二、编制"主要施工材料数据表" ············ 171

第二节　填写清单计价表 ·················· 176

一、综合单价分析表 ···················· 176

二、分部分项工程和单价措施项目清单与计价表 ···· 180

三、总价措施项目清单与计价表 ············ 185

四、其他项目清单与计价汇总表 ············ 186

五、规费、税金项目计价表 ················ 188

六、主要材料、工程设备一览表 ············ 189

七、单位工程招标控制价/投标报价汇总表 ······ 190

八、封面、扉页、总说明的填写 ············ 191

第五章　光盘操作知识 ···················· 192

第一节　光盘表格的开启 ·················· 192

一、光盘及表格开启 ···················· 192

二、表格的移动和移植 ·················· 195

第二节　编制表格的结构形式 ··············· 196

一、表格"编辑框" ···················· 196

二、表格结构操作 ····················· 198

第三节　表格的填写、画线与分页 ············ 203

一、"项目格"的填写与修改 ·············· 203

二、绘制表格线与文字对位 ··············· 205

三、表格的分页分段 ···················· 209

四、表格的移动与缩放 ·················· 215

第四节　《定额基价表》修改方法 ············ 216

一、对"工日、材料"单价的修改 ············ 216

二、对"工日、材料"耗用量的修改 ·········· 218

作者著作简介 ························· 222

第一章　住宅建筑工程项目清单编制

　　对房屋建筑工程工程量清单的编制与计价，我们在《房屋建筑与装饰工程工程量计算规范》GB 50854—2013 解读与应用示例一书中，将其具体操作作了比较详细的介绍，本章采用快速简化方法，来阐述编制该房屋的工程量清单。我们将其分为：工程图纸、编制清单资料数据表、工程量计算、清单表格编制四节加以介绍。

第一节　工 程 图 纸

一、工程图纸设计说明

本图设计说明见表 1.1-1 和表 1.1-2 所述。

单体式住宅建筑设计说明　　　　　　　　　　　　　　表 1.1-1

设计说明	1. 本设计为三层楼高级住宅的土建工程，不包括装饰工程和水电工程
	2. 图中标注尺寸，标高为 m，其他为 mm
基础	1. 土壤为三类坚土，地下水位较低，不考虑其影响
	2. 砖基础用 M5 水泥砂浆，砖墙身用 M2.5 水泥石灰砂浆砌筑
楼地面	1. 室内地面为 100mm 厚 C10 碎石混凝土垫层，面层为 1：2 水泥砂浆块料面层
	2. 楼面为 100mm 厚现浇钢筋混凝土板，面层为 1：2 水泥砂浆块料面层
	3. 卫生间为涂膜防水层
	4. 楼梯间为现浇钢筋混凝土楼梯，1：2 水泥砂浆块料面层
	5. 车库斜坡为 100mm 厚 C10 混凝土垫层、1：2 水泥砂浆防滑面层
	6. 室外散水为 60mm 厚 C15 混凝土一次抹光
	7. 室外台阶为 C10 混凝土，1：2 水泥砂浆块料面层
墙面装饰	1. 外墙面为 1：3 水泥砂浆底，1：1.5 石子浆水刷石面层
	2. 外墙勒脚：高 500mm，镶贴凸凹假麻石面
	3. 玻璃幕窗洞口外周边镶贴瓷板
	4. 柱面水泥砂浆贴瓷板
	5. 内墙面为 20mm 厚 1：1：6 混合砂浆底，1：1：4 混合砂浆面，涂刷乳胶漆两遍
天棚面	80mm 厚现浇钢筋混凝土板，1：3 水泥砂浆底，1：2.5 水泥砂浆面，涂刷乳胶漆两遍
屋面	100mm 厚现浇钢筋混凝土板，塑料油膏涂膜防水，盖黏土瓦

门窗洞口基本数据　　　　表 1.1-2

门洞口名称		洞口尺寸（m）		樘数	门洞口名称		洞口尺寸（m）		樘数
编号	类型	洞宽	洞高		编号	类型	洞宽	洞高	
M-1	车库卷闸门	4.80	3.30	1	C-1	铝合金玻璃幕窗	3.00	5.50	2
M-2	双开木大门	1.20	2.40	1	C-2	铝合金玻璃窗	1.20	2.30	2
M-3	单扇木装饰门	0.90	2.10	9	C-2A	铝合金玻璃幕窗	1.50	2.30	1
M-4	单扇木装饰门	0.80	2.10	9	C-3	塑钢窗	1.80	1.50	5
M-5	单扇木装饰门	0.80	2.10	1	C-4	塑钢窗	1.50	1.50	2
MC-1	塑钢推拉门	3.50	2.40	1	C-5	塑钢窗	1.20	1.50	10
MC-2	塑钢推拉门	2.40	2.40	2	C-6	塑钢窗	3.50	1.50	2
底层	楼梯间过道洞口	1.50	3.70	1	天窗正面	塑钢窗	1.20	1.25	1
底层	车库走道	0.82	3.70	1	天窗侧面	塑钢窗	2.50	0.90	1
底层	D墙餐厅洞口	1.90	3.70	1	露台墙	⑦墙顶栏杆口	3.50	0.80	1
					露台墙	B墙顶栏杆口	3.50	0.80	1

二、工程平面图

平面图包括：底层平面图 1.1-1；二层平面图 1.1-2，三层平面图 1.1-3，屋顶平面图 1.1-4。

1-1 剖面见图 1.1-9，2-2 剖面见图 1.1-10。

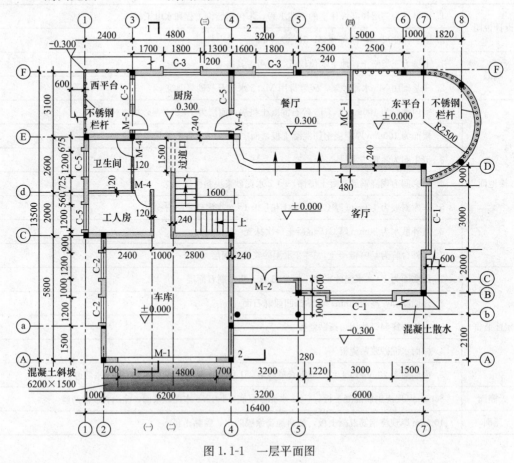

图 1.1-1　一层平面图

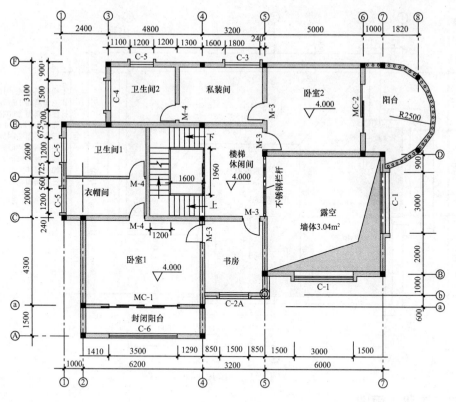

图 1.1-2 二层平面图

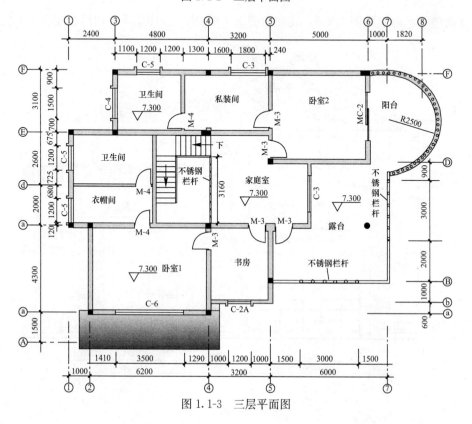

图 1.1-3 三层平面图

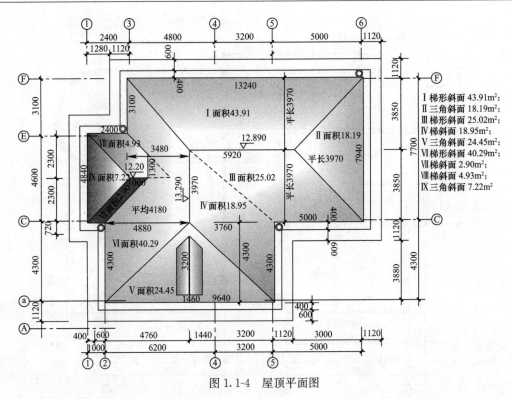

图 1.1-4　屋顶平面图

三、工程立面图

立面包括：南立面图 1.1-5，北立面图 1.1-6，东立面图 1.1-7 和西立面图 1.1-8。

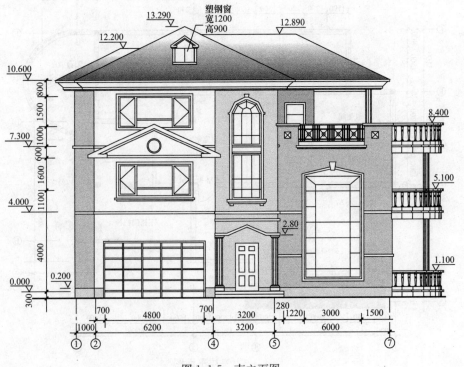

图 1.1-5　南立面图

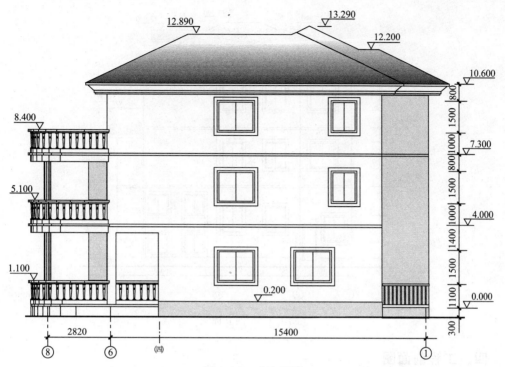

图 1.1-6 北立面图

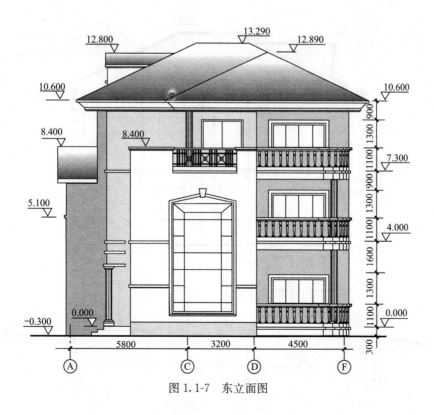

图 1.1-7 东立面图

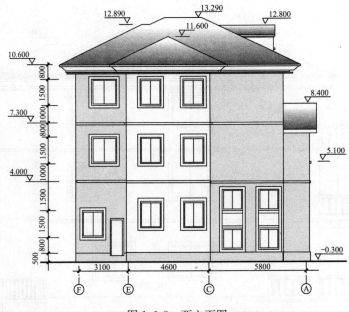

图 1.1-8　西立面图

四、工程剖面图

剖面图包括：车库所处位置剖面图 1.1-9、客厅楼梯所处位置剖面图 1.1-10。

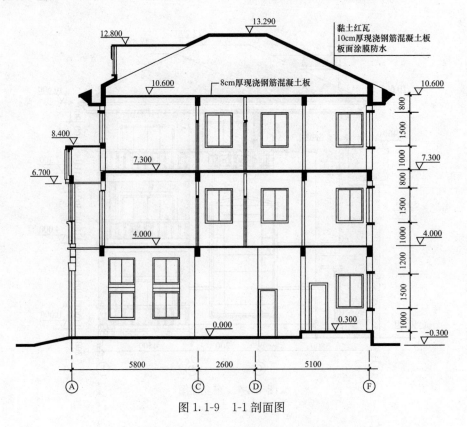

图 1.1-9　1-1 剖面图

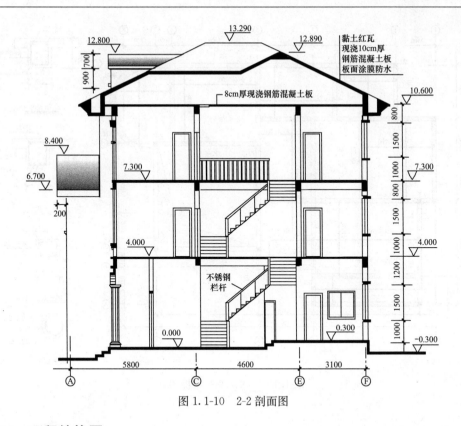

图 1.1-10　2-2 剖面图

五、工程结构图

结构图包括：房屋图 1.1-11，标高 4.00m 楼板结构图 1.1-12，标高 7.30m 楼板结构图 1.1-13，标高 10.600m 天棚板结构图 1.1-14，屋面板结构图 1.1-15。

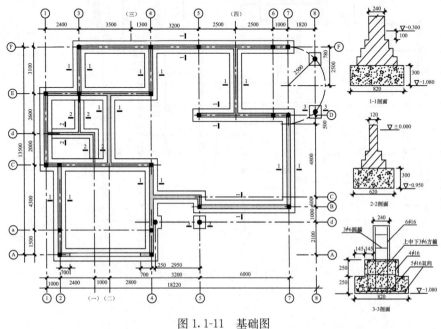

图 1.1-11　基础图

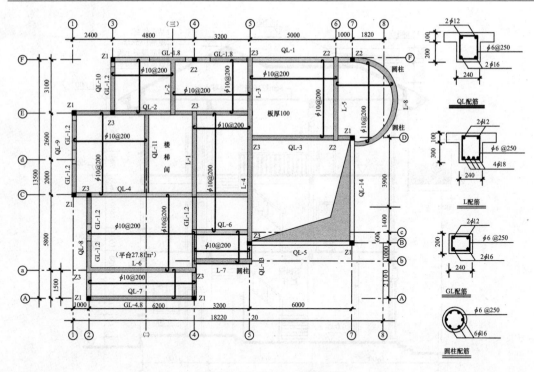

图 1.1-12 ▽4.000 梁板图

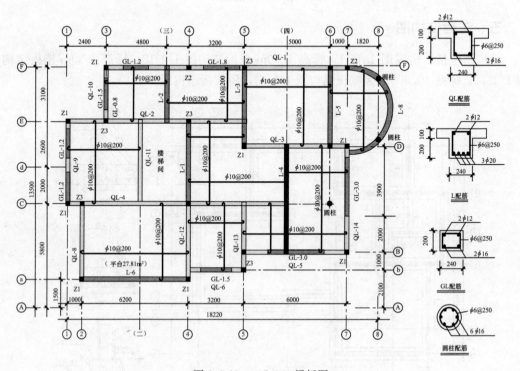

图 1.1-13 ▽7.300 梁板图

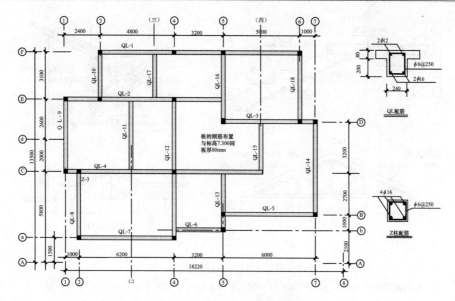

图 1.1-14　▽10.060 圈梁图

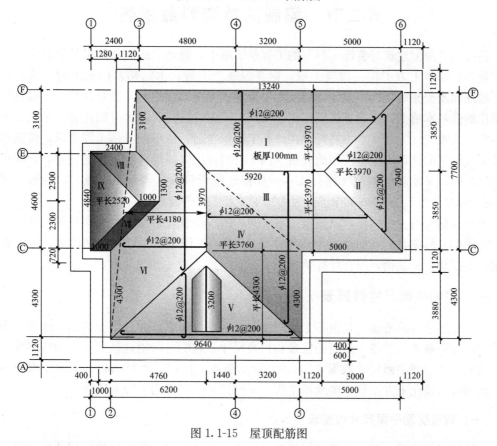

图 1.1-15　屋顶配筋图

六、其他构配件图

其他构配件如图 1.1-16 所示。

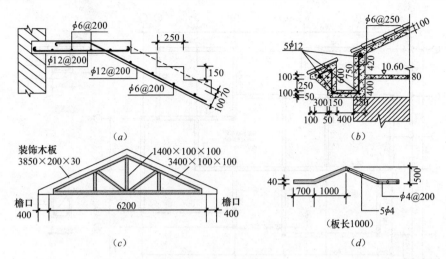

图 1.1-16　构配件图

(*a*) 楼梯配筋图；(*b*) 天沟大样图；(*c*) 封闭阳台木屋架（共 3 付）；(*d*) 门廊钢筋混凝土板

第二节　编制清单资料数据表

在编制"房屋建筑与装饰工程"的工程量清单中，最繁重的工作就是计算各个项目的工程量，它牵涉土方工程、砌筑工程、钢筋混凝土工程、木结构及门窗工程、楼地面工程、墙柱面及天棚面装饰、油漆涂料及脚手架等很多不同项目的工程量计算，承接这些计算工作的最基本感受，就是具体操作相当烦琐，手工计算耗费大量时间，是"编制工程量清单"最大难点。为此，本书特推荐在计算工程量之前，依不同分部工程要求，按图示尺寸填写几份帮助计算工程量使用的表格（约 21 份），用以减轻计算工作的劳累，它既可节省操作时间，又能避免烦琐计算公式，一旦将这些资料数据表编制完成后，就等于完成"编制工程量清单"的 80％工作量，大大减少计算工作的劳累。

编制数据表的主要操作，就是按图示房间，图示轴线，抄写长、宽、高等尺寸，少数表格需用部分简单心算（如加减半砖尺寸等），唯一工作量就是逐一查询图纸，填写相应数据，不能缺少和填错，没有计算负担。

一、房间平面尺寸数据表

一栋房屋建筑的平面，是由各个房间相互组合设计而成，通过第一节的平面布置图可以看出，其明确表示了各个房间的位置和长宽尺寸，我们可以用这些房间的轴线名称和尺寸，编制出"房间平面尺寸数据表"，供计算房屋占地面积、建筑面积、室内净面积等使用，从而可以简化土方工程、楼地面工程、天棚抹灰工程等的工程量计算。

（一）首层房间平面尺寸数据表

对任何房屋建筑，首先要按底层平面（图 1.1-1），编制出第一层的房间数据表格，见表 1.2-1。表中颜色格是按图 1.1-1 所示房间名称、轴线及其尺寸填写的数据，无颜色格是表格自动计算显示的数据。表中各项说明如下：

（1）"项目名称"栏：按图示列出各个房间名称，如果图中未有明示者，可自行命名填写。

（2）"轴线及尺寸"栏：轴线是确定房间位置的基准线，按平面图示填写该房间的纵、横轴线名称及图示长宽尺寸，如果房间尺寸不明确应进行推算。

（3）"占地面积尺寸"栏：此处占地面积是指各个房间外墙所围面积，其中：

1）"加减长"：是指房间在确定墙体实长时，即按外端尺寸计算，应在轴线长基础上加进交叉墙体厚。如车库Ⓐ～Ⓒ轴按外墙，其"加减长"＝＋0.12－0.12＝0.00；而车库②～④轴按外墙，其"加减长"＝0.12＋0.12＝0.24m。

2）"实长"即：实长＝轴线长＋加减长，表中会自动计算显示。

3）"面积"即：占地面积＝该房间两实长之乘积，表中会自动计算显示。

4）"室内净面积"：是指房间墙内边线所围面积，其中：

首层组合房间平面尺寸表　　　　　　　　表 1.2-1

项目名称		轴线及尺寸		占地面积尺寸				室内净面积尺寸			建筑面积（m²）
		轴线（m）	轴线长（m）	加减长（m）	实长（m）	面积（m²）	间数	加减长（m）	净长（m）	面积（m²）	
第一层 ±0.00	车库	Ⓐ～Ⓒ	5.80	0.00	5.80	37.35	1	－0.24	5.56	33.14	37.35
		②～④	6.20	0.24	6.44			－0.24	5.96		
	门廊	ⓑ～Ⓒ	1.60	0.00	1.60	4.74	1	－0.24	1.36	4.03	4.74
		④～⑤	3.20	－0.24	2.96			－0.24	2.96		
	客厅	Ⓑ～Ⓓ	5.90	0.24	6.14	36.84	1	－0.24	5.66	33.28	36.84
		⑤～⑦	6.00	0.00	6.00			－0.12	5.88		
		Ⓒ～Ⓓ	5.30	0.24	5.54	17.73	1	－0.24	5.06	16.19	17.73
		④～⑤	3.20	0.00	3.20			0	3.20		
	楼梯间	Ⓒ～Ⓔ	4.60	0.24	4.84	13.55	1	－0.24	4.36	12.21	13.55
		(二)～④	2.80	0.00	2.80			0	2.80		
	走道	Ⓒ～ⓓ	2.00	0.18	2.18	1.79	1	－0.18	1.82	1.49	1.79
		(一)～(二)	1.00	－0.18	0.82			－0.18	0.82		
	工人间	Ⓒ～ⓓ	2.00	0.18	2.18	7.80	1	－0.18	1.82	5.86	7.80
		①～(一)	3.40	0.18	3.58			－0.18	3.22		
	卫生间	ⓓ～Ⓔ	2.60	0.06	2.66	7.02	1	0	2.42	5.37	7.02
		①～③	2.40	0.24	2.64			－0.18	2.22		
	西平台	Ⓔ～Ⓕ	3.10	0.00	3.10	7.44	0.5	0	3.10	7.44	3.72
		①～③	2.40	0.00	2.40			0	2.40		
	厨房	Ⓔ～Ⓕ	3.10	0.00	3.10	15.62	1	－0.24	2.86	13.04	15.62
		③～④	4.80	0.24	5.04			－0.24	4.56		
	餐厅	Ⓓ～Ⓕ	4.50	0.00	4.50	25.65	1	－0.24	4.26	23.26	25.65
		④～(四)	5.70	0.00	5.70			－0.24	5.46		
	东平台	Ⓓ～Ⓕ	4.50	0.00	4.50	15.75	0.5	－0.24	4.26	14.40	7.88
		(四)～⑦	3.50	0.00	3.50			－0.12	3.38		
		⑦～⑧	2.50	R	7.85	9.82	0.5			9.82	4.91
	首层部分				99.07	201.10			85.40	179.53	184.60

①"加减长"是指确定该房间内墙净长时，应在轴线长基础上，减去两端交叉墙体厚尺寸。如车库Ⓐ～Ⓒ轴按墙净长，其"加减长"两端各减0.12m，则为−0.24m；而车库②～④轴按墙净长，同理为−0.24m。

② 净长＝轴线长＋加减长，表中会自动计算显示。

③ 面积＝纵横轴两净长之乘积，表中会自动计算显示。

（4）"建筑面积"栏：是指按《建筑工程建筑面积计算规范》GB/T 50353—2013 所计算的面积，即为房间外墙所围面积，一般等于占地面积，表中一般会自动计算显示，不需手工填写。

其中对于某些特殊面积的处理：对于阳台、平台等，依《建筑工程建筑面积计算规范》GB/T 50353—2013 规定，按面积一半计算建筑面积，这可在"间数"格内填写"0.5"，如表中"西平台"和"东平台"的建筑面积所示。

对于特殊平面形式的面积，如圆形、半圆形、异边形等，应按其计算公式计算出面积后进行填写，如表中东平台的半阳台（横轴Ⓓ～Ⓕ，纵轴⑦～⑧），其占地面积＝3.1416×半径（2.5）²/2＝9.82m²，则建筑面积＝9.82÷2＝4.91m²。

（二）楼层房间平面尺寸数据表

"楼层房间平面尺寸数据表"是与上表衔接的表，见表1.2-2。二层及其以上楼层房间的组合，与第一层比较总会有部分变化，但如果各个楼层的房间变化不是很大，在填写平面尺寸表格时，可以将同位置上平面图形尺寸相同的房间，合并起来列项填写，如表1.2-2中所示第二、第三层"卧室1，书房"为二、三层合并项，"楼梯间，衣帽间，卫生间1，卫生间2"为二、三层合并项等，但应在相应"间数"格内填写相应层数或间数。

楼层组合房间平面尺寸表　　表 1.2-2

项目名称		轴线及尺寸		占地面积尺寸			室内净面积尺寸				建筑面积	
		轴线	轴线长(m)	加减长(m)	实长(m)	净面(m²)	层数	加减长(m)	净长(m)	净面(m²)	间数	面积(m²)
第二层	封闭阳台	Ⓐ～ⓐ	1.50	0.00	1.50	9.66	1	−0.24	1.26	7.51	1	9.66
		②～④	6.20	0.24	6.44			−0.24	5.96			
第二、三层	卧室1	ⓐ～Ⓒ	4.30	0.00	4.30	27.69	2	−0.24	4.06	48.40	2	55.38
		②～④	6.20	0.24	6.44			−0.24	5.96			
	书房	ⓑ～Ⓒ	3.70	0.00	3.70	11.84	2	−0.24	3.46	20.48	2	23.68
		④～⑤	3.20	0.00	3.20			−0.24	2.96			
第二层	休闲间	Ⓒ～Ⓕ	4.60	0.24	4.84	15.49	1	−0.24	4.36	12.91	1	15.49
		④～⑤	3.20	0.00	3.20			−0.24	2.96			
	楼梯间	Ⓒ～Ⓕ	4.60	0.24	4.84	13.55	2	−0.24	4.36	24.42	2	27.10
		(二)～④	2.80	0.00	2.80			0	2.80			
第二、三层	衣帽间	Ⓒ～ⓓ	2.00	0.18	2.18	9.59	2	−0.18	1.82	15.14	2	19.18
		①～(二)	4.40	0.00	4.40			−0.24	4.16			
	卫生间1	ⓓ～Ⓔ	2.60	0.06	2.66	11.70	2	−0.18	2.42	20.13	2	23.41
		①～(二)	4.40	0.00	4.40			−0.24	4.16			
	卫生间2	Ⓔ～Ⓕ	3.10	0.00	3.10	10.85	2	−0.24	2.86	18.65	2	21.70
		③～(三)	3.50	0.00	3.50			−0.24	3.26			

续表

项目名称		轴线及尺寸			占地面积尺寸		室内净面积尺寸				建筑面积	
		轴线	轴线长(m)	加减长(m)	实长(m)	净面(m²)	层数	加减长(m)	净长(m)	净面(m²)	间数	面积(m²)
第二层	私装间	Ⓔ~Ⓕ	3.10	0.00	3.10	14.69	1	−0.24	2.86	12.18	1	14.69
		(三)~⑤	4.50	0.24	4.74			−0.24	4.26			
第三层	家庭室	Ⓒ~Ⓔ	4.60	0.24	4.84	15.49	1	−0.24	4.36	13.95	1	15.49
		④~⑤	3.20	0.00	3.20			0	3.20			
		Ⓒ~Ⓓ	3.20	0.00	3.20	8.00	1	−0.24	2.96	7.04	1	8.00
		⑤~(四)	2.50	0.00	2.50			−0.12	2.38			
第二层	卧室2	Ⓓ~Ⓕ	4.50	0.00	4.50	22.50	1	−0.24	4.26	20.28	1	22.50
		⑤~⑥	5.00	0.00	5.00			−0.24	4.76			
第三层	卧室2	Ⓓ~Ⓕ	4.50	0.00	4.50	23.58	1	−0.24	4.26	20.28	1	23.58
		⑤~⑥	5.00	0.24	5.24			−0.24	4.76			
第二、三层	阳台	Ⓓ~Ⓕ	4.50	0.00	4.50	5.04	2	−0.24	4.26	7.50	0.5	2.52
		⑥~⑦	1.00	0.12	1.12			−0.12	0.88			
		Ⓓ~Ⓕ	4.50	←仅显示位置		9.82	2			19.64	0.5	4.91
		⑦~⑧	2.50	←指R半径尺寸								
第二层	露空间	Ⓑ~Ⓓ	5.90	0.24	6.14	1.47	1		0.00		1	1.47
		⑤~⑦	6.00	0.00	6.00	1.44			0.00			1.44
第三层	露台	Ⓒ~Ⓓ	3.20	0.00	3.20	11.20	1	−0.24	2.96	9.65	0.5	5.60
		(四)~⑦	3.50	0.00	3.50			−0.24	3.26			
		Ⓑ~Ⓒ	2.70	0.00	2.70	16.20	1	−0.24	2.46	14.76	0.5	8.10
		⑤~⑦	6.00	0.00	6.00			0	6.00			
楼层部分					135.48	239.81			114.70	292.91		303.91

　　另外，对于特殊情况的房间，如第二层的露空房间，它只有砖墙所占面积，楼地面不占面积，故应只按墙体尺寸计算出"砖墙所占面积"后再进行填写，即轴线Ⓓ~Ⓑ长所占面积＝6.14×0.24＝1.47m²；轴线⑤~⑦长所占面积＝6.0×0.24＝1.44m²。

　　对第二、三层阳台，轴线Ⓓ~Ⓕ，⑦~⑧为半圆形，按圆形计算公式"πR^2"计算填写，即：占地面积＝3.1416×半径（2.5m）²/2＝9.82m²，室内净面积＝9.82×2间＝19.64m²，建筑面积＝19.64×0.5＝9.82m²。

　　对第三层露台，依《建筑工程建筑面积计算规范》规定，应按其面积一半填写其建筑面积。

（三）非矩形房间平面面积计算表

　　一般房间平面形式多为矩形，但也有少数为非矩形，如本例中的东阳（平）台为半圆形，这时，需要将面积值计算出来后，再填写到表格中的相应行格内，如表1.2-2中东阳（平）台半圆占地面积＝9.82m²，具体计算可利用表1.2-3"不同平面形式面积计算表"。在该表中，根据具体形式，只要输入相关基数（如颜色格所示），即可完成计算面积工作。

不同平面形式面积计算表　　　　　　　　　　表 1.2-3

平面形式名称	计算基数（m、m²）				平面形式名称	计算基数（m、m²）		
三角形平面	底宽	中高	间数	面积	正五边形平面	边长	间数	面积
	3.00	2.00	1.00	3.00		2.00	1.00	6.88
梯形平面	平均宽	中高	间数	面积	正六边形平面	边长	间数	面积
	2.00	3.00	1.00	6.00		2.00	1.00	10.39
抛物线形平面	底宽	中高	间数	面积	正八边形平面	边长	间数	面积
	3.00	1.00	1.00	2.00		2.00	1.00	19.31
割圆平面	中心角	玄高	间数	面积	圆形平面	半径	间数	面积
	90.00	1.00	1.00	0.29		2.50	0.50	9.82

二、房间墙裙踢脚数据表

房间墙裙与踢脚是各个内墙上的长度数据，外墙裙（称为勒脚）是外墙长度数据，由于它牵涉门窗洞口尺寸，所以计算起来比较复杂，而利用"房间墙裙踢脚数据表"则可大大减少其计算工作量。由于首层与楼层房间组合有些变化，所以编制该表时，应分别不同层次进行编制。

（一）首层房间墙裙踢脚数据表

该表根据底层平面图进行填写的表格，其中轴线名称要明确到具体位置，见表 1.2-4 中所示。表内颜色格为手工填写，填写内容稍复杂一些，各项说明如下：

首层房间墙裙踢脚数据表　　　　　　　　　　表 1.2-4

首层房间		内墙净长 (m)	内墙洞口尺寸 (m)			墙裙高	1.50m	勒脚高	0.30m	外墙背面 (m、m²)		
名称	轴线		洞名称	洞口长 (m)	洞口高 (m)	裙洞高 (m)	裙面积 (m²)	勒脚长 (m)	勒面积 (m²)	墙长	内面高	墙面积
车库	Ⓐ～Ⓒ②	5.56	C-2	1.20	2.30	0.50	7.74	5.80	1.74	5.56	3.90	18.92
	Ⓐ～Ⓒ④	5.56					8.34	2.10	0.63	2.10	3.90	8.19
	②～④Ⓐ	5.96	M-1	4.80	3.30	1.50	1.74	1.40	0.42	5.96	3.90	7.40
	②～④Ⓒ	5.96	走道口	0.82	3.70	1.50	7.71		0.00			
门廊	ⓑ～Ⓒ④	1.36					2.04		0.00	1.36	3.90	5.30
	Ⓑ～Ⓒ⑤						0.00		0.00	0.60	3.90	2.34
	④～⑤Ⓒ	2.96	M-2	1.20	2.40	1.50	2.64		0.00			
客厅	Ⓑ～Ⓓ⑦	5.66	C-1	3.00	2.90	0.50	6.99	4.76	1.43	5.66	3.90	13.37
	⑤～⑦Ⓑ	5.88	C-1	3.00	2.90	0.50	7.32	6.12	1.84	5.88	3.90	14.23
	⑤～⑦Ⓓ	5.88	洞口	1.90	3.70	1.50	5.97		0.00			
楼梯间	Ⓒ～Ⓔ㈠	4.36	洞口	1.50	3.70	1.50	4.29		0.00			
	㈠～④Ⓒ	2.80					4.20		0.00			
	㈠～④Ⓔ	2.80					4.20		0.00			
走道	Ⓒ～ⓓ㈠	1.82					2.73		0.00			
	Ⓒ～ⓓ㈡	2.86					4.29		0.00			

续表

首层房间 名称	轴线	内墙净长 (m)	内墙洞口尺寸 (m) 洞名称	洞口长 (m)	洞口高 (m)	墙裙高 裙洞高 (m)	1.50m 裙面积 (m²)	勒脚高 勒脚长 (m)	0.30m 勒面积 (m²)	外墙背面 (m、m²) 墙长	内面高	墙面积
工人间	ⓒ~ⓓ①	1.82	C-5	1.20	1.50	0.50	2.13	2.00	0.60	1.82	3.90	5.30
	ⓒ~ⓓ(一)	1.82					2.73		0.00			
	①~(一)ⓒ	3.22					4.83	1.00	0.30	1.00	3.90	3.90
	①~(一)ⓓ	3.22	M-4	0.80	2.10	1.50	3.63		0.00			
卫生间	ⓓ~ⓔ①	2.42	C-5	1.20	1.50	0.50	3.03	2.60	0.78	2.42	3.90	7.64
	ⓓ~ⓔ③	2.42	M-4	0.80	2.10	1.50	2.43		0.00			
	①~③ⓓ	2.22					3.33		0.00			
	①~③ⓔ	2.22					3.33		0.00			
西平台	ⓔ~ⓕ①						0.00	3.10	0.93			
	ⓔ~ⓕ③	3.10	M-5	0.80	2.10	1.50	3.45		0.00	3.10	3.90	10.41
	①~③ⓔ	2.40					3.60			2.40	3.90	9.36
	①~③ⓕ						0.00	2.52	0.76			
厨房	ⓔ~ⓕ③	2.86	M-5	0.80	2.10	1.50	3.09		0.00			
	ⓔ~ⓕ④	2.86	M-4	0.80	2.10	1.50	3.09		0.00			
	③~④ⓔ	4.56					6.84		0.00			
	③~④ⓕ	4.56	C-3	1.80	1.50	0.50	5.94	4.80	1.44	4.56	3.90	15.08
餐厅	ⓓ~ⓕ④	3.10	M-4	0.80	2.10	1.50	3.45					
			C-5	1.20	1.50	0.50	−0.60		0.00			
	ⓓ~ⓕ(四)	4.26					6.39		0.00			
	④~(四)ⓓ	2.50	洞口	1.90	3.70	1.50	0.90					
	④~(四)ⓕ	5.46	C-3	1.80	1.50	0.50	7.29	5.70	1.71	5.46	3.90	18.59
东平台	ⓓ~ⓕ(四)	4.26	MC-1	3.50	2.40	1.50	1.14		0.00			
	(四)~⑦ⓓ	3.38					5.07		0.00			
	(四)~⑦ⓕ						0.00	3.50	1.05	0.40	3.90	1.56
	⑦~⑧							7.85	2.36			
首层墙面		122.08					145.29	48.28	58.50			141.61

（1）"房间名称与轴线"栏：房间名称与表 1.2-1 相对应，一个矩形房间有四个轴线名称，其名称填写要表示轴线处方向和轴线位置，见表 1.2-4 所示：车库处于ⓐ~ⓒ轴之间有②轴和④轴，处于②~④之间有ⓐ轴和ⓒ轴。其他如此类推。

（2）"内墙净长"栏：该表的净长是指各个内墙体本身净长，需要按图示布置逐个审视，大部分尺寸与表 1.2-1 相一致，但有部分墙体稍有不同，相同的表中会自动显示（如表中无色格所示），不同的应按图示墙长填写（如表中颜色格所示）。

（3）"内墙洞口尺寸"栏：它是指一个房间每面墙上的洞口尺寸，按图示所示洞口填写（如表中颜色格所示）。

（4）"墙裙"栏：有墙裙高、裙洞高、裙面积三个数据。

"墙裙高"按设计说明填写，如本例表顶颜色格以"1.50m"所示。

"裙洞高"是指墙上墙裙范围内的洞口高度，如门洞的裙洞高为 1.50m，窗洞口若窗底与地面距离为 1.00m 时，其裙洞高=1.5-1.0=0.50m，如表中颜色格所示。

"裙面积"=内墙净长×墙裙高-洞口长×裙洞高，表中会自动计算显示。

（5）"勒脚"栏：有勒脚高、勒脚长、勒面积三个数据。

"勒脚高"按设计说明填写，如本例表顶颜色格以"0.50m"所示。

"勒脚长"按外墙勒脚实长填写，即按外墙长扣减勒脚范围内的洞口和台阶等所占长度（如表中颜色格所示）。

"勒面积"＝勒脚长×勒脚高，表中会自动计算显示。

（6）"外墙背面"栏：有墙长、内面高、墙面积三个数据。

"墙长"是指外墙的背里面墙长，一般等于该墙体的净长（本表会自动显示），但有个别特殊地方需要按图示填写（如门廊Ⓑ～Ⓒ/⑤轴，东平台㈣～⑦/Ⓕ轴）。

"内面高"是指外墙背里面减去楼板厚的高度，主要为计算内墙面装饰提供数据（其他内墙的墙面在"砖砌内墙数据表"中提供），如本例首层内墙高＝层高4.0－楼板厚0.1＝3.90m（如表中颜色格所示）。

"墙面积"是指外墙处的背里面面积，根据图纸所示位置计算，其面积＝墙长×内面高－洞口长×洞口高，表中会自动计算显示。

（二）楼层房间墙裙踢脚数据表

楼层房间若各层的组合布置相同时，可将各楼层房间合并在一起，编制一份表格，只需在"外墙背面"栏中"内面高"和"层数或间数"栏，按全楼层填写即可。若各层房间布置不同，则应按楼层各编制一份表格，如本例按二、三层各一份，见表1.2-5和表1.2-6。该表与首层表相比，少一项"勒脚"栏，但多一项"层数或间数"栏。

1. 第二层"楼层房间墙裙踢脚数据表"

第二层房间布置较第一层有一些变化，即："车库"变为"封闭阳台、卧室1"；"门廊客厅"变为"书房、休闲间、露空间"；"厨房餐厅"变为"卫生间2、私装间、卧室2"；"东平台"缩为"阳台"，见表1.2-5所示。表内各项操作与表1.2-4基本相同。

楼层房间墙裙踢脚数据表　　表1.2-5

二层房间		内墙净长（m）	内墙洞口尺寸（m）			墙裙高 1.50m		外墙背面			层数或间数
名称	轴线	内墙净长（m）	洞名称	洞口长	洞口高	裙洞高（m）	裙面积（m²）	墙长（m）	内面高（m）	墙面积（m²）	层数或间数
封闭阳台	Ⓐ～ⓐ ②	1.26					1.89	1.26	2.70	3.40	1
	Ⓐ～ⓑ ④	1.26					1.89	1.26	2.70	3.40	1
	②～④ Ⓐ	5.96	C-6	3.50	1.50	0.50	7.19	5.96	2.70	10.84	1
	②～④ ⓐ	5.96	MC-1	3.50	2.40	1.50	3.69				1
卧室1	ⓐ～Ⓒ ②	4.06					6.09	4.06	3.20	12.99	1
	ⓐ～Ⓒ ④	4.06	M-3	0.90	2.10	1.50	4.74	0.60	3.20	1.92	1
	②～④ ⓐ	5.96	MC-1	3.50	2.40	1.50	3.69				1
	②～④ Ⓒ	5.96	M-4	0.80	2.10	1.50	7.74				1
书房	ⓑ～Ⓒ ④	3.46	M-3	0.90	2.10	1.50	3.84				1
	ⓑ～Ⓒ ⑤	3.46					5.19	1.00	3.20	3.20	1
	④～⑤ ⓑ	2.96	C-2A	1.50	2.30	0.50	3.69	2.96	3.20	6.02	1
	④～⑤ Ⓒ	2.96	M-3	0.90	2.10	1.50	3.09				1
休闲间	Ⓒ～Ⓔ ⑤	1.4	M-3	0.90	2.10	1.50	0.75				1
	④～⑤ Ⓒ	2.96	M-3	0.90	2.10	1.50	3.09				1
	④～⑤ Ⓔ	2.96					4.44				1

二层房间		内墙净长（m）	内墙洞口尺寸（m）			墙裙高	1.50m	外墙背面			层数或间数
名称	轴线		洞名称	洞口长	洞口高	裙洞高（m）	裙面积（m²）	墙长（m）	内面高（m）	墙面积（m²）	
楼梯间	ⓒ～Ⓔ㊀	4.36					6.54				1
	㊀～④ⓒ	2.80					4.20				1
	㊀～④Ⓔ	2.80					4.20				1
衣帽间	ⓒ～ⓓ①	1.82	C-5	1.20	1.50	0.50	2.13	1.82	3.20	4.02	1
	ⓒ～ⓓ㊀	1.82					2.73				1
	①～㊀ⓒ	4.16	M-4	0.80	2.10	1.50	5.04	1.00	3.20	3.20	1
	①～㊀ⓓ	4.16	M-4	0.80	2.10	1.50	5.04				1
卫生间1	ⓓ～Ⓔ①	2.42	C-5	1.20	1.50	0.50	3.03	2.42	3.20	5.94	1
	ⓓ～Ⓔ㊀	2.42					3.63				1
	①～㊀ⓓ	4.16	M-4	0.80	2.10	1.50	5.04				1
	①～㊀Ⓔ	4.16					6.24				1
卫生间2	Ⓔ～Ⓕ③	2.86	C-4	1.50	1.50	0.50	3.54	2.86	3.20	6.90	1
	Ⓔ～Ⓕ㊀	2.86	M-4	0.80	2.10	1.50	3.09				1
	③～㊀Ⓔ	3.26					4.89				1
	③～㊀Ⓕ	3.26	C-5	1.20	1.50	0.50	4.29	3.26	3.20	8.63	1
私装间	Ⓔ～Ⓕ㊀	2.86	M-4	0.80	2.10	1.50	3.09				1
	Ⓔ～Ⓕ⑤	2.86	M-3	0.90	2.10	1.50	2.94				1
	㊀～⑤Ⓔ	4.26					6.39				1
	㊀～⑤Ⓕ	4.26	C-3	1.80	1.50	0.50	5.49				1
卧室2	Ⓓ～Ⓕ⑤	4.26	2M-3	1.80	2.10	1.50	3.69				1
	Ⓓ～Ⓕ⑥	4.26	MC-2	2.40	2.40	1.50	2.79				1
	⑤～⑥Ⓓ	4.76					7.14				1
	⑤～⑥Ⓕ	4.76					7.14	4.76	3.20	15.23	1
阳台露空间	Ⓓ～Ⓕ⑥	4.26	MC-2	2.40	2.40	1.50	2.79	4.26	3.20	7.87	1
	⑥～⑦Ⓓ	0.88					1.32	0.88	3.20	2.82	1
	⑦～⑧	7.86									1
	Ⓑ～Ⓓ⑦							5.66	3.30	18.68	1
	⑤～⑦Ⓑ							5.76	3.30	19.01	1
二层墙面		147.24					167.42			134.09	

（1）"内墙净长"栏：需要按图示布置逐个审视，大部分尺寸与表1.2-1相一致，表中会自动显示，不同的应按图示墙长填写（如表中颜色格所示）。

（2）"内墙洞口尺寸"栏：按图示所示洞口填写（如表中颜色格所示）。

（3）"外墙背面"栏："墙长"一般按内墙净长，但有个别特殊地方需要按图示填写，如"卧室1"ⓐ～ⓒ/④轴墙，应按外墙部分的0.60m长填写，而不能按内墙净长填写。又如"书房"ⓑ～ⓒ/⑤轴墙，外墙部分只有1.00m，而不能按内墙净长填写。如此之类情况在表中该栏内，均为颜色格所示。

（4）"内面高"：按层高减去楼板后的内墙面高度填写。

（5）"层数或间数"：按计算的层或间数填写。

2. 第三层"楼层房间墙裙踢脚数据表"

第三层房间布置较第二层有部分变化，即："封闭阳台"没有了，"休闲间"扩大为"家庭室"，"露空间"转变成为"露台"。在编制表格时，如果房间布置变化不多，可以在表 1.2-5 基础上，修改增加房间，使之合并成一份表格，但因该表修改调整后，表格长向幅度增加较多，使其不便于操作，所以我们将第三层与第二层进行分开编制，见表 1.2-6 所示。该表各项操作与表 1.2-5 基本相同。

第三层房间墙裙踢脚数据表　　　　　　　表 1.2-6

名称	轴线	内墙净长(m)	洞名称	洞口长	洞口高	裙洞高(m)	裙面积(m²)	墙长(m)	内面高(m)	墙面积(m²)	层数或间数
			墙体洞口尺寸(m)			墙裙高	1.50m	外墙背面			
卧室1	ⓐ~ⓒ②	4.06					6.09	4.06	3.22	13.07	1
	ⓐ~ⓒ④	4.06	M-3	0.90	2.10	1.50	4.74	0.60	3.22	1.93	1
	②~④ⓐ	5.96	C-6	2.40	2.40	1.50	5.34				1
	②~④ⓒ	5.96	M-4	0.80	2.10	1.50	7.74				1
书房	ⓑ~ⓒ④	3.46	M-3	0.90	2.10	1.50	3.84				1
	ⓑ~ⓒ	3.46					5.19	1.00	3.22	3.22	1
	④~⑤ⓑ	2.96	C-2A	1.50	2.30	0.50	3.69	2.96	3.22	6.08	1
	④~⑤ⓑ	2.96	M-3	0.90	2.10	1.50	3.09				1
休闲间	ⓒ~ⓔ⑤	1.40	M-3	0.90	2.10	1.50	0.75				1
	④~⑤	2.96	M-3	0.90	2.10	1.50	3.09				1
	④~⑤ⓔ	2.96					4.44				1
	ⓒ~ⓓ四	2.96	C-3	1.80	1.50	0.50		2.96	3.22	6.83	1
	⑤~四ⓒ	2.38	M-3	0.90	2.10	1.50		2.38	3.22	5.77	1
楼梯间	ⓒ~ⓔ(二)	4.36					6.54				1
	(二)~④ⓒ	2.80					4.20				1
	(二)~④ⓔ	2.80					4.20				1
衣帽间	ⓒ~ⓓ①	1.82	C-5	1.20	1.50	0.50	2.13	2.12	3.22	5.03	1
	ⓒ~ⓓ(二)	1.82					2.73				1
	①~(二)ⓒ	4.16	M-4	0.80	2.10	1.50	5.04	1.00	3.22	3.22	1
	①~(二)ⓓ	4.16	M-4	0.80	2.10	1.50	5.04				1
卫生间1	ⓓ~ⓔ①	2.42	C-5	1.20	1.50	0.50	3.03	2.72	3.22	6.96	1
	ⓓ~ⓔ(二)	2.42					3.63				1
	①~(二)ⓓ	4.16	M-4	0.80	2.10	1.50	5.04				1
	①~(二)ⓔ	4.16					6.24				1
卫生间2	ⓔ~ⓕ③	2.86	C-4	1.50	1.50	0.50	3.54	3.10	3.22	9.98	1
	ⓔ~ⓕ(三)	2.86	M-4	0.80	2.10	1.50	3.09				1
	③~(三)ⓔ	3.26					4.89				1
	③~(三)ⓕ	3.26	C-5	1.20	1.50	0.50	4.29	3.62	3.22	9.86	1

续表

| 三层房间 | | 内墙净长（m） | 墙体洞口尺寸（m） | | | 墙裙高 | 1.50m | 外墙背面 | | | 层数或间数 |
名称	轴线		洞名称	洞口长	洞口高	裙洞高（m）	裙面积（m²）	墙长（m）	内面高（m）	墙面积（m²）	
私装间	Ⓔ～Ⓕ㈢	2.86	M-4	0.80	2.10	1.50	3.09				1
	Ⓔ～Ⓕ⑤	2.86	M-3	0.90	2.10	1.50	2.94				1
	㈢～⑤Ⓔ	4.26					6.39				1
	㈢～⑤Ⓕ	4.26	C-3	1.80	1.50	0.50	5.49				1
卧室2	Ⓓ～Ⓕ⑤	4.26	2M-3	1.80	2.10	1.50	3.69				1
	Ⓓ～Ⓕ⑥	4.26	MC-2	2.40	2.40	1.50	2.79	4.26	3.22	7.96	1
	⑤～⑥Ⓓ	4.76					7.14	2.38	3.22	7.66	1
	⑤～⑥Ⓕ	4.76					7.14	4.76	3.22	15.33	1
阳台	Ⓓ～Ⓕ⑥	4.26	MC-2	2.40	2.40	1.50	2.79				1
	⑥～⑦Ⓕ	1.00					1.50				1
	⑦～⑧Ⓓ	7.86									1
露台	Ⓑ～Ⓒ⑤	2.46									1
	⑤～㈣Ⓒ	2.5									1
	Ⓑ～Ⓓ㈣	3.2									1
	㈣～⑦Ⓓ	2.5									1
三层部分		148.92					154.59			102.90	

三、门窗洞口尺寸数据表

"门窗洞口尺寸数据表"是为简化门窗工程量、墙体砌筑工程量、墙面装饰工程量等计算而所提供基本数据的表格，见表1.2-7所示。表中颜色格为手工填写内容，无颜色格为表格会自动计算数据。将上表打开，点击编辑框右边下翻滚键（▼），即可找到该表。表中说明如下：

（1）门窗洞口名称：门窗编号和材质或洞口名称，按图纸设计内容填写。

（2）洞口尺寸：按图纸所示洞口尺寸填写，若图纸没有明示者，可用比例尺量出。Ⓕ墙㈣～⑥轴洞宽按2.1m，高＝4－上梁（0.3）－下槛（0.2）＝3.5m。天窗正面宽按1.2m，高按平均1.25m。天窗两侧面按一个矩形宽2.5m，高按0.9m。墙顶栏杆口按3.5×0.8m＝2.8m。

（3）樘数、合计面积：樘数：上是厚墙上樘数，下是薄墙上的樘数。按图纸设计内容填写。合计面积＝樘数×洞面积。

（4）洞底面积：是指洞口底内平面面积，是门洞贴瓷砖、窗洞贴窗台所需的数据，分不同厚度（一般为半砖为0.12m和一砖为0.24m）填写。

洞底面积＝洞宽×樘数×墙厚。

表 1.2-7

门窗洞口基本数据表

编号	类型	洞宽 (m)	洞高 (m)	洞面积 (m²)	樘数	合计面积 (m²)	洞底面积 0.12	洞底面积 0.24
M-1	车库卷闸门	4.80	3.30	15.84	1 / 0	15.84	0.00	1.15
M-2	双开木大门	1.20	2.40	2.88	1 / 0	2.88	0.00	0.29
M-3	单扇木装饰门	0.90	2.10	1.89	9 / 0	17.01	0.00	1.94
M-4	单扇木装饰门	0.80	2.10	1.68	5 / 4	15.12	0.38	0.96
M-5	单扇木装饰门	0.80	2.10	1.68	1 / 0	1.68	0.00	0.19
MC-1	塑钢推拉门	3.50	2.40	8.40	1 / 0	8.4	0.00	0.84
MC-2	塑钢金推拉门	2.40	2.40	5.76	2 / 0	11.52	0.00	1.15
底层	楼梯间过道口	1.50	3.70	5.55	1 / 0	5.55		
底层	车库走道	0.82	3.70	3.03	1 / 0	3.03		
底层	Ⓓ墙餐厅洞口	1.90	3.70	7.03	1 / 0	7.03		
底层	Ⓔ轴④~Ⓒ洞	2.10	3.50	7.35	1 / 0	7.35		
						95.41	0.38	6.53
C-1	铝合金玻璃幕窗	3.00	5.50	16.50	2 / 0	33.00	0.00	1.44
C-2	铝合金玻璃窗	1.20	2.30	2.76	2 / 0	5.52	0.00	0.58
C-2A	铝合金玻璃幕窗	1.50	2.30	3.45	1 / 0	3.45	0.00	0.36
C-3	塑钢窗	1.80	1.50	2.70	5 / 0	13.50	0.00	2.16
C-4	塑钢窗	1.50	1.50	2.25	2 / 0	4.50	0.00	0.72
C-5	塑钢窗	1.20	1.50	1.80	10 / 0	18.00	0.00	2.88
C-6	塑钢窗	3.50	1.50	5.25	2 / 0	10.50	0.00	1.68
天窗正面	塑钢窗	1.20	1.25	1.50	1 / 0	1.50		
天窗侧面	塑钢窗	2.50	0.90	2.25	0	2.25		
露台端	Ⓐ墙顶栏杆口	3.50	0.80	2.80	1 / 0	2.80		
露台端	Ⓑ墙顶栏杆口	3.50	0.80	2.80	1 / 0	2.80		
						97.82	0.00	9.82

四、砖砌墙柱数据表

房屋建筑的砖砌墙柱体，在房屋中占有很大比例，由于在计算砖墙工程量时牵涉到门窗洞口和墙中混凝土构件等，计算时很容易产生漏算、错算或重算等现象。编制该表，就可杜绝这些现象产生，并可大大简化砖砌体工程量和墙柱面装饰工程量的计算工作。该表可分为外墙、内墙、砖柱等进行列表，对每面砖墙要按平面图示轴线和尺寸，列出该墙体的相应数据，虽然工作量稍大一些，但因仅只是进行逐墙查阅的填写工作，因此还是比较容易操作的。将上表打开，点击编辑框右边下翻滚键（▼），即可找到这些表格。

（一）砖砌外墙体数据表

"砖砌外墙体数据表"见表 1.2-8 所示，表中颜色格所示为手工填写的数据，无颜色格为表格自动计算显示数据。表中内容说明如下：

1. "墙体尺寸"栏

（1）"砖墙厚"：按图示规格填写（如半砖墙为 0.12m，一砖墙为 0.24m，一砖半墙为 0.365m）。

（2）纵横轴线名称：按平面图所示填写，其中"A 底"是指Ⓐ轴底层楼部分主体墙，"a 楼"是指ⓐ轴的楼层部分主体墙，不包括底层，其他如此类推。

（3）"墙长"：按平面图，墙长＝轴线长＋（或一）两端交叉墙厚，如Ⓐ轴墙长＝轴线长（6.20m）＋两端（0.12m×2）＝6.44m。

（4）"墙高"：按立面图，从所示标高算至墙顶或楼板顶，如"A 底"墙高由立面图 1.1-5 所示，封闭窗墙顶是屋架，墙高＝层高（7.3m）－屋架底（0.60m）＝6.70m。"a 楼"墙从▽ 4.000 向上至▽ 10.400，则墙高＝10.40－4.00 ＝6.40m。

砖砌外墙体数据表　　　　　　　　　　　　　　　　　　　表 1.2-8

砖墙厚	0.24m	墙体尺寸(m)		墙上洞口（m²）			洞口占用面积（m²）	混凝土构件			构件占用面积（m²）	立面墙基数	
横轴线	纵轴线	墙长	墙高	门窗	洞面积（m²）	个数		混凝土构件	体积（m³）	根数		墙面积（m²）	砖体积（m²）
A 底	②～④	6.44	6.70	M-1	15.84	1	15.84	QL-7	0.28	1	1.18	27.31	6.27
				C-6	5.25	1	5.25	GL-4.8	0.29	1	1.22	－5.25	－1.55
								构造柱	0.87	1	3.62	0.00	－0.87
a 楼	②～④	6.44	6.60	MC-1	8.40	1	8.40	L-6	0.46	2	3.86	34.10	7.26
								QL-7	0.28	1	1.18	0.00	－0.28
								构造柱	0.76	1	3.17	0.00	－0.76
B	⑤～⑦	6.00	8.40	C-1	16.50	1	16.50	GL-3.0	0.19	1	0.79	33.90	7.95
				墙顶栏杆口	2.80	1	2.80	QL-5	0.28	2	2.30	－2.80	－1.22
								构造柱	0.60	1	2.52	0.00	－0.60
b 楼	④～⑤	3.20	6.60	C-2A	3.45	1	3.45	GL-1.5	0.10	1	0.43	17.67	4.14
								QL-6	0.14	1	1.17	0.00	－0.28
C	①～②	1.00	10.60					QL-4	0.03	3	0.42	10.60	2.44
								构造柱	0.76	1	3.18	0.00	－0.76

续表

砖墙厚	0.24m	墙体尺寸(m)		墙上洞口（m²）			洞口占用面积（m²）	混凝土构件			构件占用面积（m²）	立面墙基数	
横轴线	纵轴线	墙长	墙高	门窗	洞面积(m²)	个数		混凝土构件	体积(m³)	根数		墙面积(m²)	砖体积(m²)
E	①～③	2.40	10.60					QL-2	0.10	3	1.26	25.44	5.80
								构造柱	0.76	1	3.18	0.00	−0.76
F	③～⑥	13.24	10.60	C-3	2.70	4	10.80	GL-1.8	0.12	4	2.02	129.54	30.61
				C-5	1.80	2	3.60	GL-1.2	0.09	2	0.72	−3.60	−1.04
				(四)～⑥洞口	7.35	1	7.35	QL-1	0.58	3	7.26	−7.35	−3.51
								构造柱	2.29	1	9.54	0.00	−2.29
①	ⓒ～Ⓔ	4.36	10.60	C-5	1.80	6	10.80	GL-1.2	0.09	6	2.16	35.42	7.98
								QL-9	0.21	3	2.58	0.00	−0.62
②底	Ⓐ～ⓐ	1.26	6.70					QL-8	0.06	1	0.24	8.44	1.97
②	ⓐ～ⓒ	4.30	10.60	C-2	2.76	2	5.52	QL-8	0.19	3	2.40	40.06	9.04
								GL-1.2	0.09	2	0.72	0.00	−0.17
								构造柱	0.76	1	3.18	0.00	−0.76
③	Ⓔ～Ⓕ	2.86	10.60	M-5	1.68	1	1.68	GL-0.8	0.06	1	0.26	28.64	6.81
				C-5	1.80	1	1.80	GL-1.2	0.09	1	0.36	−1.80	−0.52
				C-4	2.25	2	4.50	GL-1.5	0.10	2	0.86	−4.50	−1.29
④底	Ⓐ～ⓐ	1.50	6.70					QL-12	0.06	1	0.24	10.05	2.35
								构造柱	0.48	1	2.01	0.00	−0.48
④	ⓐ～ⓑ	0.60	10.60					QL-12	0.02	3	0.27	6.36	1.46
								构造柱	0.38	1	1.59	0.00	−0.38
⑤楼	ⓑ～Ⓑ	1.00	7.80					QL-13	0.03	2	0.28	7.80	1.80
⑦	Ⓑ～Ⓓ	6.14	8.40	C-1	16.50	1	16.50	GL-3.0	0.19	1	0.79	35.08	8.23
				墙顶栏杆口	2.80	1	2.80	QL-14	0.27	2	2.24	−2.80	−1.21
								构造柱	0.60	2	5.04	0.00	−1.21
⑧	Ⓡ	7.85	0.20									1.57	0.38
一砖外墙		68.59					117.59				74.26	423.88	83.91

2. "墙上洞口"栏

(1) "洞名称"：按平面图示填写在该轴线上的门窗洞口名称。

(2) "洞面积"：根据洞口名称查阅表 1.2-7 中相应洞面积。

(3) "洞口占用面积"＝洞口面积×个数，表中会自动计算显示。

3. "混凝土构件"栏

按轴线上结构图所示，分别填写：圈梁（QL-），过梁（GL-），承重矩形梁（L-），构造柱等名称，其中：

(1) 圈梁（QL-）体积：一般按"钢筋混凝土圈梁数据表"相应构件填写，但有个别处应按图示所在墙体长度乘梁截面积计算填写（如表中深色格所示）。如ⓒ/①～②轴，

QL-4＝[轴线长（1.0）－构造柱（0.15×2）]×梁截面（0.24）×0.2＝0.03m³。

Ⓔ/①～③轴，QL-2＝[轴线长（2.4）－构造柱（0.15×2）]×0.24×0.2＝0.10m³。

②底Ⓐ～ⓐ轴，QL-8＝[轴线长（1.5）－构造柱（0.15×2）]×0.24×0.2＝0.06m³。

②ⓐ～Ⓒ轴，QL-8＝[轴线长（4.3）－构造柱（0.15×2）]×0.24×0.2＝0.19m³。其他类推。

（2）过梁（GL-）体积：按"钢筋混凝土过梁数据表"相应构件填写。

（3）横梁（L-）体积：按"钢筋混凝土矩形梁数据表"相应构件填写。

（4）构造柱体积：构造柱在墙中占用尺寸每边加0.03m，构造柱体积＝构造柱占用宽度×根数×墙高×墙厚。如Ⓐ底/②～④轴有2根构造柱，每根外边为0.12m，内边为0.15m，则体积＝（0.12＋0.15）×2根×墙高6.70×墙厚0.24＝0.87m³。

"a楼"/②～④为阳台，两根构造柱两边可以按墙厚计算，则构造柱体积＝0.24×2×6.60×0.24＝0.76m³。

"构件占用面积"＝构件体积÷墙厚×根数。

4."立面墙基数"栏

（1）"墙面积"：是指外墙立面面积＝墙长×墙高－洞口占用面积。

（2）"砖体积"：是指外墙砖砌体积＝（墙面积－构件占用面积）×砖墙厚。该二项基数，表中会自动计算显示。

（二）砖砌内墙体数据表

"砖砌内墙体数据表"要根据不同墙体厚度，分别进行列项，如依平面图1.1-1所示，衣帽间和卫生间部分是半砖（0.12m）墙，填写如表1.2-9所示。其他均为一砖（0.24m）墙，填写如表1.2-10所示（表中颜色格是按图示填写的数据）。

表中各项内容说明同上，"C二楼"、"C三楼"是指Ⓒ轴第二、三层楼的主体墙。

圈梁（QL-）体积，一般按"钢筋混凝土圈梁数据表"相应构件填写，但有个别处应按图示所在墙体长度乘梁截面积计算填写（如表中颜色格所示）。如：

Ⓒ底/②～④轴，QL-4＝[轴线长（6.4）－构造柱（0.15×2）]×梁截面（0.24）×0.2＝0.29m³。

Ⓒ二楼/②～⑤轴，QL-4＝[轴线长（9.4）－构造柱（0.15－0.30）－梁端（0.12）]×0.24×0.2＝0.42m³。

Ⓒ三楼/②～㈣轴，QL-4＝[轴线长（11.9）－构造柱（0.15－0.30）－梁端（0.12）]×0.24×0.2＝0.54m³。其他类推。

（三）砖砌柱子及零星砖砌体数据表

1. 砖砌柱子数据表

"砖砌柱子数据表"如表1.2-11所示，它是指离开砖墙体所砌的砖柱，可根据砖柱不同截面形式的尺寸进行填写。本例没有这项内容，该表可空置。

砖砌内墙体数据表　　表 1.2-9

砖墙厚 0.12m		墙体尺寸		墙上洞口			洞口占用面积(m²)	混凝土构件			构件占用面积(m²)	立面墙基数	
横轴线	纵轴线	墙长(m)	墙高(m)	门窗	面积(m²)	个数		混凝土构件	体积(m³)	根数		墙面积(m²)	砖体积(m³)
d底	①~(一)	3.22	4.00	M-4	1.68	1	1.68	GL-0.8	0.06	1	0.53	11.20	1.28
d楼	①~(二)	4.22	6.60	M-4	1.68	2	3.36	GL-0.8	0.06	2	1.06	24.49	2.81
③底	ⓓ~E	2.42	4.00	M-4	1.68	1	1.68	GL-0.8	0.06	1	0.53	8.00	0.90
(一)	ⓒ~ⓓ	2.18	4.00									8.72	1.05
半砖内墙		12.04					6.72					52.41	6.04

砖砌内墙基数表　　表 1.2-10

砖墙厚 0.24m		墙体尺寸		墙上洞口			洞口占用面积(m²)	混凝土构件			构件占用面积(m²)	立面墙基数	
横轴线	纵轴线	墙长(m)	墙高(m)	门窗	面积(m²)	个数		混凝土构件	体积(m³)	根数		墙面积(m²)	砖体积(m³)
c	④~⑤	3.20	4.00	M-2	2.88	1	2.88	GL-1.2	0.09	1	0.36	9.92	2.29
								QL-6	0.15	1	0.64	0.00	−0.15
C底	②~④	6.44	4.00	走道口	3.03	1	3.03	QL-4	0.29	1	1.22	22.73	5.16
								构造柱	0.29	1	1.20	0.00	−0.29
C二楼	②~⑤	9.64	3.30	M-4	1.68	1	1.68	GL-0.8	0.06	1	0.26	30.13	7.17
								GL-0.9	0.07	1	0.29	−1.89	−0.52
				M-3	1.89	1	1.89	QL-4	0.42	1	1.22	0.00	−0.29
								构造柱	0.45	1	1.88	0.00	−0.45
C三楼	②~(四)	12.14	3.30	M-4	1.68	1	1.68	GL-0.8	0.06	1	0.26	38.38	9.15
								GL-0.9	0.07	1	0.29	−3.78	−0.98
				M-3	1.89	2	3.78	QL-4	0.54	2	4.53	0.00	−1.09
								构造柱	0.45	1	1.88	0.00	−0.45
D	⑤~⑦	6.00	10.60	底洞口	7.03	1	7.03	QL-3	0.26	3	3.24	56.57	12.80
				三楼口	3.30	1	3.30	构造柱	1.53	1	6.36	−3.30	−2.32
E底	③~④	5.04	4.00					QL-2	0.22	1	0.90	20.16	4.62
								构造柱	0.29	1	1.20	0.00	−0.29
E楼	③~⑤	8.24	6.60					QL-2	0.35	2	2.89	54.38	12.36
								构造柱	0.90	1	3.76	0.00	−0.90
(二)	ⓒ~E	4.36	10.60	梯洞口	5.76	1	5.76	QL-11	0.21	3	2.62	40.46	9.08
④底	E~F	2.86	4.00	M-4	1.89	1	1.89	GL-0.8	0.06	1	0.26	9.55	2.23
				C-5	2.25	1	2.25	GL-1.2	0.09	1	0.36	−2.25	−0.63
(三)楼	E~F	2.86	6.60	M-4	1.89	2	3.78	GL-0.8	0.06	2	0.53	15.10	3.50
								QL-17	0.14	3	1.72	0.00	−0.41
								L-2	0.24	2	2.00	0.00	−0.48
⑤底	⑧~ⓒ	0.60	4.00					L-4	0.04	1	0.18	2.40	0.53
⑤楼	⑧~ⓒ	2.70	6.60					QL-13	0.12	2	0.97	17.82	4.04

续表

砖墙厚 0.24(m)		墙体尺寸		墙上洞口			洞口占用面积(m²)	混凝土构件			构件占用面积(m²)	立面墙基数	
横轴线	纵轴线	墙长(m)	墙高(m)	门窗	面积(m²)	个数		混凝土构件	体积(m³)	根数		墙面积(m²)	砖体积(m³)
⑤楼	①～⑥	4.26	6.60	M-3	2.88	4	11.52	GL-0.9	0.07	4	1.15	16.60	3.71
								L-3	0.34	2	2.84	0.00	−0.68
								QL-16	0.20	1	0.84	0.00	−0.20
(四)底	①～⑥	4.26	4.00	MC-1	1.68	1	1.68	GL-3.5	0.22	1	0.91	15.36	3.47
⑥楼	①～⑥	4.26	6.60	MC-2	8.40	2	16.80	GL-2.4	0.16	2	1.30	11.32	2.40
								L-5	0.34	2	2.84	0.00	−0.68
								QL-18	0.20	1	0.84	0.00	−0.20
一砖内墙		76.86									51.76	349.65	71.49

砖砌柱子数据表　　表 1.2-11

项目名称	计算基数(m)				砖柱体积(m³)	柱表面积(m²)
	边长直径	边宽厚	柱高长	根		
矩形柱	0.00	0.00	0.00	1	0.00	0.00
圆形柱	0.00		0.00	1	0.00	0.00
五边形柱	0.00		0.00	1	0.00	0.00
六边形柱	0.00		0.00	1	0.00	0.00
八边形柱	0.00		0.00	1	0.00	0.00
砖柱					0.00	0.00

2. 零星砖砌体数据表

"零星砖砌体数据表"如表 1.2-12 所示,它是指离开砖墙体所砌的其他小型砖砌体,可根据砖砌体的尺寸进行填写。本例没有这项内容,该表可空置。

零星砖砌体数据表　　表 1.2-12

砖砌体名称	构件长	构件宽	构件高	壁槽宽厚	个数	砖砌体体积(m³)	水泥砂浆抹灰面积(m²)	
	m	m	m	m	个		水平面积	侧立面积
砖砌蹲台	0.01	0.01	0.01	0.01	1	0.00	0.00	0.00
两阶砖踏	0.01	0.01	0.01		1	0.00	0.00	0.00
盥洗台脚		0.01	0.01	0.01	1	0.00	0.00	0.00
砖砌水池	0.01	0.01	0.01	0.01	1	0.00	0.00	0.00
零星砖砌体						0.00	0.00	0.00

五、基础土方与砖基工程数据表

房屋建筑的墙基多为条形基础,柱基多为方形基础,在计算基础挖土方和砖基础的工程量时,由于计算所取位置不同,很容易产生错算。编制"基础土方与砖基工程数据表",就可以杜绝这类现象发生,并可大大简化挖基础土方和砖砌基础等工程量计算。该表分为挖土方及砖基础两部分,见表 1.2-13 所示。

（一）"挖基础土方"栏

条形基础的挖土方称为"挖地槽"，如本例图1.1-11所示的1-1剖面和2-2剖面。方形基础的挖土方称为"挖地坑"，如本例图1.1-11所示的3-3剖面。对于表1.2-13所示土方内容说明如下。

1. "挖土方尺寸"栏

（1）"垫层宽"、"挖土深"、"边坡系数"、"工作面"等：按基础剖面图填写，如依图1.1-11所示，1-1剖面：垫层宽为0.82m，挖土深为0.78m，边坡系数为0.00，工作面为0.000等。

（2）"加减尺"是指在该轴线两端，按挖土需要增加补缺或减去重叠半槽宽尺寸，如Ⓐ轴线②～④轴段的两端，各加补半槽宽0.41m×2＝0.82m。而Ⓑ轴线⑤～⑦轴则按净长，两端各减半槽宽0.41m×2＝－0.82m。

（3）"挖土长"＝轴线长＋加减尺寸，表格会自动计算显示。

2. "挖土体积"栏

挖土体积计算式如下：

图1.1-11中1-1剖面和2-2剖面"挖土体积"＝（垫层宽＋边坡系数×挖土深）×挖土深×挖土长。表格会自动计算显示。

3-3剖面"挖土体积"＝（坑底短边＋放坡系数×挖深）×（坑底长边＋放坡系数×挖深）×挖深＋0.333×放坡系数^2×挖土深^3。表格会自动计算显示。

（二）"砖大放脚基础"栏

砖基础一般以墙（柱）根为本，向周边层层外扩为台阶式，称为"砖大放脚基础"，如图1.2-1所示。

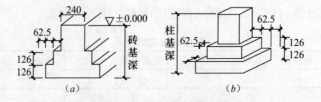

图1.2-1　砖基础大放脚形式

（a）墙基等高式大放脚；（b）柱基等高式大放脚基础

1. "砖墙的墙基部分尺寸"栏

（1）"加减尺寸"：是指砖基础轴线长的两端，砖墙基需要添加补缺或减去重叠半砖墙后的尺寸。如Ⓐ轴/②～④轴段的两端按外墙，各加补半墙宽0.12m×2＝0.24m。而Ⓑ轴/⑤～⑦则按净长，两端各减半墙宽0.12m×2＝－0.24m。

（2）"墙基长"＝轴线长＋加减尺寸，表格会自动计算显示。

（3）"墙基厚"：按砖墙厚填写。

（4）"基础高"：按室内±0.000至基础底面之距离填写。

（5）"阶层数"：按基础图剖面图所示阶台层数填写。

基础土方与砖基础数据表

表 1.2-13

1-1 剖面

横轴线	纵轴线	挖土方尺寸 (m, m³)					砖墙大放脚基础尺寸 (m)						正负零下整个砖基体积	
							砖墙尺寸（砖墙的墙基部分尺寸）							
		垫层宽	挖土深	放坡系数	工作面		加减尺寸		墙基厚	阶层高	阶层宽		基全高	
		0.82	0.78	0.00	0.00					0.126	0.0625			
		轴线长	加减尺寸	挖土长	个	挖土体积 m³	加减尺寸	墙基长	墙基厚	地下基高	阶层数	地下砖基体积 m³	基全高 m	体积 m³
A	②～④	6.20	0.82	7.02	1	4.49	0.24	6.44	0.24	0.48	3.00	1.35	0.78	1.81
B	⑤～⑦	6.00	−0.82	5.18	1	3.31	−0.24	5.76	0.24	0.48	3.00	1.21	0.78	1.62
c	④～⑤	3.20	−0.82	2.38	1	1.52	−0.24	2.96	0.24	0.48	3.00	0.62	0.78	0.83
C	①～④	7.20	0.82	8.02	1	5.13	0.24	7.44	0.24	0.48	3.00	1.56	0.78	2.10
D	四～⑦	5.60	0.82	6.42	1	4.11	0.24	5.84	0.24	0.48	3.00	1.22	0.78	1.65
E	①～④	7.20	0.82	8.02	1	5.13	0.24	7.44	0.24	0.48	3.00	1.56	0.78	2.10
F	③～⑦	14.00	0.82	14.82	1	9.48	0.24	14.24	0.24	0.48	3.00	2.99	0.78	4.01
①	©～Ⓔ	4.60	−0.82	3.78	1	2.42	−0.24	4.36	0.24	0.48	3.00	0.91	0.78	1.23
②	Ⓐ～©	4.80	−0.82	3.98	1	2.55	−0.24	4.56	0.24	0.48	3.00	0.96	0.78	1.28
③	Ⓔ～Ⓕ	3.10	−0.82	2.28	1	1.46	−0.24	2.86	0.24	0.48	3.00	0.60	0.78	0.81
(一)	©～Ⓔ	4.60	−0.82	3.78	1	2.42	−0.24	4.36	0.24	0.48	3.00	0.91	0.78	1.23
④	Ⓐ～©	4.80	−0.82	3.98	1	2.55	−0.24	4.56	0.24	0.48	3.00	0.96	0.78	1.28
④	Ⓔ～Ⓕ	3.10	−0.82	2.28	1	1.46	−0.24	2.86	0.24	0.48	3.00	0.60	0.78	0.81
⑤	Ⓑ～©	0.60	0.82	1.42	1	0.91	0.24	0.84	0.24	0.48	3.00	0.18	0.78	0.24
(四)	Ⓓ～Ⓕ	4.50	−0.82	3.68	1	2.35	−0.24	4.26	0.24	0.48	3.00	0.89	0.78	1.20
⑦	Ⓑ～Ⓓ	5.90	0.82	6.72	1	4.30	0.24	6.14	0.24	0.48	3.00	1.29	0.78	1.73
1-1 剖面						83.76						17.81		23.92

2-2 剖面

横轴线	纵轴线	挖土方尺寸 (m, m³)					砖大放脚基础尺寸 (m)						正负零下整个砖基体积	
							砖墙的墙基部分尺寸							
		垫层宽	挖土深	放坡系数	工作面		加减		墙基厚	阶层高	阶层宽		基全高	
		0.62	0.65	0.00	0.00					0.126	0.0625			
		轴线长	加减尺寸	挖土长	个	挖土体积 m³	加减	墙基长	墙基厚	地下基高	阶层数	地下砖基体积 m³	基全高 m	体积 m³
d	①～(一)	3.40	0.10	3.50	1	1.41	0.12	3.52	0.12	0.35	2.00	0.31	0.65	0.44
③	④～Ⓔ	2.60	−0.72	1.88	1	0.76	−0.12	2.48	0.12	0.35	2.00	0.22	0.65	0.31
(一)	©～④	2.00	−0.72	1.28	1	0.52	−0.12	1.88	0.12	0.35	2.00	0.17	0.65	0.24
2-2 剖面						2.68						0.70		0.99

续表

横轴线	纵轴线	挖土方尺寸 (m, m³)				挖土体积 (m³)	砖墙大放脚基础尺寸 (m)							地下砖基体积	正负零下整个砖基体积	
		垫层宽 / 轴线长	挖土深 / 轴线宽	放坡系数 / 挖土深	工作面 / 个	体积	砖墙的柱基部分尺寸 柱边长	柱边宽	柱基高	阶层高 / 阶层数	阶层宽 / 个数		体积 m³	个砖基高 m	体积 m³
3-3剖面	④⑤	0.82	0.82	0.78	2	1.05				0.126 / 1	0.0625 / 0.00		0.00		0.00
	⑧	0.82	0.82	0.78	2	1.05				1	0.00		0.00		0.00
3-3剖面			0.78	0.00	0.00	2.10							0.00		0.00

2．"阶层高"、"阶层宽"

统一按等高式砖基础的标准尺寸填写，阶层高＝0.126m，阶层宽＝0.0625m。

3．"砖墙基础体积"栏

砖墙大放脚基础体积＝基础长×[墙基厚×基础高＋阶层数×（阶层数＋1）×阶层高×阶层宽]×个。表中会自动计算显示。

4．表中 3-3 剖面情况

根据基础图 1.1-11 所示，3-3 剖面为钢筋混凝土圆柱基础，故只在表中填写其挖土方的数据，如果是砖柱大放脚基础，应按表中所需内容填写其砖基数字，砖柱基高按±0.000至基础底面之距离，其体积表格会自动计算生成。

（三）不同类型挖基础土方计算表

在表 1.2-13 中所计算的挖土方，均是按常用的矩（梯）形截面形式进行列项的，如果遇有个别其他形式挖土，可按表 1.2-14 所示填写基数（如表中颜色格所示），待得出土方体积后，将其填写到表 1.2-13 相应栏内。

不同类型挖基础土方计算表　　　　　　　　　　　表 1.2-14

序号	项目名称	计算土方基数（m）						土方体积
1	挖地沟地槽	沟槽长	沟槽宽	沟槽高	左坡系数	右坡系数	个数	m³
		0.00	0.00	0.00	0.00	0.00	1.00	0.00
2	挖矩形地坑	A边长	B边长	坑高	A坡数	B坡数	个数	
		0.00	0.00	0.00	0.00	0.00	1.00	0.00
3	挖圆形地坑	上半径	下半径	坑高			个数	
		0.00	0.00	0.00			1.00	0.00
4	人工挖孔桩	上半径	下半径	锥体高	底缺高		个数	
		1.00	1.50	2.00	0.30		1.00	11.02

六、混凝土及钢筋混凝土构件数据表

混凝土及钢筋混凝土工程项目比较多，它是房屋建筑工程中，计算工程量比较复杂而又相当烦琐的项目，每种构件都需要计算出混凝土工程量、钢筋工程量和模板工程量。编制"混凝土及钢筋混凝土构件数据表"，就可以大大简化其计算任务，加快计算速度。将上表打开，点击编辑框右边下翻滚键（▼），即可找到这些表格。

（一）混凝土基础垫层数据表

"混凝土基础垫层数据表"，是为计算混凝土基础和土方回填等工程量所提供数据的表格，表中涵盖有混凝土、模板、钢筋三大内容。依本例图 1.1-11 所示的基础垫层，如表 1.2-15所示，表中内容说明如下。

混凝土基础垫层基数表　　　　　　　　　　　表 1.2-15

名称及编号		混凝土基础垫层尺寸				混凝土数量	模板接触面积	φ6 mm 钢筋		φ16 mm 钢筋		备注
		构件长	截面宽	截面高	个数			设计根数	数量	设计根数	数量	
		m	m	m	个	m³	m²		kg		kg	
1-1 剖面	矩形垫层	83.76	0.82	0.30	1	20.60	50.75	0	0.00	0	0.00	
2-2 剖面	矩形垫层	6.66	0.62	0.30	1	1.24	4.37	0	0.00	0	0.00	
3-3 剖面	方形基底	0.82	0.82	0.25	4	0.67	3.28	0	0.00	10	61.23	双向筋

续表

名称及编号	混凝土基础垫层尺寸				混凝土数量	模板接触面积	$\phi6$ mm 钢筋		$\phi16$ mm 钢筋		备注
	构件长	截面宽	截面高	个数			设计根数	数量	设计根数	数量	
	m	m	m	个	m³	m²		kg		kg	
方形二阶	0.53	0.53	0.25	4	0.28	2.12	3	5.22	4	16.41	竖向筋
圆形柱基	0.25	0.25	0.58	4	0.15	2.32	3	1.87	6	46.58	竖向筋
基础垫层					22.94	62.84		7.09		124.22	

1. "混凝土基础垫层尺寸"栏

（1）"构件长"和"截面宽"：按表 1.2-13"基础土方与砖基工程数据表"中相应项目的挖土计算值填写，本例除 3-3 剖面台阶层外，均会自动跟踪显示。台阶基础的阶台层（二阶）和最上层（柱基）按图 1.1-11 中 3-3 剖面填写（如表中颜色格所示）。

（2）"截面高"：按基础平面图示尺寸填写，本例除 3-3 剖面台阶层外，均会自动跟踪显示。其中 3-3 剖面"柱基"高从 ±0.000 算至阶台顶面（即依图 1.1-11，3-3 剖面中柱基高 =1.08-0.5=0.58m）。

（3）"混凝土数量"＝构件长×截面宽×截面高×个数，表中会自动计算显示。

2. "模板接触面积"栏

它是指与混凝土面相接触的模板面积，如垫层模板接触面积＝2×（构件长＋截面宽）×截面高×个，表格会自动计算显示。

3. "钢筋"栏

表中钢筋只需根据配筋图所示，填写其相应钢筋规格和设计根数即可，具体计算，表格会自动计算显示。本例 3-3 剖面钢筋工程量计算方法：

（1）台阶阶层处有 $3\phi6$ 方形箍筋，箍筋长＝[构件截面周长（4×0.53）-8×保护层（0.025）+两端弯钩（2×6.25×0.006）-3×度量差（2×0.006）]×构件个数（4）×箍筋根数（3）=23.51m。然后乘以单位重 0.222kg/m，则 $\phi6$ 方箍量＝23.51×0.222=5.22kg。

（2）圆形柱基有 $3\phi6$ 圆形箍筋，箍筋量＝3.1416×[构件直径（0.25）-2×保护层（0.025）+两端弯钩（2×6.25×0.006）]×构件个数（4）×箍筋根数（3）×单位重（0.222）=1.87kg。

（3）方形基底有 5 根双向布置 $\phi16$ 受力筋，受力筋量＝[构件长度（0.82）-2×保护层（0.025）+两端弯钩（2×6.25×0.016）]×构件个数（4）×钢筋根数（10）×单位重（1.578kg/m）=61.23kg。

4. 其他形式基础计算表

对于其他混凝土垫层及基础形式，如图 1.2-2 所示，具体计算列入表 1.2-16 中，表中只需填写相应计算基数后，即可得出相应混凝土体积和模板接触面积。

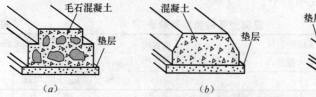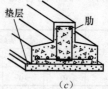

图 1.2-2　常用钢筋混凝土基础形式（一）

（a）毛石混凝土基础；（b）无筋混凝土基础；（c）带肋钢筋混凝土基础

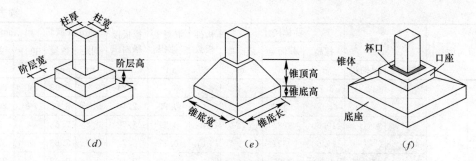

图 1.2-2　常用钢筋混凝土基础形式（二）

（d）台阶形柱基；（e）锥形柱基；（f）杯形柱基

不同类型混凝土基础计算表 　　表 1.2-16

序号	项目名称	计算基数（m）								混凝土体积	模板接触面积
1	带形基础	基底宽	基底高	梯口宽	梯形高	基础长	基础数			m³	m²
		0.00	0.00	0.00	0.00	0.00	1.00			0.000	0.00
2	条形等高式台阶基础	墙基厚	基础长	阶层高	阶层宽	阶层数	基础高	基础数		m³	m²
		0.00	0.00	0.00	0.00	0.00	0.00	1.00		0.000	0.00
3	独立柱等高式台阶基础	柱边宽	柱边厚	阶层高	阶层宽	阶层数	基础高	基础数		m³	m²
		0.30	0.30	0.20	0.10	3.00	0.00	1.00		0.256	20.28
4	独立柱截锥式基础	锥底宽	锥底长	锥底高	锥顶宽	锥顶长	锥顶高	基础数		m³	m²
		0.00	0.00	0.00	0.00	0.00	0.00	1.00		0.000	0.00
5	预制柱杯形基础	基底宽	基底长	基底厚	杯顶宽	杯顶长	锥体高	杯体高	杯壁厚	杯口深	m³	m²
		0.00	0.00	0.00	0.00	0.00	0.00	0.00	0.00	0.00	0.000	0.00

（二）钢筋混凝土柱子数据表

"钢筋混凝土柱子数据表"是为计算钢筋混凝土柱和砖墙体工程量等而提供数据的表格，见表 1.2-17。

钢筋混凝土柱子数据表 　　表 1.2-17

项目名称		柱位置		柱体尺寸			构件根数	混凝土体积	模板接触面积	$\phi 6 mm$ 箍筋		$\phi 16 mm$ 钢筋	
		横轴线	纵轴线	柱高	截面宽	截面厚				间距	数量	设计根数	数量
				m	m	m	根	m³	m²	m	kg		kg
圆形柱	门廊柱	b底	④⑤	2.80	0.25	φ	2	0.27	4.40	0.25	3.75	6	55.86
	阳台柱		⑧	7.30	0.25	φ	2	0.72	11.47	0.25	9.37	6	141.07
	露台柱	C	⑥楼	3.30	0.25	φ	1	0.16	2.59	0.25	2.19	6	32.66
圆形柱								1.15	18.46		15.30		229.60

续表

项目名称	柱位置		柱体尺寸			构件根数	混凝土体积	模板接触面积	φ6 mm箍筋		φ16 mm钢筋	
	柱高		柱高	截面宽	截面厚	根数			间距	数量	设计根数	数量
	横轴线	纵轴线	m	m	m	根	m³	m²	m	kg		kg
构造柱	转角柱 Z1	A	②④	6.70	0.27	0.27	2	0.98	7.24	0.25	9.93	4	86.47
		B	⑤底	4.00	0.27	0.27	1	0.29	2.16	0.25	3.02	4	26.19
		B	⑦	10.60	0.27	0.27	1	0.77	5.72	0.25	7.63	4	67.85
		C	①	10.60	0.27	0.27	1	0.77	5.72	0.25	7.63	4	67.85
		C	④底	4.00	0.27	0.27	1	0.29	2.16	0.25	3.02	4	26.19
		D	⑤楼	6.60	0.27	0.27	1	0.48	3.56	0.25	4.79	4	42.61
		D	⑦	10.60	0.27	0.27	1	0.77	5.72	0.25	7.63	4	67.85
		E	①	10.60	0.27	0.27	1	0.77	5.72	0.25	7.63	4	67.85
		E	④底	4.00	0.27	0.27	1	0.29	2.16	0.25	3.02	4	26.19
		F	③	10.60	0.27	0.27	1	0.77	5.72	0.25	7.63	4	67.85
		F	⑥楼	6.60	0.27	0.27	1	0.48	3.56	0.25	4.79	4	42.61
	墙中柱 Z2	a	②④	10.60	0.24	0.30	2	1.53	12.72	0.25	15.25	4	135.71
		D	⑤底	4.00	0.24	0.30	1	0.29	2.40	0.25	3.02	4	26.19
		D	⑥	10.60	0.24	0.30	1	0.76	6.36	0.25	7.63	4	67.85
		E	④楼	6.60	0.24	0.30	1	0.48	3.96	0.25	4.79	4	42.61
		F	④楼	6.60	0.24	0.30	1	0.48	3.96	0.25	4.79	4	42.61
		F	⑤底	4.00	0.24	0.30	1	0.29	2.40	0.25	3.02	4	26.19
		F	⑥底	4.00	0.24	0.30	1	0.29	2.40	0.25	3.02	4	26.19
		F	⑦	10.60	0.24	0.30	1	0.76	6.36	0.25	7.63	4	67.85
	丁字柱 Z3	B	⑤楼	6.60	0.30	0.27	1	0.53	1.78	0.25	4.79	4	42.61
		C	②	10.60	0.30	0.27	1	0.86	2.86	0.25	7.63	4	67.85
		C	④楼	6.60	0.30	0.27	1	0.53	1.78	0.25	4.79	4	42.61
		E	③	10.60	0.30	0.27	1	0.86	2.86	0.25	7.63	4	67.85
		F	④底	4.00	0.30	0.27	1	0.32	1.08	0.25	3.02	4	26.19
		F	⑤楼	6.60	0.30	0.27	1	0.53	1.78	0.25	4.79	4	42.61
构造柱								15.19	102.17		148.47		1314.47

本例中钢筋混凝土柱，有5根 φ0.25m 圆柱（参看图 1.1-5 所示2根门廊柱，图 1.1-3 和图 1.1-7 所示2根阳台柱，1根露台柱）和若干根构造柱。

1. "柱体尺寸"栏

（1）"柱长"按《规范》附录表 E.2 规定"柱高：有梁板的柱高，应自柱基上表面（或楼板上表面）至上一层楼板上表面之间的高度计算"，所以本例柱高均可按图示楼层标高填写。

（2）构造柱，按《规范》附录表 E.2 规定："构造柱按全高计算，嵌接墙体部分（马牙槎）并入柱身体积"。因此，对构造柱"截面宽"、"截面厚"，要考虑按柱截面尺寸每边加马牙槎各 30mm 作为计算其平均尺寸，构造柱所处位置有四种类型，即：墙体中间柱、T 字墙交接柱、转角墙转角柱、十字墙交叉柱，其所加尺寸如图 1.2-3 虚线所示，如墙体中间柱截面平均宽＝0.24＋0.03×2＝0.30m，厚＝0.24m；T 字墙交接柱截面宽＝0.24＋

0.03×2＝0.30m，厚＝0.27m；转角柱的截面平均宽、厚＝0.24＋0.03＝0.27m；十字墙交接柱截面宽、厚＝0.24＋0.03×2＝0.30m。

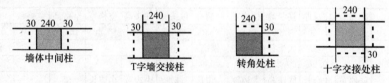

图 1.2-3　构造柱截面

2．"混凝土体积及模板接触面积"栏

混凝土体积＝柱截面积×柱高。圆柱模板接触面积＝截面周长×柱高。转角构造柱模板＝截面（宽＋厚）×柱高，墙中柱模板＝截面宽×2×柱高，T字柱模板＝截面宽×柱高。表中均会自动跟踪柱体尺寸计算显示，无需手工另行操作。

3．"钢筋"栏

（1）柱钢筋分为箍筋和受力钢筋两种，其计算式为：（1）圆柱箍筋＝π×（构件截面周长－2×保护层＋两端弯钩）×构件个数×（构件长÷箍筋间距）×单位重。

（2）构造柱箍筋＝（构件截面周长－8×保护层＋两端弯钩－3×度量差）×构件个数×（构件长÷箍筋间距）×单位重（其中构件截面周长不考虑马牙槎）。

（3）受力钢筋＝（构件长度－2×保护层＋两端弯钩）×构件个数×钢筋根数×单位重。

表中只需按柱体配筋图（如本例图 1.1-12～图 1.1-14）填写其相应钢筋规格、箍筋间距、直筋根数等数据，钢筋量会自动计算显示，无需手工操作。

4．其他形式柱的计算

其他形式钢筋混凝土柱，如图 1.2-4 所示，混凝土和模板按表 1.2-18 计算，表中只需填写其相应计算基数后，即可得出相应混凝土体积和模板接触面积。

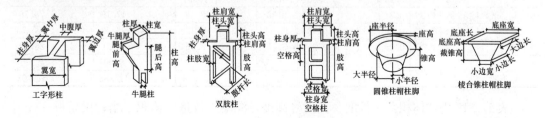

图 1.2-4　其他形式钢筋混凝土桩

混凝土柱项目计算表　　　　　　　　　　　表 1.2-18

序号	项目名称	计算基数（m）									混凝土体积	模板接触面积
1	圆形截面柱	柱半径	柱高	个							m³	m²
		0.60	1.00	1.00							1.13	3.77
2	矩形截面柱	截面宽	截面厚	截面长	个						m³	m²
		0.15	0.15	3.00	1.00						0.07	1.80
3	工字形截面柱	柱翼宽	翼边厚	翼中厚	柱身厚	中腹厚	柱身	个			m³	m²
		0.40	0.10	0.12	0.50	0.10	4.00	1.00			0.28	9.44
4	矩形牛腿柱	柱面宽	柱面厚	柱全高	牛腿宽	腿前高	腿后高	空心宽	空心长	个	m³	m²
		0.30	0.30	4.00	0.20	0.10	0.50	0.20	2.00	1.00	0.26	6.26
5	斜腹杆双肢柱	柱肢宽	柱身厚	柱肢高	柱肩宽	柱肩高	柱头宽	柱头高	腹杆长	腹杆宽	腹杆数	m³
		0.10	0.20	4.00	0.60	0.30	0.20	0.20	0.346	0.08	9.00	0.25

续表

序号	项目名称	计算基数（m）										混凝土体积	模板接触面积
6	空格柱	柱身宽	柱身厚	柱身高	柱肩宽	柱肩高	柱头宽	柱头高	空格宽	空格高	空格数	m³	m²
		0.50	0.20	4.00	0.60	0.30	0.20	0.20	0.30	0.50	6.00	0.26	7.26
7	圆锥柱帽柱脚	座半径	座高	大半径	小半径	锥高	个					m³	m²
		0.35	0.06	0.25	0.15	0.30	1.00					0.06	0.60
8	棱锥柱帽柱脚	底座宽	底座长	底座高	大边宽	大边长	截锥	小边宽	小边长	个		m³	m²
		0.50	0.50	0.06	0.40	0.40	0.30	0.20	0.20	1.00		0.04	0.35

（三）钢筋混凝土梁数据表

钢筋混凝土横梁分为：钢筋混凝土矩形承重梁、钢筋混凝土圈梁、钢筋混凝土过梁、其他形式钢筋混凝土梁等。

1. 钢筋混凝土矩形梁数据表

钢筋混凝土矩形承重梁，一般简称为钢筋混凝土矩形梁，该数据表见表 1.2-19 所示，表中只需根据本例图 1.1-12～图 1.1-14 所示配筋图，填写相关数据（如表中颜色格所示），表格会自动计算显示。

钢筋混凝土矩形梁数据表 表 1.2-19

名称及编号	混凝土构件尺寸				构件数量	混凝土数量	构件模板	$\phi6$ mm 箍筋		$\phi12$ mm 钢筋		$\phi18$ mm 钢筋	
	长度	宽度	高度	体积				间距	数量	设计根数	数量	设计根数	数量
	m	m	m	m³	个	m³	m²	m	kg		kg		kg
L-1	4.84	0.24	0.30	0.35	2	0.70	8.42	0.25	8.16	2	17.55	4	80.16
L-2	3.34	0.24	0.30	0.24	2	0.48	5.90	0.25	5.71	2	12.22	4	56.18
L-3	4.74	0.24	0.30	0.34	2	0.68	8.25	0.25	8.16	2	17.19	4	78.56
L-4	6.14	0.24	0.30	0.44	2	0.88	10.60	0.25	10.61	2	22.16	4	100.94
L-5	4.74	0.24	0.30	0.34	2	0.68	8.25	0.25	8.16	2	17.19	4	78.56
L-6	6.44	0.24	0.46	0.46	2	0.93	11.11	0.25	11.02	2	23.23	4	105.73
L-7	3.44	0.24	0.30	0.25	1	0.25	3.03	0.25	3.06	2	6.29	4	28.89
				0.00		0.00					0.00		
矩形梁						4.60	55.56		54.88		115.83		529.03

表 1.2-19 中"体积"＝长度×宽度×高度；混凝土数量＝体积×个；梁模板＝（2×截面高＋截面宽）×梁长×个。

梁箍筋量＝（构件截面周长－8×保护层＋两端弯钩－3×度量差）×构件个数×（构件长÷箍筋间距）×单位重。

受力筋量＝（构件长度－2×保护层＋两端弯钩）×构件个数×钢筋根数×单位重。

2. 钢筋混凝土圈梁数据表

"钢筋混凝土圈梁数据表"是为计算钢筋混凝土圈梁和砖墙工程量所提供的数据表，见表 1.2-20，在本例中，根据图 1.1-12～图 1.1-14 所示配筋图，填写相关数据（如表中颜色格所示），圈梁长度按其净长（即减去与构造柱交叉尺寸），如依图 1.1-12 中 QL-1③～⑥长＝13.00－两角构造柱（2×0.15）－两中构造柱（2×0.3）＝12.10m。

又如 QL-2①～③长＝10.40－一角构造柱（0.27）－两中构造柱（2×0.3）＝9.53m。其他如此类推。表中混凝土体积、模板接触面积和钢筋数量等，表格会自动计算显示。

现浇钢筋混凝土圈梁基数表　　　　　　　　　表 1.2-20

圈梁编号	截面宽 0.24m 圈梁轴线长度	截面高 0.20m 减角柱尺寸	减中柱尺寸	圈梁实长	圈梁体积 m³	构件数量 个	混凝土数量 m³	构件模板 m²	φ6 mm 箍筋 间距 m	φ6 mm 箍筋 数量 kg	φ12 mm 钢筋 设计根数	φ12 mm 钢筋 数量 kg	φ16 mm 钢筋 设计根数	φ16 mm 钢筋 数量 kg
QL-1	13.00	0.30	0.60	12.10	0.58	3	1.74	23.23	0.25	23.46	2	66.28	2	118.26
QL-2	10.40	0.27	0.60	9.53	0.46	3	1.37	18.30	0.25	18.68	2	52.59	2	93.92
QL-3	6.00	0.30	0.30	5.40	0.26	3	0.78	10.37	0.25	11.01	2	30.58	2	54.82
QL-4	10.40	0.27	0.60	9.53	0.46	1	0.46	6.10	0.25	6.23	2	17.53	2	31.31
	12.90	0.27	0.60	12.03	0.58	2	1.15	15.40	0.25	15.64	2	43.94	2	78.40
QL-5	6.00	0.24	0.00	5.76	0.28	3	0.83	11.06	0.25	11.49	2	32.50	2	58.23
QL-6	3.20	0.27	0.00	2.93	0.14	3	0.42	5.63	0.25	6.23	2	17.42	2	31.43
QL-7	6.20	0.30	0.00	5.90	0.28	2	0.57	7.55	0.25	7.98	2	22.16	2	39.70
QL-8	5.80	0.30	0.30	5.20	0.25	1	0.25	3.33	0.25	3.51	2	9.84	2	17.64
	4.30	0.30	0.00	4.00	0.19	2	0.38	5.12	0.25	5.43	2	15.42	2	27.71
QL-9	4.60	0.30	0.00	4.30	0.21	3	0.62	8.26	0.25	8.62	2	24.72	2	44.40
QL-10	3.10	0.30	0.00	2.80	0.13	3	0.40	5.38	0.25	5.75	2	16.73	2	30.20
QL-11	4.60	0.24	0.00	4.36	0.21	3	0.63	8.37	0.25	8.62	2	25.04	2	44.97
QL-12	5.80	0.30	0.30	5.20	0.25	1	0.25	3.33	0.25	3.51	2	9.84	2	17.64
	4.30	0.30	0.00	4.00	0.19	1	0.19	2.56	0.25	2.71	2	7.71	2	13.85
	8.90	0.30	0.30	8.30	0.40	1	0.40	5.31	0.25	5.43	2	15.34	2	27.43
QL-13	1.00	0.30	0.30	0.70	0.03	1	0.03	0.45	0.25	0.64	2	1.85	2	3.44
	3.70	0.27	0.00	3.13	0.15	2	0.30	4.01	0.25	4.47	2	12.33	2	22.22
QL-14	5.90	0.30	0.00	5.60	0.27	3	0.81	10.75	0.25	11.01	2	31.65	2	56.71
QL-15	3.20	0.24	0.00	2.96	0.14	1	0.14	1.89	0.25	2.08	2	5.86	2	10.57
QL-16	4.50	0.30	0.00	4.20	0.20	1	0.20	2.69	0.25	2.87	2	8.06	2	14.49
QL-17	3.10	0.24	0.00	2.86	0.14	1	0.14	1.83	0.25	1.92	2	5.68	2	10.26
QL-18	4.50	0.30	0.00	4.20	0.20	1	0.20	2.69	0.25	2.87	2	8.06	2	14.49
圈梁							12.27	163.59		170.15		481.14		862.09

3. 钢筋混凝土过梁数据表

钢筋混凝土过梁是指为门窗洞口所设置的钢筋混凝土梁，根据过梁结构配筋图填写相关数据。本例按图 1.1-12～图 1.1-14 所示配筋图，填写如表 1.2-21 中颜色格所示。

钢筋混凝土过梁数据表　　　　　　　　　表 1.2-21

名称及编号	混凝土构件尺寸 构件长 m	截面宽 m	截面高 m	体积 m³	构件数量 个	混凝土数量 m³	构件模板 m²	φ6 mm 箍筋 间距 m	φ6 mm 箍筋 数量 kg	φ12 mm 钢筋 设计根数	φ12 mm 钢筋 数量 kg	φ16 mm 钢筋 设计根数	φ16 mm 钢筋 数量 kg
GL-0.8	1.10	0.24	0.24	0.06	10	0.63	7.92	0.25	8.87	2	21.31	2	39.45
GL-0.9	1.20	0.24	0.24	0.07	9	0.62	7.78	0.25	9.58	2	20.78	2	24.30
GL-1.2	1.50	0.24	0.24	0.09	13	1.12	14.04	0.25	16.14	2	36.94	2	42.90
GL-1.5	1.80	0.24	0.24	0.10	3	0.31	3.89	0.25	4.26	2	10.12	2	11.70
GL-1.8	2.10	0.24	0.24	0.12	4	0.48	6.05	0.25	6.39	3	23.44	3	27.00
GL-2.4	2.70	0.24	0.24	0.16	2	0.31	3.89	0.25	4.26	2	9.95	2	11.40
GL-3.0	3.30	0.24	0.24	0.19	2	0.38	4.75	0.25	4.97	2	12.08	2	13.80
GL-3.5	3.80	0.24	0.24	0.22	1	0.22	2.74	0.25	2.84	3	10.39	3	11.85
GL-4.8	5.10	0.24	0.24	0.29	1	0.29	3.67	0.25	3.72	3	13.85	3	15.75
				0.00		0.00							
过梁					45	4.38	54.72		61.02		158.86		198.15

其中过梁长度按洞口宽度两边各加 0.15m 计算，对其中混凝土体积、模板接触面积和钢筋长度等，表格会自动计算显示。

4. 其他形式钢筋混凝土梁计算

其他形式钢筋混凝土梁，如图 1.2-5 所示，其混凝土和模板工程量，按表 1.2-22 计算，表中只需填写其相应计算基数（如表中颜色格所示）后即可。

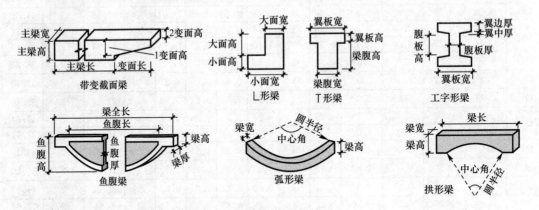

图 1.2-5　其他形式钢筋混凝土梁

混凝土梁项目计算表　　　　　　　　　　表 1.2-22

序号	项目名称	计算基数（m）						混凝土体积	模板接触面积
1	矩形梁	主梁宽	主梁高	主梁长	个			m³	m²
		0.24	0.50	6.84	1.0			0.82	7.08
2	带变截面梁	主梁宽	主梁高	主梁长	1变面高	2变面高	变面长	个	m³	m²
		0.24	0.50	6.60	0.28	0.12	1.48	1.0	0.86	7.34
3	L形梁	大面宽	大面高	小面宽	小面高	梁全长	个	m³	m²
		0.30	0.12	0.18	0.38	6.00	1.0	0.63	6.21
4	T形梁	翼板宽	翼边高	梁腹宽	梁腹高	梁全长	个	m³	m²
		0.44	0.12	0.24	0.38	6.00	1.0	0.86	6.29
5	工字形梁	翼板宽	翼边厚	翼中厚	腹板高	腹板厚	梁全长	个	m³	m²
		0.30	0.12	0.14	0.22	0.15	6.00	1.0	0.43	8.11
6	鱼腹梁	梁厚	梁高	梁全长	鱼腹高	鱼腹厚	鱼腹长	个	m³	m²
		0.24	0.24	6.00	0.70	0.12	5.40	1.0	0.70	7.61
7	拱形梁	主梁宽	主梁高	主梁长	圆半径	中心角°	个	m³	m²
		0.24	0.30	3.00	3.00	40.00	1.0	0.212	6.075
8	弧形梁	主梁宽	主梁高	圆半径	中心角°	个		m³	m²
		0.24	0.24	3.00	120.00	1.0		0.362	3.131

（四）钢筋混凝土楼面板数据表

"钢筋混凝土楼面板数据表"，是为计算楼板的钢筋、混凝土和模板等工程量所提供的数据。由于本例两层楼板厚均为 0.10m，故将楼板标高 4.000m、7.300m 列为一个表，见表 1.2-23 所示。而将标高 10.600m 天棚板厚 0.08m 另列一表，见表 1.2-24 所示，在上表打开情况下，点击编辑框右边下翻滚键（▼），即可找出。表中内容说明如下：

1."项目名称及轴线尺寸"栏

该表所列房间名称和轴线尺寸，房间"间数"、"净面积"等，均会自动跟踪表 1.2-1 进行显示。在该栏中只需填写楼板设计厚度即可（如本例楼板厚为 0.10m 颜色格所示）。"净面积"、"混凝土体积"和"模板接触面积"会自动计算显示。

2."钢筋"栏

表中钢筋设置有两种方式，一种是按钢筋"布置间距"方式填写，另一种是按钢筋"设计根数"填写，可由读者根据配筋图选择，其中：

（1）钢筋量按"布置间距"计算时，要分纵向和横向钢筋，分别按下式计算：

横向钢筋量＝（构件横向长－2×保护层＋两端弯钩长）×（构件纵向长/钢筋间距＋1）×构件个数×钢筋单位重。如表中"封闭阳台"Ⓐ～ⓐ轴 ϕ10 钢筋量＝$(1.5-2×0.015+12.5×0.01)×(6.2/0.2+1)×1×0.617=31.49$kg。

纵向钢筋量＝（构件纵向长－2×保护层＋两端弯钩长）×（构件横向长/钢筋间距＋1）×构件个数×钢筋单位重。如上项②～④轴钢筋量＝$(6.2-2×0.015+12.5×0.01)×(1.5/0.2+1)×1×0.617=34.96$kg。

（2）钢筋量按"设计根数"计算时，纵横向钢筋，统一按下式计算：

钢筋量＝（构件长度－2×保护层＋两端弯钩）×设计根数×构件个数×钢筋单位重。

钢筋混凝土楼面板基数表　　　　　　表 1.2-23

项目名称		轴线及尺寸		0.10m 厚楼地面			模板接触面积	ϕ10mm 钢筋		ϕ10mm 钢筋	
标高 4.00m、7.30m 二层、三层		纵横向轴线	轴线长 m	间数 间	净面积 m²	混凝土体积 m³	m²	间距 m	数量 kg	设置根数	数量 kg
第二层	封闭阳台	A～a	1.50	1	7.51	0.93	9.05	0.20	31.49	0	0.00
		②～④	6.20					0.20	34.96		0.00
第二、三层	卧室 1	a～C	4.30	2	48.40	5.33	100.99	0.20	173.55		
		②～④	6.20					0.20	178.66		
	书房	b～C	3.70	2	20.48	2.37	43.73	0.20	79.61		
		④～⑤	3.20					0.20	81.32		
第二层	休闲间	C～E	4.60	1	12.91	1.47	14.47	0.20	49.25		
		④～⑤	3.20					0.20	48.79		
第二、三层	楼梯间	C～E	4.60	2	24.42						
		(二)～④	2.80								
	衣帽间	C～d	2.00	2	15.14	1.76	32.84	0.20	59.46		
		①～(二)	4.40					0.20	61.02		
	卫生间 1	d～E	2.60	2	20.13	2.29	43.07	0.20	76.49		
		①～(二)	4.40					0.20	77.66		
	卫生间 2	E～F	3.10	2	18.65	2.17	39.93	0.20	74.91		
		③～(三)	3.50					0.20	75.42		
第二层	私装间	E～F	3.10	1	12.18	1.40	13.70	0.20	47.31		
		(三)～⑤	4.50					0.20	48.20		
第三层	家庭室	C～E	4.60	1	13.95	1.47	15.51	0.20	49.25		
		④～⑤	3.20					0.20	48.79		
		C～D	3.20	1	7.04	0.80	8.18	0.20	28.46		
		⑤～(四)	2.50					0.20	27.22		

续表

项目名称		轴线及尺寸		0.10m厚楼地面			模板接触面积	φ10mm钢筋		φ10mm钢筋	
标高4.00m、7.30m 二层、三层		纵横轴线	轴线长 m	间数 间	净面积 m²	混凝土体积 m³	m²	间距 m	数量 kg	设置根数	数量 kg
第二层	卧室2	D~F	4.50	1	20.28	2.25	22.18	0.20	73.71		
		⑤~⑥	5.00					0.20	75.45		
第三层	卧室2	D~F	4.50	1	20.28	2.25	22.18	0.20	73.71		
		⑤~⑥	5.00					0.20	75.45		
第二、三层	阳台	D~F	4.50	2	7.50	0.90	16.30	0.20	34.02		
		⑥~⑦	1.00					0.20	32.43		
		D~F	4.50	2	19.64	2.25	40.84	0.20	79.38		
		⑦~⑧	2.50					0.20	76.85		
第二层	露空间	B~D	5.90	1	0.00	0.00	0.00				
		⑤~⑦	6.00								
第三层	露台	C~D	3.20	1	9.65	1.12	10.99	0.20	38.63		
		(四)~⑦	3.50					0.20	37.71		
		B~C	2.70	1	14.76	1.62	16.50	0.20	53.46		
		⑤~⑦	6.00					0.20	56.41		
楼面板					292.91	30.38	450.46		2059.02		0

钢筋混凝土天棚板数据表　　　　表1.2-24

项目名称		轴线及尺寸		0.08m厚楼地面			模板接触面积	φ10mm钢筋		φ10mm钢筋	
标高10.60m 天花板		纵横轴线	轴线长 m	间数 间	净面积 m²	混凝土体积 m³	m²	间距 m	数量 kg	设置根数	数量 kg
该天花板与第三层布置相同，其名称是借用第三层相应名称	卧室1	a~C	4.30	1	48.40	2.13	50.08	0.20	86.77	0	0.00
		②~④	6.20					0.20	89.33		0.00
	书房	b~C	3.70	1	20.48	0.95	21.59	0.20	39.81		
		④~⑤	3.20					0.20	40.66		
	楼梯间	C~E	4.60	1	24.42	1.03	25.60	0.20	43.45		
		(三)~④	2.80					0.20	42.87		
	衣帽间	C~d	2.00	1	15.14	0.70	16.17	0.20	29.73		
		①~(二)	4.40					0.20	30.51		
	卫生间1	d~E	2.60	1	20.13	0.92	21.25	0.20	38.24		
		①~(二)	4.40					0.20	38.83		
	卫生间2	E~F	3.10	1	18.65	0.87	19.70	0.20	37.45		
		③~(三)	3.50					0.20	37.71		
	私装间	E~F	3.10	1	12.18	1.12	13.40	0.20	47.31		
		(三)~⑤	4.50					0.20	48.20		
	家庭室	C~E	4.60	1	13.95	1.18	15.20	0.20	49.25		
		④~⑤	3.20					0.20	48.79		
		C~D	3.20	1	7.04	0.64	7.96	0.20	28.46		
		⑤~(四)	2.50					0.20	27.22		
	卧室2	D~F	4.50	1	20.28	1.80	21.80	0.20	73.71		
		⑤~⑥	5.00					0.20	75.45		
天棚板					200.68	11.33	212.74		953.76		0

（五）钢筋混凝土屋面板数据表

"钢筋混凝土屋面板数据表"，是为计算屋面板、屋面瓦、屋面防水等工程量而提供的数据，见表 1.2-25。在上表打开情况下，点击编辑框右边下翻滚键（▼），即可找出。表中内容说明如下。

1. "项目名称"栏

多坡屋面钢筋混凝土板，按其计算形式编列名称，如本例按图 1.1-15 所示"屋面编号"填写。

钢筋混凝土屋面板基数表　　　　　　　　　　　　　表 1.2-25

项目名称		100mm 厚屋面板基本尺寸						屋面板混凝土体积	模板接触面积	$\phi12$ mm 横筋		$\phi12$ mm 纵筋	
屋板编号	板块形状	大边长	小边长	垂直高	垂平长	斜长	斜面积			间距	数量	间距	数量
		m	m	m	m	m	m²	m³	m²	m	kg	m	kg
Ⅰ	斜梯形	13.24	5.92	2.29	3.97	4.58	43.91	4.39	49.61	0.20	206.73	0.20	104.93
Ⅱ	三角形	7.94	0.00	2.29	3.97	4.58	18.19	1.82	20.56	0.20	87.17	0.20	44.97
Ⅲ	斜梯形	5.92	5.00	2.29	3.97	4.58	25.02	2.50	28.28	0.20	118.92	0.20	59.96
Ⅳ	斜梯形	4.30	3.90	2.69	3.76	4.62	18.95	1.90	21.42	0.20	89.94	0.20	47.50
Ⅴ	三角形	9.64	0.00	2.69	4.30	5.07	24.45	2.44	27.63	0.20	114.05	0.20	58.96
Ⅵ	斜梯形	12.24	3.97	2.69	4.18	4.97	40.29	4.03	45.53	0.20	189.90	0.20	97.17
Ⅶ	斜梯形	1.00	1.00	1.60	2.42	2.90	2.90	0.29	3.28	0.20	15.91	0.20	8.37
Ⅷ	斜梯形	2.40	1.00	1.60	2.42	2.90	4.93	0.49	5.57	0.20	25.86	0.20	13.95
Ⅸ	三角形	4.84	0.00	1.60	2.52	2.99	7.22	0.72	8.16	0.20	36.09	0.20	18.61
屋面板							185.87	18.59	210.04		884.56		454.43

2. "屋面板基本尺寸"栏

（1）屋面板厚 100mm，其他尺寸按图 1.1-15 所示填写（如表中颜色格所示）。

（2）"斜长"是指斜屋面板梯形或三角形的中高，"斜长"＝$\sqrt{垂直高^2 + 垂平长^2}$。

（3）"斜面积"＝（大边长＋小边长）/2×斜长。

（4）屋面板混凝土体积＝斜面积×屋面板厚。

（5）模板接触面积＝斜面积×1.13（为考虑增加板的周边模板，所设的平均系数）。

3. "钢筋"栏

表中只需按图 1.1-15 配筋填写钢筋规格和间距即可，钢筋量会自动计算显示。

4. 其他形式钢筋混凝土板计算

其他形式钢筋混凝土板，如图 1.2-6 所示，其混凝土和模板工程量按表 1.2-26 计算，表中只需填写其相应计算基数，即可得出相应混凝土体积和模板接触面积。

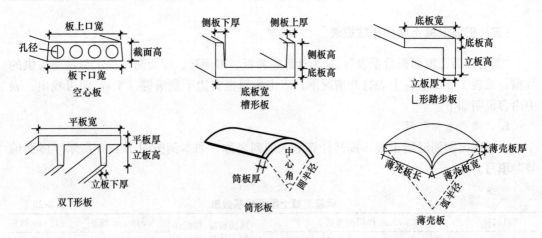

图 1.2-6 其他形式钢筋混凝土板

混凝土板项目计算表   表 1.2-26

序号	项目名称	计算基数 (m)						混凝土体积	模板接触面积
1	平板	截面宽	截面高	截面长	个			m³	m²
		0.69	0.06	1.48	8.00			0.49	18.42
2	有梁板	底板宽	底板厚	梁宽	梁高	梁数	板全长	m³	m²
		1.00	0.10	0.20	0.20	1.0	3.00	0.42	4.48
3	空心板	板平均宽	截面高	孔直径	孔洞数	板全长	个	m³	m²
		0.00	0.00	0.00	0.00	0.00	1.0	0.00	0.00
4	槽形板	底板宽	底板高	侧板均厚	侧板高	板全长	个	m³	m²
		0.00	0.00	0.00	0.00	0.00	1.0	0.00	0.00
5	L形踏步板	底板宽	底板高	立板厚	立板高	板全长	个	m³	m²
		0.00	0.00	0.00	0.00	0.00	1.0	0.00	0.00
6	F形板	平板宽	平板厚	立板均厚	立板高	板全长	个	· m³	m²
		0.00	0.00	0.00	0.00	0.00	1.0	0.00	0.00
7	双T形板	平板宽	平板厚	立板均厚	立板高	板全长	个	m³	m²
		0.00	0.00	0.00	0.00	0.00	1.0	0.00	0.00
8	筒形板	圆半径	中心角°	筒板厚	筒板长	个		m³	m²
		0.00	0.00	0.00	0.00	1.0		0.00	0.00
9	抛物线薄壳板	薄壳长	薄壳宽	薄壳厚	弧半径	个		m³	m²
		3.00	3.00	0.20	4.00	1.0		8.51	47.76

（六）钢筋混凝土天沟数据表

"钢筋混凝土天沟数据表"是按图 1.1-16 天沟大样图填写的数据表，见表 1.2-27 所示，在上表打开情况下，点击编辑框右边下翻滚键（▼），即可找出。表中内容说明如下：

（1）在本例中，天沟截面尺寸根据图 1.1-16（b）"天沟大样图"所示填写，天沟长度按图 1.1-15 所示的前后长和两端长填写。"混凝土体积"、"模板接触面积"表格会自动计算显示。

（2）钢筋按图 1.1-16（b）所示配筋，填写其规格、间距和根数。"钢筋数量"表格会自动计算生成。

钢筋混凝土天沟数据表 表 1.2-27

项目名称	天沟结构尺寸				混凝土体积	模板接触面积	$\phi6$ mm横筋		$\phi12$ mm纵筋	
	截面宽	截面高	截面积	沟长度			间距	数量	设置根数	数量
	m	m	m	m	m³	m²	m	kg		kg
沟内侧	0.25	0.75	0.19	16.52			0.25	45.87	5	73.88
沟底边	0.65	0.15	0.10	16.52			0.25	45.87	5	73.88
沟外侧	0.15	0.05	0.01	13.12			0.25	37.42	5	58.79
	0.20	0.10	0.02	13.12	34.38	216.37	0.25	37.42	5	58.79
	0.35	0.25	0.09							
	0.80	0.10	0.08							
	0.40	0.25	0.10							
天沟			0.58	59.28	34.38	216.37		166.60		265.33

（七）钢筋混凝土楼梯数据表

钢筋混凝土楼梯在编制工程量清单时，一般按水平投影面积计算，但新规范规定也可以按体积计算（但要将模板项目融入其内），同时新旧规范都规定，钢筋混凝土楼梯的钢筋要另行计算，故此，"钢筋混凝土楼梯数据表"需要兼顾这些内容，本例按图 1.1-2 和图 1.1-16 所示，填写见表 1.2-28 所示，在上表打开情况下，点击编辑框右边下翻滚键（▼），即可找出。表中内容：

1. "楼梯间尺寸"栏

"房间长宽尺寸"按平面图填写楼梯间长度（即 4.36m）和宽度（即 2.80m），"楼井长宽"按平面图填写楼梯井的长度（即 1.96m）和宽度（即 1.60m），其下会自动计算显示二者面积。

"楼梯水平投影面积"只需按设计楼层填写层数，表中会自动计算显示出一层（即 9.07m²）和合计层面积（即 18.14m²）。

钢筋混凝土楼梯数据表 表 1.2-28

楼梯间尺寸（m）		楼梯水平投影面积（m²）	楼梯段尺寸（m）					楼梯段段数	混凝土体积	模板接触面积	$\phi6$ mm钢筋		$\phi12$ mm钢筋	
房间尺寸	梯井尺寸		踏步高宽尺寸		梯板厚	斜长系数	楼梯梯段长	个	m³	m²	间距	数量	设置根数	数量
											m	kg		kg
长 4.36	1.96	层数	高	0.15	0.10	1.166	4.69	2	1.59	26.48	0.20	13.27	7	59.74
宽 2.80	1.60	2	宽	0.25	0.07		1.87	4	1.27	13.08	0.20	11.06	7	49.38
面积 12.21	3.14	9.07												
楼梯	合计	18.14							2.86	39.56		24.32		109.12

2. "楼梯段尺寸"栏

"踏步高宽尺寸"即指楼梯踏步高（即 0.15m）和踏步宽（即 0.25m）。"梯板厚"即指楼梯段背面斜板厚度（即 0.10m）和梯段踏步折算成斜板平均厚（即 0.07m）。"楼梯段段数"是指整个楼层的梯段个数。它们均按大样图尺寸填写。

"斜长系数" $=\sqrt{踏步高^2+踏步宽^2}\div踏步宽=\sqrt{0.15^2+0.25^2}\div0.25=1.166$。

"楼梯梯段长" $=$ 楼梯段的斜长$+$休息段水平长度，即：中间段长 $1.96\times1.166+(4.36-1.96)=4.68$m；始终段 $1.6\times1.166=1.87$m。

3. 钢筋栏

按图 1.1-16（a）所示配筋填写规格、间距和根数，钢筋量表格会自动计算显示。

（八）其他混凝土构件数据表

其他混凝土构件根据设计图纸进行立项，如本例根据平、立、剖面图所示，其他构件有：大门门廊顶板，大门台阶，车库混凝土斜坡，混凝土散水等，其数据表见表 1.2-29所示，在上表打开情况下，点击编辑框右边下翻滚键（▼），即可找出。

1. 大门门廊顶板

该顶板由两块钢筋混凝土折形板组合而成，按图 1.1-16（d）所示，其中折板水平宽为 0.70，斜折宽 $=1\times1.1=1.10$，其他如表中颜色格所示。

其他钢筋混凝土构件数据表　　表 1.2-29

项目名称	折板结构尺寸					折板面积	混凝土体积	模板接触面积	φ4 mm 横筋		φ4 mm 纵筋	
	水平段宽	斜折段宽	板厚	板长	个数				间距	数量	设根数	数量
	m	m	m	m	个	m²	m³	m²	m	kg	根	kg
折形板	0.70	1.10	0.04	1.00	2.00	3.60	0.14	3.89	0.20	1.08	5.00	0.50

项目名称	构件基本尺寸（m）					投影面积	混凝土体积	模板接触面积	0 mm 横筋		0 mm 纵筋	
台阶	台阶长度	台面宽	阶踏宽	阶踏高	阶踏数	m²	m³	m²	间距	数量	设根数	数量
									m	kg	根	kg
	3.20	1.6	0.30	0.15	3	8.00	1.63	2.70	0.00	0.00	0.00	0.00
斜坡	斜坡长	斜坡宽	坡面厚			m²	m³	m²				
	1.50	6.20	0.10			9.30	0.93	1.39				
散水	①～⑦前后长	A～F左右长	凸转角数	凹转角数	散水宽	m²		m²				
	23.88	29.93	8	4	0.60	66.01		11.00				

2. 混凝土台阶

《房屋建筑与装饰工程工程量计算规范》规定可以按投影面积计算，也可以按体积计算，而《定额基价表》是按体积计算，所以应采用后者方法计算。本例为图 1.1-1 和图 1.1-5 所示大门台阶，踏步按宽 0.30m、高 0.15m。与室外地面相平作一层，故按 3 层计算，其他尺寸如表中颜色格所示。

3. 混凝土斜坡

本例为车库前的斜坡，按投影面积计算，依图 2.1-1 外伸 1.5m，宽按轴线 6.2m，其构造按设计说明，填写如表中颜色格所示。

4. 混凝土散水

本例散水宽为 0.60m，按投影面积计算，长度$=$四围长$+$凸角数$-$凹角数，按图 1.1-1：①～⑦轴前后长 $=(16.40+0.24)\times2=23.88$m；A～F左边长 $=13.50+0.24=13.74$m，A～F右边长 $=8.10+$半圆弧（7.85）$+0.24=16.19$m，凸角数 8 个（半圆形阳台按 2 凸

角)，凹角数 4 个（半圆形阳台按 1 凹角），填写如表中颜色格所示。

第三节　项目工程量计算

　　工程量计算就是针对第一节所列工程图纸的设计内容，按照《房屋建筑与装饰工程工程量计算规范》附录 A～附录 S（后面简称《规范》附录）所列项目，进行逐个核实对照，用以确认项目实体名称，并进行其工程量的计算。它涉及土方工程、砌筑工程、钢筋混凝土工程、木结构及门窗工程、楼地面工程、墙柱面及天棚面装饰、油漆涂料及脚手架工程等的若干相应项目，其计算工作相当烦琐，但在第二节数据表编制完成后，工程量的计算就会省事很多，下面我们逐项加以说明。

一、土方工程的工程量计算

　　土方工程的工程量计算，是通过"土方工程工程量计算表"加以执行的，该表内容包括两大部分：（一）"工程项目的列项"，即"项目编码"和"项目名称"；（二）"工程量计算"，即"项目数量"和"计算基数"。如表 1.3-1 所示，将上表打开，点击编辑框右边下翻滚键（▼），即可找出。

（一）土方工程项目的列项

　　土方工程是《规范》附录 A 所列的工程项目，按表 A.1 所列内容，对照工程图纸，选择确认的"项目名称"有：平整场地、挖地槽、挖地坑。

　　按表 A.3 选择确认的"项目名称"有：回填土（分槽坑回填、室内回填）、余弃土运输。

　　依此选出这些项目的"项目编码"（另在其后加 3 位序号如 001、002 等）和"单位"，填写到"土方工程工程量计算表"内，如表 1.3-1 中颜色格所示。

土方工程工程量计算表　　　　　　　　　　　表 1.3-1

项目编码	项目名称		项目数量		计算基数（m，m²，m³）				
			单位	工程量	基数 1	基数 2	基数 3	基数 4	基数 5
A	土方工程								
010101001001	平整场地		m²	184.60	首层部分 184.60				
010101003001	挖地槽		m³	56.26	1-1 剖面 53.57	2-2 剖面 2.68			
010101004001	挖地坑		m³	2.10	3-3 剖面 2.10	圆形槽			
010103001001	回填土	槽坑回填土	m³	16.90	槽坑挖方 58.35	基础垫层 22.94	1-1 剖面 17.81	2-2 剖面 0.70	3-3 剖面 0.00
010103001002		室内回填土	m³	53.86	室内面积 179.53	填土厚度 0.30			
010103002001	余取土运输		m³	12.40	全部挖土 58.35	全部填土 70.76			

（二）土方项目的工程量计算

表 1.3-1 中的"工程量"数据，是在"计算基数"的基础上自动计算而成，表中"计算基数"除填土厚度"0.30m"（如表中颜色格所示）需要填写外，其他均会自动跟踪前面相应数据表自动显示。表中内容说明如下。

1. 平整场地工程量

平整场地工程量在《规范》附录表 A.1 中规定"按设计图示尺寸以建筑物首层建筑面积计算"，由于已在前面编列有表 1.2-1"首层房间平面尺寸数据表"，因此，在表 1.3-1 的"计算基数"栏内，会自动跟踪进行显示其首层部分"建筑面积"（184.60m²），则"工程量"也会随即自动显示。如果表 1.2-1 中数据有更改变化，此表也会自动变化，无需手工介入。

2. 挖地槽和挖地坑工程量

挖地槽地坑工程量在《规范》附录表 A.1 中规定"按设计图示尺寸以基础垫层底面积乘以挖土深度计算"。该两项工程量，我们已编列在表 1.2-13"基础土方与砖基工程数据表"相关剖面"挖土体积"栏内，这里只需将其数据 1-1 剖面（53.57m³）2-2 剖面（2.68m³）填写到表 1.3-1"计算基数"内即可，表 1.3-1 中会自动跟踪表 1.2-13 进行显示，无需手工介入。

3. 回填土工程量

回填土分为基础槽坑回填和室内回填。

槽坑回填工程量在《规范》附录表 A.3 中规定"按挖方清单项目工程量减去自然地坪以下埋设的基础体积（包括基础垫层及其他构筑物）"。其中"挖方清单项目工程量"即为本表中"挖地槽""挖地坑"（56.26＋2.10＝58.36m³），"地坪以下埋设的基础体积"即表 1.2-15"混凝土基础垫层数据表"中（22.94m³）和表 1.2-13"基础土方与砖基工程数据表"中 1-1 剖面、2-2 剖面"地下砖基体积"数据（17.81m³、0.70m³），表中均会自动跟踪显示，并计算出工程量，即（56.26＋2.10）－（22.94＋17.81＋0.70）＝16.90m³。

室内回填工程量在《规范》附录表 A.3 中规定按"主墙间面积乘回填厚度，不扣除间隔墙"。其中"主墙间面积"即表 1.2-1"首层房间平面尺寸数据表"中首层部分"室内净面积"（179.53m²），表中均会自动跟踪显示。"回填厚度"需要根据图纸设计尺寸（0.30m²）填写（如表中颜色格所示），其工程量表格会自动进行计算显示，即 179.53×0.30＝53.86m³。

4. 余取土运输工程量

余取土运输分为余土外运和取土内运。其中余土外运是指当所挖土方用于回填土完成后，还有多余土方需要运走的土方。取土内运是指当所挖土方，用于回填土后还不够，需要从地基之外取土运来回填的土方。其工程量表格会自动进行计算显示，即（56.26＋2.10）－（16.90＋53.86）＝－12.40m³。

二、砌筑工程的工程量计算

"砌筑工程工程量计算表"的内容，也是包括两大部分：（一）"工程项目的列项"即"项目编码"和"项目名称"；（二）"工程量计算"即"项目数量"和"计算基数"，如

表 1.3-2 所示。将上表打开，点击编辑框右边下翻滚键（▼），即可找出。

（一）砌筑工程项目的列项

砌筑工程是《规范》附录 D 所列的工程项目，按附录表 D.1 所列内容，对照工程图纸，选择确认的"项目名称"有：砖基础、砖实心墙。将其选择的"项目名称"和"项目编码"（在其后另加 3 位序号 001）和"单位"填写到表 1.3-2 内（表中颜色格所示）。

砖石工程工程量计算表　　　　　　　　　　　　表 1.3-2

项目编码	项目名称	项目数量		计算基数（m，m², m³）				
		单位	工程量	基数 1	基数 2	基数 3	基数 4	基数 5
D	砌筑工程							
010401001001	砖基础	m³	24.91	1-1 剖面	2-2 剖面	3-3 剖面		
				23.92	0.99	0.00		
010401003001	砖实心墙	m³	161.44	一砖外墙	半砖内墙	一砖内墙		
				83.91	6.04	71.49		
010401009001	砖柱	m³	0.00	矩形柱	圆形柱	五边形柱	六边形柱	八边形柱
				0.00	0.00	0.00	0.00	0.00
010401012001	零星砌体	m³	0.00	砖砌蹲台	两阶砖踏	盥洗台脚	砖砌水池	
				0.00	0.00	0.00	0.00	

（二）砌筑项目的工程量计算

在表 1.3-2 中，"计算基数"均会自动跟踪前面相应数据表，进行自动显示，并自动完成工程量计算，表中内容说明如下。

1. 砖基础工程量

砖基础工程量在《规范》附录表 D.1 中规定"按设计图示尺寸以体积计算"。该体积已列在表 1.2-13"基础土方与砖基工程数据表"相关剖面"砖基础体积"栏内，这里只需将其 1-1 剖面（23.92m³）和 2-2 剖面（0.99m³）数据，填写到表 1.3-2"计算基数"内即可，本表会自动跟踪表 1.2-13 进行显示，并自动计算其工程量。

2. 砖实心墙工程量

砖实心墙工程量在《规范》附录表 D.1 中规定"按设计图示尺寸以体积计算。扣除门窗洞口、嵌入墙内的钢筋混凝土柱、梁……所占体积"。依此规定，已在前面编制有表 1.2-8"砖砌外墙体数据表"，表 1.2-9、表 1.2-10"砖砌内墙体数据表"，只需将其中"砖体积"数据—砖外墙（83.91m³），半砖内墙（6.04m³），一砖内墙（71.49m³）等填入表 1.3-2 的"计算基数"内即可，本表会自动跟踪进行显示，并自动计算其工程量。

三、钢筋混凝土工程的工程量计算

"钢筋混凝土工程工程量计算表"，除（一）"工程项目的列项"即"项目编码"和"项目名称"不变外，而在（二）"工程量计算"内，将"项目数量"项改增为"混凝土"和"模板面积"，而"计算基数"仅是指混凝土工程量的基数，见表 1.3-3 所示。将上表打开，点击编辑框右边下翻滚键（▼），即可找出。

（一）钢筋混凝土工程项目列项

混凝土及钢筋混凝土工程是《规范》附录 E 所列的工程项目，按《规范》附录表 E.1～表 E.14，对照结构图 1.1-11～图 1.1-16，选择确认的项目有：混凝土垫层、柱基础、构造柱、圆形柱、矩形梁、圈梁、楼板天花板、屋面板、天沟、楼梯、大门台阶、预制过梁、预制门廊屋顶板等，将其"项目编号"、"项目名称"和"单位"填写如表 1.3-3 中颜色格所示。

钢筋混凝土工程工程量计算表　　　　表 1.3-3

项目编码	项目名称	混凝土		模板面积		计算基数（m，m², m³）				
		单位	工程量	单位	工程量	基数 1	基数 2	基数 3	基数 4	基数 5
E	钢筋混凝土工程									
	现浇构件									
010501001001	混凝土垫层	m³	21.84	m²	55.12	1-1 剖面	2-2 剖面			
						20.60	1.24	0.00		
010501003001	柱基础	m³	1.10	m²	7.72	方形基底	方形二阶	圆形柱基		
						0.67	0.28	0.15		
010502002001	构造柱	m³	15.19	m²	102.17	构造柱				
						15.19				
010502003001	圆形柱	m³	1.15	m²	18.46	圆形柱				
						1.15				
010503002001	矩形梁	m³	4.60	m²	55.56	矩形梁				
						4.60				
010503004001	圈梁	m³	12.27	m²	163.59	圈梁				
						12.27				
010505003001	楼板、天花板	m³	41.71	m²	663.20	楼面板	天棚板			
						30.38	11.33			
010505003002	屋面板	m²	18.59	m²	210.04	屋面板				
						18.59				
010505007001	天沟	m³	34.38	m²	216.37	天沟				
						34.38				
010506001001	楼梯	m²	18.14	m²	39.56	混凝土体积				
						18.14				
010507004001	大门台阶	m²	1.63	m²	2.70	投影面积				
						1.63				
	预制构件									
010510003001	预制门窗过梁	m³	4.38	m²	54.72	4.38				
010512005001	预制门廊屋顶板	m³	0.14	m²	3.89	0.14				

（二）钢筋混凝土项目工程量计算

表 1.3-3 所列项目虽然比较多，但表中"混凝土"工程量、"模板面积"工程量、"计算基数"等，均会自动跟踪前面相关"钢筋混凝土钢筋数据表"，进行自动计算显示，无需另行手工操作，表中内容说明如下。

1. 混凝土垫层基础工程量

混凝土垫层基础工程量在《规范》附录表 E.1 中规定"按设计图示尺寸以体积计算。不扣除伸入承台基础的桩头所占体积"。该体积已在表 1.2-15"混凝土基础垫层数据表"得出，此处只需将其中"混凝土数量"（垫层 1-1 剖面 20.60m³ 和 2-2 剖面 1.24m³，3-3 基础 0.67、0.28、0.15m³），"模板接触面积"（垫层＝50.75＋4.37＝55.12m²，基础＝3.28＋2.12＋2.32＝7.72m²）填入即可，表 1.3-3 会自动跟踪进行计算显示，无需另行手工操作。

2. 现浇钢筋混凝土柱工程量

本例现浇钢筋混凝土柱分为圆形柱和构造柱，其工程量在《规范》附录表 E.2 规定"按设计图示尺寸以体积计算"。该体积已在表 1.2-17"钢筋混凝土柱子数据表"得出，此处只需将其中"构造柱"的"混凝土体积"（15.19m³）、"模板接触面积"（102.17m²）和"圆形柱"的"混凝土体积"（1.15m³）、"模板接触面积"（18.46m²）填入即可，表 1.3-3 会自动跟踪进行计算显示，无需另行手工操作。

3. 现浇钢筋混凝土梁工程量

本例现浇钢筋混凝土梁分为矩形梁和圈梁，其工程量在《规范》附录表 E.3 中规定"按设计图示尺寸以体积计算，伸入墙内的梁头、梁垫并入体积内"。该体积已分别在表 1.2-19"钢筋混凝土矩形梁数据表"，表 1.2-20"钢筋混凝土圈梁数据表"得出，此处只需将其中"混凝土体积"（矩形梁 4.60m³，圈梁 12.27m³）、"模板接触面积"（矩形梁 55.56m²，圈梁 163.59m²）填入即可，表 1.3-3 会自动跟踪进行计算显示，无需另行手工操作。

4. 现浇钢筋混凝土板工程量

本例钢筋混凝土板分为楼面天棚板和屋面板，其工程量在《规范》附录表 E.5 中规定"按设计图示尺寸以体积计算，不扣除单个面积≤0.3m² 的柱、垛以及孔洞所占体积"。该体积已分别在表 1.2-23"钢筋混凝土楼面板数据表"，表 1.2-24"钢筋混凝土天棚板数据表"，表 1.2-25"钢筋混凝土屋面板数据表"得出，此处只需将其中"混凝土体积"（楼面板 20.38m³，天棚板 11.33m³，屋面板 18.59m³）、"模板接触面积"［楼面板（450.46）＋天棚板（212.74）＝663.20m²，屋面板 210.04m²］填入即可，表 1.3-3 会自动跟踪进行计算显示，无需另行手工操作。

5. 现浇钢筋混凝土天沟工程量

现浇钢筋混凝土天沟工程量在《规范》附录表 E.5 中规定"按设计图示尺寸以体积计算"。该体积已在表 1.2-27"钢筋混凝土天沟数据表"得出，此处只需将其中"混凝土体积"（34.38m³）、"模板接触面积"（216.37m²）填入即可，表 1.3-3 会自动跟踪进行计算显示，无需另行手工操作。

6. 现浇钢筋混凝土楼梯工程量

现浇钢筋混凝土天沟工程量在《规范》附录表 E.5 中规定"1. 以平方米计量，按设计图示尺寸以水平投影面积计算，不扣除宽度≤500mm 的楼梯井，伸入墙内部分不计算。2. 以立方米计量，按设计图示尺寸以体积计算"。由于《定额基价表》是按平方米计量，所以我们选择前者。该面积已在表 1.2-28 "钢筋混凝土楼梯数据表"得出，此处只需将其中"楼梯水平投影面积"（18.14m²）、"模板接触面积"（39.59m²）填入即可，表 1.3-3 会自动跟踪进行计算显示，无需另行手工操作。

7. 现浇钢筋混凝土大门台阶工程量

现浇钢筋混凝土台阶工程量在《规范》附录表 E.7 中规定"1. 以平方米计量，按设计图示尺寸以水平投影面积计算。2. 以立方米计量，按设计图示尺寸以体积计算"。由于《定额基价表》是按立方米计量，所以我们选择后者。该面积已在前面表 1.2-29 "其他钢筋混凝土构件数据表"得出，此处只需将其中"台阶投影面积"（1.63m²）、"模板接触面积"（2.70m²）填入即可，表 1.3-3 会自动跟踪进行计算显示，无需另行手工操作。

8. 预制钢筋混凝土过梁工程量

预制钢筋混凝土过梁工程量在《规范》附录表 E.10 中规定"1. 以立方米计量，按设计图示尺寸以体积计算。2. 以根计量，按设计图示尺寸以数量计算"。由于《定额基价表》是按立方米计量，所以我们选择前者。该体积已在表 1.2-21 "钢筋混凝土过梁数据表"得出，此处只需将其中"混凝土体积"（4.38m³）、"模板接触面积"（54.72m²）填入即可，表 1.3-3 会自动跟踪进行计算显示，无需另行手工操作。

9. 预制钢筋混凝土门廊屋顶板工程量

该工程量在《规范》附录表 E.12 中规定"1. 以立方米计量，按设计图示尺寸以体积计算，不扣除宽度≤300mm×300mm 的孔洞所占体积，扣除空心板空洞体积。2. 以块计量，按设计图示尺寸以数量计算"。由于《定额基价表》是按立方米计量，所以我们选择前者。该体积已在表 1.2-29 "其他钢筋混凝土构件数据表"得出，此处只需将其中"混凝土体积"（0.14m³）、"模板接触面积"（3.89m²）填入即可，表 1.3-3 会自动跟踪进行计算显示，无需另行手工操作。

（三）钢筋工程工程量计算

"钢筋工程工程量计算表"也是包括两大部分：（一）"工程项目的列项"，即"项目编码"和"项目名称"；（二）"工程量计算"，即"项目数量"和"计算基数"，见表 1.3-4 所示。将上表打开，点击编辑框右边下翻滚键（▼），即可找出。

钢筋工程工程量计算表 表 1.3-4

项目编号	项目名称	项目数量		钢筋计算基数（kg）							
		单位	工程量	基数 1	基数 2	基数 3	基数 4	基数 5	基数 6	基数 7	基数 8
E.15	钢筋工程			基础垫层	现浇柱	矩形梁	圈梁	楼面板	屋面板	天沟	楼梯
010515001001	现浇 φ6 圆钢	t	0.198	7.09						166.60	24.32
010515001002	现浇 φ10 圆钢	t	3.013					3012.78			

项目编号	项目名称	项目数量		钢筋计算基数（kg）							
		单位	工程量	基数1	基数2	基数3	基数4	基数5	基数6	基数7	基数8
010515001003	现浇φ12圆钢	t	2.310			115.83	481.14		1338.99	265.33	109.12
010515001004	现浇φ16圆钢	t	2.530	124.22	1544.07		862.09				
010515001005	现浇φ18圆钢	t	0.529			529.03					
	现浇φ20圆钢		0.000								
	预制构件圆钢筋			过梁	门廊顶板						
010515002001	预制φ4圆钢	t	0.002		1.59						
010515002002	预制φ12圆钢	t	0.159	158.86							
010515002003	预制φ16圆钢	t	0.198	198.15							
	构件箍筋			过梁	现浇柱	矩形梁	圈梁				
010515001006	箍筋φ6圆钢	t	0.450	61.02	163.77	54.88	170.15				
		t	0.000	0.00							

1. 钢筋工程项目列项

本例钢筋工程的列项，依《规范》附录表 E.15 应列为两项，即：现浇构件钢筋和预制构件钢筋。但依《定额基价表》还应增加一项，构件箍筋。因此，依此选择确认的"项目名称"、"项目编码"和"计量单位"，填写如表 1.3-4 中颜色格所示。

2. 钢筋工程工程量

钢筋混凝土构件中的钢筋，一般都是单独列项，钢筋工程量在《规范》附录表 E.15 中规定"按设计图示钢筋（网）长度（面积）乘单位理论质量计算"。本例所示构件的钢筋量，均已在前面编制的各个"钢筋混凝土钢筋数据表"中列出，这里只需按其钢筋规格，将相关构件的钢筋量，填写到表 1.3-4 内"钢筋计算基数"内即可。具体为：

（1）现浇构件钢筋：

φ6 钢筋量按表 1.2-15（7.09kg）、表 1.2-27（166.60kg）、表 1.2-28（24.32kg）。

φ10 钢筋量按表 1.2-23 和表 1.2-24，（2059.02＋953.76＝3012.78kg）。

φ12 钢筋量按表 1.2-19（115.83kg）、表 1.2-20（481.14kg）、表 1.2-25，（884.56＋454.43＝1338.99kg）、表 1.2-27（265.33kg）、表 1.2-28（109.12kg）。

φ16 钢筋量按表 1.2-15（124.22kg）、表 1.2-17（229.60＋1314.47＝1544.07kg）、表 1.2-20（862.09kg）。

$\phi18$ 钢筋量按表 1.2-19（529.03kg）。

（2）预制构件钢筋

$\phi4$ 钢筋量按表 1.2-29（1.08＋0.50＝1.58kg）。

$\phi12$ 和 $\phi16$ 钢筋按表 1.2-21（158.86kg、198.15kg）。

（3）钢筋箍筋

$\phi6$ 钢筋量按表 1.2-21（61.02kg）、表 1.2-17（163.77kg）、表 1.2-19（54.88kg）、表 1.2-20（170.15kg）。

在上述表中的钢筋量，如果构件设计的钢筋直径（ϕ），按相关表中所列相同者，则表 1.3-4 中钢筋量会自动跟踪显示，无需另行手工操作。

四、木结构工程的工程量计算

"木结构工程工程量计算表"的内容，也是包括两大部分：（一）"工程项目的列项"即"项目编码"和"项目名称"；（二）"工程量计算"，即"项目数量"和"计算基数"，如表 1.3-5 所示。将上表打开，点击编辑框右边下翻滚键（▼），即可找出。

（一）木结构工程项目的列项

木结构工程是《规范》附录 G 所列的工程项目，按附录表 G.1 所列内容，对照工程图纸，选择确认的"项目名称"有：封闭阳台木屋架。

按附录表 G.2 选择确认的"项目名称"有：封闭阳台屋端装饰板。

按附录表 G.3 选择确认的"项目名称"为：屋面木基层。

将其所选的"项目名称"、"项目编码"和"计量单位"，填写到表 1.3-5 内（如表中颜色格所示）。

木结构工程工程量计算表   表 1.3-5

项目编码	项目名称	项目数量		计算基数（m，m³）					
G	木结构工程			基数 1		基数 2		基数 3	
010701001001	封闭阳台木屋架	m³	0.66	材积 1	个数	材积 2	个数	材积 3	个数
				0.220	3	0.00	0.00	0.00	0.00
010702005001	阳台屋端装饰板	m	7.70	斜长 1	块数	斜长 2	块数	斜长 3	块数
				3.85	2	0.00	0.00	0.00	0.00
010703005001	屋面木基层	m²	15.40	屋脊长 1	斜面宽 1	屋脊长 2	斜面宽 2	屋脊长 3	斜面宽 3
				2	7.70	0.00	0.00	0.00	0.00

（二）木结构项目的工程量计算

在表 1.3-5 中木结构工程项目，其工程量计算均不复杂，因此，在前面没有专门编制相应数据表，直接在计算工程量时按图示尺寸计算。

1. 封闭阳台木屋架

对于木屋架的工程量，《规范》附录表 G.1 规定"以立方米计量，按设计图示的规格尺寸以体积计算"。该体积称为"材积"，可以利用表 1.3-6 计算。

方木三角形屋架材积计算表　　　　　　　　　　　　　　表 1.3-6

8 节间（起拱 1/250）			屋架杆件截面积（截面宽 cm×截面高 cm＝cm²）								
高/跨	材积（m³）	节间距（m）	下弦杆	上弦杆	斜杆1	斜杆2	斜杆3	立杆1	立杆2	立杆3	立杆4
1/6	0.000	0.00	0	0	0	0	0	0	0	0	0
1/5	0.000	0.00	0	0	0	0	0	0	0	0	0
1/4.5	0.000	0.00	0	0	0	0	0	0	0	0	0
1/4	0.000	0.00	0	0	0	0	0	0	0	0	0
1/3.464	0.000	0.00	0	0	0	0	0	0	0	0	0
6 节间（起拱 1/200）			屋架杆件截面积（截面宽 cm×截面高 cm＝cm²）								
高/跨	材积（m³）	节间距（m）	下弦杆	上弦杆	斜杆1	斜杆2	斜杆3	立杆1	立杆2	立杆3	立杆4
1/6	0.000	0.00	0	0	0	0	0	0	0	0	
1/5	0.000	0.00	0	0	0	0	0	0	0	0	
1/4.5	0.000	0.00	0	0	0	0	0	0	0	0	
1/4	0.000	0.00	0	0	0	0	0	0	0	0	
1/3.464	0.000	0.00	0	0	0	0	0	0	0	0	
4 节间（起拱 1/150）			屋架杆件截面积（截面宽 cm×截面高 cm＝cm²）								
高/跨	材积（m³）	节间距（m）	下弦杆	上弦杆	斜杆1	斜杆2	斜杆3	立杆1	立杆2	立杆3	立杆4
1/6	0.000	0.00	0	0	0			0	0		
1/5	0.000	0.00	0	0	0			0	0		
1/4.5	0.220	1.55	100	100	100			100	100		
1/4	0.000	0.00	0	0	0			0	0		
1/3.464	0.000	0.00	0	0	0			0	0		

注：如不需刨光，应将工程量除以 1.08 系数。

根据图 1.1-16（c）所示，屋架跨长为 6.20m，屋架高为 1.40m，则可得出"高/跨"＝（1.4÷1.4）/（6.2÷1.4）＝1/4.43，按 1/4.5 取定。屋架杆件截面面积＝10cm×10cm＝100cm²，节间距＝6.20÷4＝1.55m，将此填写到表 1.3-6"4 节间 1/4.5"栏内（如表中颜色格所示），即可得出屋架"材积"＝0.22m³，计有 3 个，然后将此填写到表 1.3-5"基数 1"内即可。

2. 木屋顶装饰板

装饰板是指封闭阳台屋顶端面，封堵木屋架及挂瓦条的人字遮挡板，按长度计算，依图 1.1-16（c）所示，装饰板斜长为 3.85m，计有 2 块。将此填写到表 1.3-5"基数 1"内即可。

3. 阳台屋面木基层

它是指由屋面板、油毡、挂瓦条组成的屋面木基层，其工程量按《规范》附录表 G.3 规定"按设计图示尺寸以斜面积计算"。依图 1.1-1 和图 1.1-16（c）所示，该屋面屋顶脊长＝轴线长（1.6m）＋檐口伸出（0.40m）＝2m，斜面宽 3.85m×2 块＝7.70m，将此填写到表 1.3-5"基数 1"内即可。

4. 圆木屋架材积计算表

如果屋架使用木材为圆木，其材积按表 1.3-7 计算，表中只需填写杆件圆木直径和节间距即可,至于"高/跨"和"节间距"值的计算同上所述。

圆木三角形屋架材积计算表　　　　　　　　　表 1.3-7

8 节间(起拱 1/250)			屋架杆件直径(cm)								
高/跨	材积 (m³)	节间距 (m)	下弦杆	上弦杆	斜杆 1	斜杆 2	斜杆 3	立杆 1	立杆 2	立杆 3	立杆 4
1/6	0.000	0.00	0	0	0	0	0	0	0	0	0
1/5	0.000	0.00	0	0	0	0	0	0	0	0	0
1/4.5	0.000	0.00	0	0	0	0	0	0	0	0	0
1/4	0.000	0.00	0	0	0	0	0	0	0	0	0
1/3.464	0.000	0.00	0	0	0	0	0	0	0	0	0
6 节间(起拱 1/200)			屋架杆件直径(cm)								
高/跨	材积 (m³)	节间距 (m)	下弦杆	上弦杆	斜杆 1	斜杆 2	斜杆 3	立杆 1	立杆 2	立杆 3	立杆 4
1/6	0.000	0.00	0	0	0	0		0	0	0	
1/5	0.000	0.00	0	0	0	0		0	0	0	
1/4.5	0.000	0.00	0	0	0	0		0	0	0	
1/4	0.000	0.00	0	0	0	0		0	0	0	
1/3.464	0.000	0.00	0	0	0	0		0	0	0	
4 节间(起拱 1/150)			屋架杆件直径(cm)								
高/跨	材积 (m³)	节间距 (m)	下弦杆	上弦杆	斜杆 1	斜杆 2	斜杆 3	立杆 1	立杆 2	立杆 3	立杆 4
1/6	0.000	0.00	0	0	0			0	0		
1/5	0.000	0.00	0	0	0			0	0		
1/4.5	0.000	0.00	0	0	0			0	0		
1/4	0.000	0.00	0	0	0			0	0		
1/3.464	0.000	0.00	0	0	0			0	0		

注:如要求刨光,应将工程量乘 1.05 系数。

5. 木檩条、木柱、木梁材积计算

木檩条、木柱、木梁等都是单一性木构件,其材积可按表 1.3-8 计算。表中只需按设计填写相应"计算基数"即可。

木檩条、木柱梁项目计算表　　　　　　　　　表 1.3-8

序号	项目名称	单位	工程量	计算基数			
1	方木檩条(不刨光)	m³	0.03	截面宽(m)	截面高(m)	檩条长(m)	根数
				0.04	0.04	1.82	9
2	圆木檩条(不刨光)	m³	0.00	小头径(cm)	檩条长(m)	根数	
				0.00	0.0	10	
3	方木柱梁(刨光)	m³	0.00	截面宽(m)	截面高(m)	长度(m)	根数
				0.00	0.30	4	0
4	圆木柱梁(刨光)	m³	0.00	平均直径(cm)	长度(m)	根数	
				0.00	5.00	0	

五、门窗工程的工程量计算

"门窗工程工程量计算表"的内容，也是包括两大部分：（一）"工程项目的列项"即"项目编码"和"项目名称"；（二）"工程量计算"即"项目数量"和"计算基数"，如表1.3-9所示。将上表打开，点击编辑框右边下翻滚键（▼），即可找出。

（一）门窗工程项目的列项

门窗工程是《规范》附录H所列的工程项目，按附录表H.1所列内容，对照图纸设计说明，选择确认的"项目名称"为：单扇木装饰门（M-3、M-4、M-5）、带纱双扇带亮木门（M-2）。

按附录表H.2选择确认的"项目名称"为：塑钢推拉门（MC-1、MC-2）。

按附录表H.3选择确认的"项目名称"为：金属卷闸车库门（M-1）。

按附录表H.7选择确认的"项目名称"为：铝合金玻璃窗（C-2）、铝合金玻璃幕窗（C-1、C-2A）、塑钢窗（C-3、C-4、C-5、C-6、天窗）。

将以上所选"项目名称"、"项目编码"和"计量单位"，填写到表1.3-9内（如表中颜色格所示）。

门窗工程工程量计算表　　　　　　　　　　　　　　　　表 1.3-9

项目编码	项目名称	项目数量		计算基数（洞口面积×樘数）（m²）								
		单位	工程量	基数1	基数2	基数3	基数4	基数5	基数6	基数7	基数8	基数9
H	门窗工程			M-3	M-4	M-5	M-2	MC-1	MC-2	M-1		
010801001001	单扇木装饰门	m²	33.81	17.01	15.12	1.68						
010801001002	带纱双扇带亮木门	m²	2.88				2.88					
010802001001	塑钢推拉门	m²	19.92					8.40	11.52			
010803001001	金属卷闸车库门	m²	15.84							15.84		
			0.00	0.00								
				C-2	C-1	C-2A	C-3	C-4	C-5	C-6	天窗正面	天窗侧面
010807001001	铝合金玻璃窗	m²	5.52	5.52								
010807001002	铝合金玻璃幕窗	m²	36.45		33.00	3.45						
010807001003	带纱塑钢窗	m²	48.00				13.50	4.50	18.00	10.50	1.50	2.25
			0.00	0.00								

（二）门窗项目的工程量计算

表1.3-9中所需"计算基数"，已列在表1.2-7"门窗洞口尺寸数据表"内，本表会自

动跟踪进行计算显示。

1. 木门、金属门工程量

木门和金属门的工程量，在《规范》附录表 H.1～表 H.3 中规定"按设计图示洞口尺寸以面积计算"。该面积都已编列在表 1.2-7 内，此处只需将其填入即可。

2. 铝合金窗、塑钢窗工程量

铝合金窗和塑钢窗的工程量，在《规范》附录表 H.7 中规定"按设计图示洞口尺寸以面积计算"。该面积都已编列在表 1.2-7 内，此处只需将其填入即可。

六、屋面及防水工程的工程量计算

"屋面及防水工程工程量计算表"的内容，也是由两大部分组成：（一）"工程项目的列项"即"项目编码"和"项目名称"；（二）"工程量计算"即"项目数量"和"计算基数"，见表 1.3-10 所示。将上表打开，点击编辑框右边下翻滚键（▼），即可找出。

（一）屋面及防水工程项目的列项

屋面及防水工程属《规范》附录 J 所列的工程项目，按附录表 J.1 所列内容，对照图纸设计说明，选择确认的"项目名称"有：黏土瓦屋面。

按附录表 J.2 所列，选择确认的"项目名称"有：屋面涂膜防水、屋面排水管。

按附录表 J.4 所列，选择确认的"项目名称"有：卫生间涂膜防水。

将以上所选"项目名称"、"项目编码"和"计量单位"，填写到表 1.3-10 内（如表中颜色格所示）。

屋面及防水工程工程量计算表　　　　　　　　表 1.3-10

项目编码	项目名称	项目数量		计算基数（m²）				
		单位	工程量	基数 1	基数 2	基数 3	基数 4	基数 5
J	屋面及防水工程			屋面板	阳台顶		.	
010901001001	黏土瓦屋面	m²	201.27	185.87	15.40			
010902002001	屋面涂膜防水	m²	185.87	185.87				
				管长 m	根数	卫生间 1	卫生间 2	露台
010902004001	屋面排水管	m	43.60	10.90	4			
010904002001	卫生间涂膜防水	m²	63.19			20.13	18.65	24.41
			0.00	0.00				

（二）屋面及防水项目工程量计算

1. 黏土瓦屋面

它是指在钢筋混凝土屋面板上和阳台屋面木基层上所铺筑的雨水瓦，在《规范》附录表 J.1 中规定"按设计图示尺寸以斜面积计算，不扣除房上烟囱、风帽底座、风道、小气窗、斜沟等所占面积。小气窗的出檐部分不增加面积"。该屋面面积都已编列在表 1.2-25 "钢筋混凝土屋面板数据表"内"斜面积"（187.87m²），阳台屋顶按表 1.3-5 "木结构工程工程量计算表"中的屋面木基层"工程量"（15.40m²），本表会自动跟踪显示。

2. 屋面涂膜防水

它是指为防止在钢筋混凝土屋面板上渗水所涂刷的防水层，其工程量规定基本同上，本表会跟踪表 1.2-25 "钢筋混凝土屋面板数据表"内"斜面积"（187.87m²），进行自动显示。

3. 屋面排水管

屋面排水管按图 1.1-4 所示为 4 根，《规范》附录表 J.3 规定"按设计图示尺寸以长度计算，如设计未标注尺寸，以檐口至设计室外散水表面垂直距离计算"。该垂直距离＝檐口标高（10.4）＋室外（0.3）＝10.34m，将此与根数填写到表内即可。

4. 卫生间涂膜防水

为防止卫生间漏水所铺筑的防水层，按表 1.2-2 "楼层组合房间平面尺寸表"中"净面积"卫生间 1（20.13m²）、卫生间 2（18.65m²）、露台（9.65＋14.76＝24.41m²）等填写，本表会进行自动跟踪显示。

5. 其他屋面形式工程量计算

在工作中还会遇到一些如图 1.3-1 所示的其他形式屋顶，其工程量可按表 1.3-11计算。

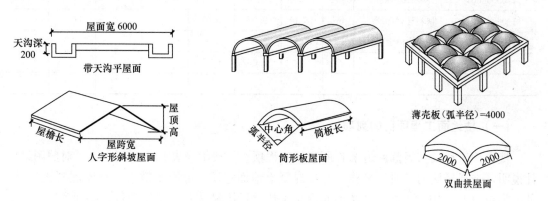

图 1.3-1　其他屋顶形式

屋面面积项目计算表　　　　　　　　　　表 1.3-11

序号	项目名称	单位	工程量	计算基数（m）			
1	平顶出檐屋面	m²	19.09	屋檐长	屋面宽	计算数	
				3.06	3.12	2.00	
2	带天沟平屋面	m²	102.00	屋檐长	屋面宽	天沟深	天沟数
				15.00	6.00	0.20	2.00
3	人字形斜坡屋面	m²	0.00	屋檐长	屋半宽	屋顶高	斜坡数
				0.00	0.00	1.50	2.00
4	单曲拱（筒形）屋面	m²	0.00	筒面长	弧半径	中心角°	筒形数
				0.00	0.00	0.00	6.00
5	双曲拱组合屋面	m²	0.00	曲拱长	曲拱宽	弧半径	个
				0.00	0.00	4.00	16.00

七、楼地面工程的工程量计算

"楼地面工程工程量计算表"的内容，由两大部分组成：（一）"工程项目的列项"即"项目编码"和"项目名称"；（二）"工程量计算"即"项目数量"和"计算基数"，如表 1.3-12 所示。将上表打开，点击编辑框右边下翻滚键（▼），即可找出。

楼地面工程工程量计算表　　　　　　　　　　　　　　　　　　表 1.3-12

项目编码	项目名称		项目数量		计算基数（m²）					
			单位	工程量	基数 1	基数 2	基数 3	基数 4	基数 5	基数 6
L	楼地面工程				首层部分	楼层部分	三层墙面	铺筑厚度	门洞底面	楼梯间
010501001001	混凝土地面垫层		m³	17.96	179.53			0.10		
011101003002	混凝土散水		m²	66.01	66.01					
011101003002	车库斜坡	混凝土	m³	0.93	0.93					
		水泥砂浆	m²	9.30	9.30					
011102003001	块料楼地面面层		m²	445.86	179.53	283.84			6.91	−24.42
011105003001	块料踢脚线		m²	418.24	122.08	147.24	148.92			
011106002001	块料楼梯面层		m²	18.14	9.07	9.07				
011107002001	块料台阶面层		m²	8.00	8.00					
				0.00	0.00					

（一）楼地面工程项目的列项

楼地面工程属《规范》附录 L 所列的工程项目，按附录表 L.1 所列内容，对照图纸设计说明，选择确认的"项目名称"有：混凝土地面垫层、混凝土散水、车库混凝土斜坡。其中附录表 L.1 中注 4 规定"楼地面混凝土垫层另按附录 E.1 垫层项目编码列项"。

按附录表 L.2 选择确认的"项目名称"有：块料楼地面面层。

按附录表 L.5 选择确认的"项目名称"有：块料踢脚线。

按附录表 L.6 选择确认的"项目名称"有：块料楼梯面层。

按附录表 L.7 选择确认的"项目名称"有：块料台阶面层。

将以上所选"项目名称"、"项目编码"和"计量单位"，填写到表 1.3-12 内（如表中颜色格所示）。

（二）楼地面工程项目工程量计算

1. 混凝土地面垫层

它是指底层室内地面下的混凝土垫层，其工程量在《规范》附录和《定额基价表》中都规定按体积计算，因此，其工程量应＝地面面积×垫层厚度。其中地面面积，已列在表 1.2-1 "首层组合房间平面尺寸表"中"室内净面积"（179.53m²），表中会自动跟踪进行显示。垫层厚度只需按设计规定为 0.10m（如表中颜色格所示），填入到表内即可。

2. 混凝土散水

它是房屋四周墙脚保护层，按《规范》附录表 L.1 规定"按设计图示尺寸以斜面积计算"，该面积计算，按表 1.2-29 "其他混凝土构件数据表"中散水"投影面积"（66.01m²）填写，表中会自动跟踪进行显示。

3. 车库混凝土斜坡

车库斜坡的混凝土可视垫层处理，依《定额基价表》规定以体积计算，其工程量按表 1.2-29 "其他混凝土构件数据表"中斜坡"混凝土体积"（0.93m³）填写，表中会自动跟踪进行显示。

4. 块料楼地面面层

块料楼地面包括底层地面和楼层板面，其工程量《规范》附录表 L.2 规定"按设计图示尺寸以面积计算。门洞、空圈、暖气包槽、壁龛的开口部分并入相应的工程量内"，这地面面积，按表 1.2-1 "首层组合房间平面尺寸表"中"室内净面积"（179.53m²），楼面面积按表 1.2-2 "楼层组合房间平面尺寸表"中"室内净面积"（283.84m²），其中要扣减楼梯间面积（24.42m²）。门洞面积按表 1.2-7 "门窗洞口尺寸数据表"洞底面积（6.53＋0.38＝6.91m²）填写。表中会自动跟踪进行显示。

5. 块料踢脚线

踢脚线工程量《规范》附录表 L.5 规定"1. 以平方米计量，按设计图示长度乘高度以面积计算。2. 以米计量，按延长米计算"，由于在《定额基价表》中规定按延长米计算，所以采用后者。其长度按表 1.2-4～表 1.2-6 "房间墙裙踢脚数据表"中"内墙净长"（122.08、147.24、148.92m）填写。表中会自动跟踪进行显示。

6. 块料楼梯面层

块料楼梯面层工程量《规范》附录表 L.6 规定"按设计图示尺寸以楼梯（包括踏步、休息平台及≤500mm 的楼梯井）水平投影面积计算。楼梯与楼地面相连时，算至梯口梁内侧边沿；无梯口梁者，算至最上一层踏步边沿加 300mm"。该面积按表 1.2-28 中"投影面积"（18.14m²）填写。表中会自动跟踪进行显示。

7. 块料台阶面层

块料台阶面层《规范》附录表 L.7 规定按水平投影面积计算，其工程量按表 1.2-29 "其他混凝土构件数据表"中台阶"投影面积"（8.00m²）填写，表中会自动跟踪进行显示。

8. 其他楼地面形式工程量计算

在实际工作中，可能会遇到如图 1.3-2 所示的个别房间楼地面形式，其工程量按表 1.3-13 计算，表中只需填写其相关计算基数即可。

图 1.3-2 其他形式房间地面

楼地面面积计算表　　　　　　　　　　　　　　　表 1.3-13

序号	项目名称	单位	工程量	计算基数（m,°）		
1	矩形楼地面面积	m²	0.00	计算长	计算宽	计算数
				0.00	0.00	1.00
2	圆形楼地面面积	m²	0.00	半径	个	
				0.00	1.00	
3	扇形楼地面面积	m²	0.00	半径	中心角°	个
				0.00	0.00	1.00
4	割圆楼地面面积	m²	0.00	半径	中心角°	个
				0.00	0.00	1.00
5	抛物形楼地面面积	m²	0.00	底宽	弧高	间
				0.00	0.00	1.00
6	车辋形楼地面面积	m²	0.00	外半径	内半 m	中心角°
				0.00	0.00	60.00

八、墙、柱面工程的工程量计算

"墙柱面工程工程量计算表"的内容，由两大部分组成：（一）"工程项目的列项"即"项目编码"和"项目名称"；（二）"工程量计算"即"项目数量"和"计算基数"，如表 1.3-14 所示。将上表打开，点击编辑框右边下翻滚键（▼），即可找出。

（一）墙柱面工程项目的列项

墙柱面工程属《规范》附录 M 所列的工程项目，按附录表 M.1 所列内容，对照图纸设计说明，选择确认的"项目名称"有：混合砂浆内墙抹灰、水刷石外墙抹灰。

按附录表 M.4 选择确认的"项目名称"有：外墙勒脚块料面层。

按附录表 M.5 选择确认的"项目名称"有：柱面贴瓷砖。

按附录表 M.6 选择确认的"项目名称"有：玻璃幕窗周边瓷砖。

将以上所选"项目名称"、"项目编码"和"计量单位"，填写到表 1.3-14 内（如表中颜色格所示）。

墙柱面装饰工程工程量计算表　　　　　　　　　　表 1.3-14

项目编码	项目名称	项目数量		计算基数（m²）						
		单位	工程量	基数 1	基数 2	基数 3	基数 4	基数 5	基数 6	基数 7
M	墙柱面装饰工程			圆形柱	一砖外墙	半砖内墙	一砖内墙	首层墙面	二层墙面	三层墙面
011201001001	混合砂浆内墙抹灰	m²	1182.72			104.82	699.30	141.61	134.09	102.90
011201002001	水刷石外墙抹灰	m²	365.38		423.88					
011204003001	外墙勒脚块料面层	m²	58.50		58.50					
	墙裙		0.00				0.00	145.29	167.42	154.59

续表

项目编码	项目名称	项目数量		计算基数（m²）						
		单位	工程量	基数1	基数2	基数3	基数4	基数5	基数6	基数7
011205002001	柱面贴瓷砖	m²	18.46	18.46	幕窗周长	幕窗边宽				
011206002001	玻璃幕窗周边瓷砖	m²	8.32		41.60	0.20				
			0.00	0.00						

（二）墙柱面工程项目工程量计算

1. 混合砂浆内墙抹灰

内墙抹灰包括半砖内墙与一砖内墙的两面墙面和外墙内侧面。其抹灰面积《规范》附录表 M.1 规定"按设计图示尺寸以面积计算，扣除墙裙、门窗洞口及单个＞0.3m² 的孔洞面积，不扣除踢脚线、挂镜线和墙与构件交接处的面积，门窗洞口和孔洞的侧壁及顶面不增加面积。附墙柱、梁、垛、烟囱侧壁并入相应的墙面面积内"，其中内墙面积按"砖砌内墙体数据表"表 1.2-9 和表 1.2-10 中"墙面积"乘以 2（即 $52.41×2＝104.82m²$，$349.65×2＝699.30m²$）。另外，由于本例没有安排墙裙，可在表中"基数4"内填写"0（安排为1）"（表中颜色格所示）。

外墙内侧面积按"房间墙裙踢脚数据表"表 1.2-4～表 1.2-6 中首层、二层、三层"墙面积"（141.61、134.09、102.90m²）填写。

以上数据除填写"0（或1）"外，表中会自动跟踪计算显示（若填写"1"者，表中会自动减去墙裙面积）。

2. 水刷石外墙抹灰

水刷石外墙抹灰面积规定同上所述，按表 1.2-8"砖砌外墙体数据表"中"墙面积"（423.88m²）填写。表中会自动跟踪计算（减去勒脚 58.50m²）显示。

3. 外墙勒脚块料面层

外墙勒脚块料面积按表 1.2-4"房间墙裙踢脚数据表"中"勒脚面积"（58.50m²）填写。表中会自动跟踪显示。

4. 柱面贴瓷砖

柱面按表 1.2-17"钢筋混凝土柱子数据表"中圆形柱"模板接触面积"（18.46m²）填写。本例会自动跟踪显示。

5. 玻璃幕窗周边瓷砖

玻璃幕窗周边瓷砖是指将 C-1、C-2A 窗的四周贴 0.20m 宽镶边瓷砖，其周长按表 1.2-7 中 C-1、C-2A 长宽之和乘 2 计算，即：$(3＋5.5)×2×2＋(1.5＋2.3)×2＝41.60m$，将此和镶边宽 0.20m 填入表内（如表中颜色格所示）。

6. 其他形式墙柱面工程量计算

在实际工作中可能还会遇到一些其他弧形墙面和柱面，为此，我们特提供表 1.3-15 和表 1.3-16，供计算工程量使用，只要按表中所示填写其相关计算基数即可。

墙面面积计算表　　　　　　　　　　表 1.3-15

序号	项目名称	单位	工程量	计算基数（m）			
1	直形墙	m²		墙面长	墙面高	面	
			27.00	9.00	3.00	1	
2	圆弧形墙	m²		圆半径	中心角°	墙板高	面数
			16.76	3.00	80.00	4.00	1
3	抛物线形墙	m²		弧平长	弧高	墙板高	面数
			33.61	4.00	3.20	4.00	1

柱面面积计算表　　　　　　　　　　表 1.3-16

序号	项目名称	单位	工程量	计算基数			
1	矩形柱面	m²		边长（m）	边宽（m）	柱高（m）	根
			3.24	0.30	0.24	3.00	1.00
2	正多边形柱面	m²		边长（m）	边数（m）	柱高（m）	根
			3.60	0.20	6.00	3.00	1.00
3	椭圆形柱面	m²		长直径（m）	短直径（m）	柱高（m）	根
			7.77	1.00	0.60	3.00	1.00
4	圆形柱面	m²		直径（m）	柱高（m）	根	
			4.71	0.50	3.00	1.00	

九、天棚面工程的工程量计算

"天棚面工程工程量计算表"的内容，由两大部分组成：（一）"工程项目的列项"即"项目编码"和"项目名称"；（二）"工程量计算"即"项目数量"和"计算基数"。见表 1.3-17 所示。将上表打开，点击编辑框右边下翻滚键（▼），即可找出。

（一）天棚面工程项目的列项

天棚面工程属《规范》附录 N 所列的工程项目，按附表 N.1 所列内容，对照图纸设计说明，选择确认的"项目名称"只有：水泥砂浆抹灰。将其"项目名称"、"项目编码"和"计量单位"，填写到表 1.3-17 内（如表中颜色格所示）。

天棚面装饰工程工程量计算表　　　　　　　表 1.3-17

项目编码	项目名称	项目数量		计算基数（m²）						
		单位	工程量	基数1	基数2	基数3	基数4	基数5	基数6	基数7
N	天棚面装饰工程			楼面板	天棚板	1L-2	1L-3	1L-4 长	1L-4 短	楼梯底面
011301001001	天棚水泥砂浆抹灰	m²	525.20	292.91	200.68	2.00	2.84	3.68	1.92	21.16
011302002001	吊顶天棚	m²	0.00	0.00						

（二）天棚面工程项目工程量计算

1. 天棚水泥砂浆抹灰

天棚水泥砂浆抹灰是指对一、二层楼板顶面和三层天棚板底面的抹灰，其抹灰面积依《规范》附录表 N.1 规定"按设计图示尺寸以水平投影面积计算，不扣除间壁墙、垛、柱、附墙烟囱、检查孔和管道所占的面积，带梁天棚的梁两侧抹灰面积并入天棚面积内，板式楼梯底面抹灰按斜面积计算，锯齿形楼梯底板抹灰按展开面积计算"。依此一、二层天棚即可按表 1.2-23 "钢筋混凝土楼面板数据表"、表 1.2-24 "钢筋混凝土天棚板数据表"中"净面积"（292.91m² 和 200.68m²）填写。本例会自动跟踪显示。

另在一层天棚有 L-2、L-3、L-4 梁，在二层天棚有 1 根短 L-4 梁，应填写其侧面面积（如表中颜色格所示）。

L-2 侧面＝长（3.34）×高（0.3）×2 面＝2.00m²；L-3 侧面＝长（4.74）×高（0.3）×2 面＝2.84m²；

L-4 侧面＝长（6.14）×高（0.3）×2 面＝3.68m²；短 L-4 侧面＝长（3.20）×高（0.3）×2 面＝1.92m²；

另在表 1.2-23 面积中未含楼梯，楼梯斜面积按表 1.2-28 "钢筋混凝土楼梯数据表"中投影面积 18.14m² 乘斜长系数 1.166＝21.16m² 填写（如表中颜色格所示）。

2. 其他形式天棚工程量计算

在实际工作中，可能会遇到一些如图 1.3-3 所示的天棚面形式，可按表 1.3-18 计算，表中只需填写其相关计算基数即可。

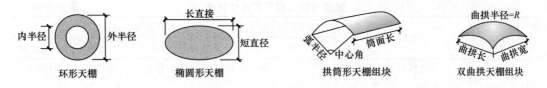

图 1.3-3　其他天棚吊顶形式

天棚吊顶常用项目分类表　　　　　　　　　　　　　　　表 1.3-18

序号	项目名称	单位	工程量	计算基数			
1	矩形天棚吊顶面积	m²	12.00	计算长（m）	计算宽（m）	计算数	
				4.00	3.00	1.00	
2	圆形天棚吊顶面积	m²	28.27	半径（m）	个		
				3.00	1.00		
3	环形天棚吊顶面积	m²	0.00	外半径（m）	内半径（m）	个	
				0.00	0.00	1.00	
4	椭圆形天棚吊顶面积	m²	0.00	长直径（m）	短直径（m）	个	
				0.00	0.00	1.00	
5	拱（筒）形天棚吊顶面积	m²	0.00	筒面长（m）	弧半径（m）	中心角	个
				0.00	0.00	0.00	1.00

序号	项目名称	单位	工程量	计算基数			
6	双曲拱天棚吊顶面积	m²	0.00	曲拱长（m）	曲拱宽（m）	拱半径（m）	个
				0.00	0.00	4.00	1.00
7	吊顶直线侧立面面积	m²	6.00	立面长（m）	立面高（m）	个	
				3.00	3.00	1.00	
8	吊顶弧线侧立面面积	m²	1.05	弧半径（m）	中心角°	立面高（m）	个
				5.00	2.00	60.00	1.00

十、油漆涂料工程的工程量计算

"油漆涂料工程工程量计算表"的内容，由两大部分组成：（一）"工程项目的列项"即"项目编码"和"项目名称"；（二）"工程量计算"即"项目数量"和"计算基数"，如表1.3-19所示。将上表打开，点击编辑框右边下翻滚键（▼），即可找出。

（一）油漆涂料工程项目的列项

油漆涂料工程属《规范》附录P所列的工程项目，按附录表P.1所列内容，对照图纸设计说明，选择确认的"项目名称"有：木门油漆，阳台屋顶装饰板油漆。

按附录表P.6选择确认的"项目名称"有：内墙涂刷乳胶漆，天棚涂刷乳胶漆。

将以上"项目名称"、"项目编码"和"计量单位"，填写到表1.3-19内（如表中颜色格所示）。

油漆涂料工程工程量计算表　　　　　　　　　表1.3-19

项目编码	项目名称	项目数量		计算基数（m²）				
		单位	工程量	基数1	基数2	基数3	基数4	基数5
P	油漆涂料工程			抹灰内墙	抹灰天棚	单扇木门	双扇木门	阳台装饰板
011401001001	木门油漆	m²	36.69			33.81	2.88	
011404003001	阳台装饰板油漆	m²	7.70					7.70
011406001001	内墙涂刷乳胶漆	m²	1182.72	1182.72				
011406001002	天棚涂刷乳胶漆	m²	525.20		525.20			
				0.00	0.00			

（二）油漆涂料工程项目工程量计算

1. 木门油漆

木门油漆工程量依《规范》附录表P.1规定"按设计图示洞口尺寸以面积计算"，此面积可按表1.3-9"门窗工程工程量计算表"中单扇木门和双扇木门的"工程量"填写。本例会自动跟踪显示。

2. 阳台装饰板油漆

它是指封闭阳台屋顶装饰板的油漆，依《规范》附录表P.4规定"按设计图示尺寸以面积计算"，该面积按表1.3-5"木结构工程工程量计算表"中封闭阳台屋顶装饰板"工程量"填写。本例会自动跟踪显示。

3. 内墙涂刷乳胶漆

它是指对混合砂浆内墙面所涂刷的照面漆，依《规范附录》表 P. 6 规定"按设计图示尺寸以面积计算"，该面积按表 1.3-14"墙柱面工程工程量计算表"中混合砂浆内墙抹灰"工程量"填写。本例会自动跟踪显示。

4. 天棚涂刷乳胶漆

它是指对水泥砂浆天棚面所涂刷的照面漆，其规定同上，按表 1.3-17"天棚面工程工程量计算表"中水泥砂浆抹灰"工程量"填写。本例会自动跟踪显示。

十一、栏杆扶手项目的工程量计算

"栏杆扶手项目工程量计算表"的内容，由两大部分组成：（一）"工程项目的列项"即"项目编码"和"项目名称"；（二）"工程量计算"即"项目数量"和"计算基数"，如表 1.3-20 所示。将上表打开，点击编辑框右边下翻滚键（▼），即可找出。

（一）栏杆扶手项目的列项

栏杆扶手项目属《规范》附录 Q 所列的工程项目，按附录表 Q. 3 所列内容，对照图纸设计说明，选择确认的"项目名称"有：楼梯不锈钢栏杆，东阳台不锈钢栏杆，西平台不锈钢栏杆，露台不锈钢栏杆，露空间不锈钢栏杆。

将以上"项目名称"、"项目编码"和"计量单位"，填写到表 1.3-20 内（如表中颜色格所示）。

扶手栏杆装饰工程量计算表　　　　　　　　　　表 1.3-20

项目编码	项目名称	项目数量		计算基数（m）				
		单位	工程量	基数 1	基数 2	基数 3	基数 4	基数 5
Q	扶手栏杆装饰							
011503001001	楼梯不锈钢栏杆	m	20.00	下段长	中段长	上段长	水平长	个数
				1.87	4.69	1.87	3.16	2
011503001002	东阳台不锈钢栏杆	m	26.55	直段长	弧形长			个数
				1.00	7.85			3
011503001003	西平台不锈钢栏杆	m	5.50	①～③长	E～F 长			个数
				2.4	3.10			1
011503001004	露台不锈钢栏杆	m	6.00	B 轴长	⑦轴长			个数
				3.00	3.00			1
011503001005	露空间不锈钢栏杆	m	3.20	⑤轴线				个数
				3.20				1

（二）栏杆扶手项目工程量计算

栏杆项目工程量依《规范》附录表 Q. 3 规定"按设计图示以扶手中心线长度（包括弯头长度）计算"。

1. 楼梯不锈钢栏杆

本楼梯栏杆依图 1.1-2 和图 1.1-10 所示，为三跑梯不锈钢栏杆，根据表 1.2-28"钢筋混凝土楼梯数据表"所述,楼梯长度:中段为4.69m、上下段为1.87m,再依图1.1-3所示,三楼水平段为3.16m,计2梯。将此填写入表内即可。

2. 阳台不锈钢栏杆

东阳台不锈钢栏杆是圆弧形不锈钢栏杆,依图1.1-2所示,栏杆弧长=$3.1416\times2.5^2=$ 7.85m,水平段长1.00m,计3层。将此填写入表内即可。

西平台依图1.1-1所示,其栏杆长为2.40m和3.10m。将此填写入表内即可。

3. 露台和露空间不锈钢栏杆

屋顶露台不锈钢栏杆是在砖墙上做的装饰性栏杆,依图1.1-3所示,其长两边各为3.00m。二层露空间不锈钢栏杆,依图1.1-2,其长为3.20m。

4. 其他形式栏杆工程量计算

在实际工作中可能会遇有如图1.3-4所示的弧形、螺旋形楼梯,可按表1.3-21计算,表中只需填写相关基数即可得出相应长度。

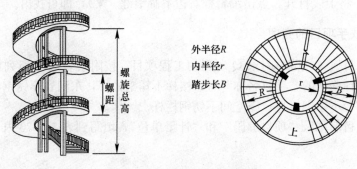

图1.3-4 弧形、螺旋形楼梯

楼梯及栏杆计算表 表1.3-21

序号	项目名称	单位	工程量	计算基数(m,°)			
	楼梯			计算长	计算宽	计算数	
1	矩形楼梯间面积	m²	0.00	楼梯间长	楼梯间宽	层	
				0.00	0.00	3.00	
2	螺旋形楼梯面积	m²	0.00	平均半径	螺距	楼梯高	踏步长
				0.00	3.00	0.00	0.90
	楼梯栏杆						
1	直线楼梯、扶手	m	8.85	水平长	斜平长	斜段数	弯头长
				1.50	2.00	3.00	0.15
2	螺旋形楼梯、栏杆	m	46.13	螺旋半径	螺距	螺旋总高	计算数
				2.40	3.00	9.00	1.00
3	圆弧形楼梯、扶手	m	7.23	半径	中心角°	计算数	
				3.00	120.00	1.00	

十二、措施项目的工程量计算

"措施项目工程量计算表"的内容,由两大部分组成:(一)"工程项目的列项"即"项目编码"和"项目名称";(二)"工程量计算"即"项目数量"和"计算基数",见表

1.3-22 所示。将上表打开，点击编辑框右边下翻滚键（▼），即可找出。

措施项目工程量计算表　　　　　　　　　　　表 1.3-22

项目编码	项目名称	项目数量		计算基数（m²）				
		单位	工程量	基数1	基数2	基数3	基数4	基数5
S.1	脚手架工程			一砖外墙	天棚面积			
011701002001	外墙脚手架	m²	365.38	365.38				
011701006001	满堂脚手架	m²	525.20		525.20			
			0.00	0.00				
S.3	垂直运输			首层部分	楼层部分			
011703001001	垂直运输	m²	488.51	184.60	303.91			
			0.00	0.00				

（一）措施项目的列项

措施项目属《规范》附录 S 所列的工程项目，按附录表 S.1 所列内容，对照工程图纸内容，选择确认的"项目名称"有：外墙脚手架、室内满堂脚手架和垂直运输等三项。

将以上"项目名称"、"项目编码"和"计量单位"，填写到表 1.3-22 内（如表中颜色格所示）。

（二）措施项目工程量计算

1. 外墙脚手架

外墙脚手架工程量按《规范》附录表 S.1 规定"按所服务对象的垂直投影面积计算"。该面外墙立面面积计算，按表 1.3-14"墙柱面工程工程量计算表"中"水刷石外墙抹灰"工程量填写。表中会自动跟踪显示。

2. 满堂脚手架

满堂脚手架工程量按《规范》附录表 S.1 规定"按搭设的水平投影面积计算"。其面积应为一至三层天棚面面积，可按表 1.3-17"天棚面工程工程量计算表"中"水泥砂浆抹灰"工程量填写。本表会自动跟踪显示。

3. 垂直运输

垂直运输工程量《规范》附录表 S.3 规定"按建筑面积计算"。该面积可按前面编制的"房间平面尺寸数据表"表 1.2-1 和表 1.2-2 中"建筑面积"填写，本表中会自动跟踪显示。

第四节　清单表格编制

本章第一～三节所述内容，都是为编制工程量清单所提供的一些基本依据，《建设工程工程量清单计价规范》GB 50500—2013 在"16 工程计价表格"的第 16.0.3 条第 1 款规定了"工程量清单编制使用表格"，在这些表格中，除填写"承包人提供主要材料和工程设备一览表"较麻烦外，对其他表格的填写都比较轻松，下面我们对规定的表格加以逐项介绍。

一、分部分项工程和单价措施项目清单与计价表

该表是编制工程量清单所填写的首份表格，它是"编制工程量清单"和"清单计价"所共用的表格。在"编制工程量清单"中，该表是将第三节所选列的工程项目和计算的工程量，加以进行汇总填写而成，见表 1.4-1。

分部分项工程和单价措施项目清单与计价表 表 1.4-1

工程名称：单体式住宅建筑工程

序号	项目编码	项目名称		项目特征描述	计量单位	工程数量	金额（元）		
							综合单价	合价	其中暂估价
	A	土方工程							
1	010101001001	平整场地		表层土±30cm内挖填找平	m²	184.60			
2	010101003001	挖地槽		三类土，挖土深 0.78m，弃土运距 20m 内	m³	56.26			
3	010101004001	挖地坑		同上	m³	2.10			
4	010103001001	回填土		槽基和室内回填，夯填	m³	70.76			
6	010103002001	余取土运输		运距 50m 内，推车运输	m³	12.40			
	0	0				0.00	0.00		
	D	砌筑工程							
1	010401001001	砖基础		M5 水泥砂浆，标准砖大放脚	m³	24.91			
2	010401003001	砖实心墙		M2.5 水泥石灰砂浆	m³	161.44			
3	010401009001	砖柱			m³	0.00			
	010401012001	零星砌体			m³	0.00			
	E	钢筋混凝土工程							
	0.00	现浇构件							
1	010501001001	混凝土垫层	混凝土	碎石 40mmC20 混凝土	m³	21.84			
			模板面积	组合钢模板木支撑	m²	55.12			
2	010501003001	柱基础	混凝土	碎石 40mmC20 混凝土	m³	1.10			
			模板面积	组合钢模板木支撑	m²	7.72			
3	010502002001	构造柱	混凝土	碎石 40mmC20 混凝土	m³	15.19			
			模板面积	组合钢模板木支撑	m²	102.17			
4	010502003001	圆形柱	混凝土	碎石 40mmC20 混凝土	m³	1.15			
			模板面积	木模板木支撑	m²	18.46			
5	010503002001	矩形梁	混凝土	碎石 40mmC20 混凝土	m³	4.60			
			模板面积	组合钢模板木支撑	m²	55.56			
6	010503004001	圈梁	混凝土	碎石 40mmC20 混凝土	m³	12.27			
			模板面积	组合钢模板木支撑	m²	163.59			
7	010505003001	楼板、天花板	混凝土	碎石 20mmC20 混凝土	m³	41.71			
			模板面积	组合钢模板木支撑	m²	663.20			
8	010505003002	屋面板	混凝土	碎石 20mmC20 混凝土	m²	18.59			
			模板面积	组合钢模板木支撑	m²	210.04			

续表

序号	项目编码	项目名称		项目特征描述	计量单位	工程数量	金额（元）		
							综合单价	合价	其中
									暂估价
9	010505007001	天沟	混凝土	碎石 20mmC20 混凝土	m³	34.38			
			模板面积	组合钢模板木支撑	m²	216.37			
10	010506001001	楼梯	混凝土	碎石 20mmC20 混凝土	m²	18.14			
			模板面积	组合钢模板木支撑	m²	39.56			
11	010507004001	大门台阶	混凝土	碎石 20mmC20 混凝土	m³	1.63			
			模板面积	组合钢模板木支撑	m²	2.70			
	0.00	预制构件							
12	010510003001	预制门窗过梁	混凝土	碎石 40mmC20 混凝土	m³	4.38			
			模板面积	组合钢模板木支撑	m²	54.72			
			安装	卷扬机吊装	m³	4.38			
13	010512005001	预制门廊屋顶板	混凝土	碎石 20mmC20 混凝土	m³	0.14			
			模板面积	组合钢模板木支撑	m²	3.89			
			安装	卷扬机吊装	m³	0.14			
	E.15	钢筋工程							
14	010515001001	现浇 φ6 圆钢		普通圆钢筋	t	0.198			
15	010515001002	现浇 φ10 圆钢		普通圆钢筋	t	3.013			
16	010515001003	现浇 φ12 圆钢		普通圆钢筋	t	2.310			
17	010515001004	现浇 φ16 圆钢		普通圆钢筋	t	2.530			
18	010515001005	现浇 φ18 圆钢		普通圆钢筋	t	0.529			
	0.00	预制构件圆钢筋							
19	010515002001	预制 φ4 圆钢		普通圆钢筋	t	0.002			
20	010515002002	预制 φ12 圆钢		V 普通圆钢筋	t	0.159			
21	010515002003	预制 φ16 圆钢		普通圆钢筋	t	0.198			
	0.00	构件箍筋							
22	010515001006	箍筋 φ6 圆钢		普通圆钢筋	t	0.450			
		0.00			t	0.000			
	G	木结构工程							
1	010701001001	封闭阳台木屋架		截面 100mm×80mm 杉松木	m³	0.66			
2	010702005001	阳台屋端装饰板		截面 200mm×25mm 杉松板	m	7.70			
3	010703005001	屋面木基层		板厚15mm 杉松板	m²	15.40			
						0.00			
	H	门窗工程							
1	010801001001	单扇木装饰门		无纱不带亮胶合板门	m²	33.81			
2	010801001002	带纱双扇带亮木门		带纱带亮胶合板门	m²	2.88			
3	010802001001	塑钢推拉门		塑钢带亮全玻门	m²	19.92			
4	010803001001	金属卷闸车库门		铝合金卷闸门	m²	15.84			
5	010807001001	铝合金玻璃窗		不带亮双扇推拉窗	m²	5.52			
6	010807001002	铝合金玻璃幕窗		塑钢 25.4×101.5 固定窗	m²	36.45			
7	010807001003	带纱塑钢窗		带纱塑钢窗	m²	48.00			

续表

序号	项目编码	项目名称		项目特征描述	计量单位	工程数量	金额（元）		
							综合单价	合价	其中暂估价
						0.00			
	J	屋面及防水工程							
1	010901001001	黏土瓦屋面		1：2.5 水泥砂浆铺黏土瓦	m²	201.27			
2	010902002001	屋面涂膜防水		满涂塑料油膏 4mm 厚	m²	185.87			
3	010902004001	屋面排水管		直径 10cm 铸铁落水管，配套件 4 套	m	43.60			
		落水配套构件		10cm 铸铁落水口、水斗、弯头	个	4.00			
4	010904002001	卫生间涂膜防水		塑料油膏二遍	m²	63.19			
						0.00			
	L	楼地面工程							
1	011101003001	混凝土地面垫层		碎石 20mmC10 混凝土	m³	17.96			
2	011101003002	混凝土散水		6cm 厚 C15 混凝土一次磨光	m²	66.01			
3	011101003003	车库斜坡	混凝土	10cm 厚 C10 混凝土垫层	m³	0.93			
			水泥砂浆	1：2 水泥砂浆防滑坡面	m²	9.30			
2	011102003001	块料楼地面面层		彩釉砖，规格自选	m²	445.86			
3	011105003001	块料踢脚线		彩釉砖，规格自选	m²	418.24			
4	011106002001	块料楼梯面层		彩釉砖，规格自选	m²	18.14			
5	011107002001	块料台阶面层		彩釉砖，规格自选	m²	8.00			
						0.00			
	M	墙柱面装饰工程							
1	011201001001	混合砂浆内墙抹灰		底 1：1：6，面 1：1：4 混合砂浆厚 20mm	m²	1182.72			
2	011201002001	水刷石外墙抹灰		底 1：3 水泥砂浆，面 1：1.5 石子浆	m²	365.38			
3	011204003001	外墙勒脚块料面层		贴凹凸假麻石块 197mm×76mm	m²	58.50			
4	011205002001	柱面贴瓷砖		水泥砂浆贴瓷板 152mm×152mm	m²	18.46			
5	011206002001	玻璃幕窗周边瓷砖		同上	m²	8.32			
0.00		0.00			0.00	0.00			
	N	天棚面装饰工程							
1	011301001001	天棚水泥砂浆抹灰		底 1：3，面 1：2.5 水泥砂浆	m²	525.20			
						0.00			
	P	油漆涂料工程							
1	011401001001	木门油漆		底油、腻子、调和漆二遍	m²	36.69			
2	011406001001	内墙涂刷乳胶漆		乳胶漆二遍	m²	1182.72			
3	011406001002	天棚涂刷乳胶漆		底油一遍、刮腻子、调和漆二遍	m²	525.20			

续表

序号	项目编码	项目名称	项目特征描述	计量单位	工程数量	金额（元）		
						综合单价	合价	其中 暂估价
					0.00			
	Q	扶手栏杆装饰						
1	011503001001	楼梯不锈钢栏杆	不锈钢管 $\phi89\times2.5$，$\phi32\times1.5$	m	20.00			
2	011503001002	东阳台不锈钢栏杆	不锈钢管 $\phi89\times2.5$，$\phi32\times1.5$	m	26.55			
3	011503001003	西平台不锈钢栏杆	不锈钢管 $\phi89\times2.5$，$\phi32\times1.5$	m	5.50			
4	011503001004	露台不锈钢栏杆	不锈钢管 $\phi89\times2.5$，$\phi32\times1.5$	m	6.00			
5	011503001005	露空间不锈钢栏杆	不锈钢管 $\phi89\times2.5$，$\phi32\times1.6$	m	3.20			
	S	措施项目						
	S.1	脚手架工程						
1	011701002001	外墙脚手架	高度 11m，双排钢管脚手架	m²	423.88			
2	011701006001	满堂脚手架	最大层高 4m，钢管脚手架	m²	525.20			
					0.00			
	S.3	垂直运输						
3	011703001001	垂直运输	混合结构三层，采用卷扬机	m²	488.51			
					0.00			
		本页小计						
		合计						

（一）表格的内容

在表 1.4-1 中的填写内容分为：自动显示和手工填写两部分。

1. 自动显示内容

由于我们在第三节完成了对第一节工程图纸中的所有工程项目，通过"分部工程工程量计算表"，进行了立项和工程量计算，此时该表中的："项目编码"、"项目名称"、"计量单位"和"工程数量"等就不需要逐项抄写，它们都会跟踪各个"工程量计算表"，进行自动显示，即使在任何一份"工程量计算表"中的项目名称和数据有所更正修改，本表也会随之更改。

2. 手工填写内容

（1）"序号"填写。

表中"序号"有两种填法，可以自由选择。

第一种是按每个分部工程中的分项工程进行编号填写，如土方工程，填写为：1 场地平整，2 挖地槽，3 挖地坑等。砌筑工程，填写为：1 砖基础，2 砖实心墙，3 砖柱等。

第二种是由分部工程的第一项开始至最后一项，按顺序自然编号，如：1 场地平整，

2 挖地槽，3 挖地坑，4 砖基础，5 砖实心墙等。本例是选择前者。

(2)"项目特征描述"填写。

项目特征描述（如表中颜色格所示）应参考《规范》附录所规定的"项目特征"内容，查阅《定额基价表》内对该项目的划分要求等进行描述，要求突出重点，简捷扼要，使其能够准确套用《定额基价表》的相关项目为基本原则。

(3)表顶"工程名称"填写。

表顶"工程名称"、"标段"是说明本表所属单项或单位工程落户处，需要按图纸名称填写（如表顶颜色格所示）。

(4)临时添加项目名称。

有些项目名称，因没有工程量计算任务，使其在"工程量计算表"中未有列项，如预制混凝土构件的安装和运输，它需要根据施工组织设计另行决定，这时就需要添加到表中相应项目栏内，如表中序号 12、13 颜色格所示。

(二) 表格的操作

本书中所列的表格，都是放在光盘内，需要用电脑进行操作。关于光盘的使用和操作，在第五章都作了详细介绍，这里只说明该表本身的一些必要操作。

1. 表格的分页处理

该表格在光盘中是一份比较长的表格，但要显示在电脑屏幕上，或打印文档上，就需分成第一页、第二页等。

(1)第一页定位操作

在表格打开的情况下，将鼠标指针移到底部下编辑框外线小方点"■"处，则指针会变成上下箭线"↕"，随即按下鼠标左键，并上下拖动，将下外框线拖到你需要的位置，松手即可，这就是第一页所显示范围，然后将鼠标指针移出框外单击一下表示确定，则第一页完成。

(2)第二页衔接操作

第二页与第一页相互衔接的操作，见表 1.4-1 上下两页所示。

首先将第一页表格复制一份，然后用鼠标指针对准该复制表，按下左键，并随即拖动，一直拖到下一页合适位置，即可松手。

再用鼠标指针对准该表格双击左键打开，然后用鼠标指针左击编辑框右边的下翻滚键▼，使表格内的项目行向上移动，当移到表顶的项目内容与前页表底项目内容，能相互衔接即可停止。

如果表下留有多余空白或其他内容时，将鼠标指针移到底部下编辑框外线小方点■处，按下鼠标左键，向上拖动，直拖至该页最末尾位置即可松手，最后将鼠标指针移出框外单击一下表示确定，则第二页完成。

(3)第二页独立页面操作

若要求第二页显示的页面，同第一页一样，具有完整的表头，形成一份独立页面，也就是在衔接表上加有表头形式，其操作如下。

将复制表格双击打开，用鼠标指针选中最左边的编辑框中，表头之下的所有序号行（即从表头下第一行开始，按下鼠标左键，并向下拖动，直拖到最后一行松手。这时这些项目行都变成深蓝色)。再将鼠标指针移至被选中的任一处单击右键,这时跳出如图 1.4-1 窗口。

然后单击其中"隐藏(H)",则那些深蓝色的项目就会被全部隐藏而看不到了,于是该表的表头下就只显示前表之后的项目行内容。如果该表格的下编辑框线也随之上缩而看不到内容时,可将鼠标指针移到底部下编辑框外线小方点■处,按下鼠标左键向下拉动,直到显示出全部内容后松手,这就是独立的第二页表格。

2.增添表格内的项目行

如在表 1.4-1 中,像钢筋混凝土的预制构件项目行,若只有"混凝土""模板面积",而没留有"安装"行,这时就要添加项目行,供填写之用,其操作如下。

在表格打开情况下,将鼠标指针移至某项目"模板面积"之下的编辑框序号上,单击左键选中,再将鼠标指针移到屏顶上的"菜单栏",对准其中"插入(I)"单击左键,这时会跳出一个插入菜单窗口,如图 1.4-2 所示,再将鼠标指针移至其中"行(R)"处单击一下,此时即可在其项目行之下增加一个新的行,供填写"安装"行内容。

图 1.4-1 点击右键的窗口

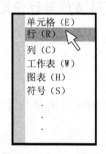

图 1.4-2 插入窗口

二、总价措施项目清单与计价表

该表是编制工程量清单所填写的第二份表格,也是"编制工程量清单"和"清单计价"所共用的表格。该表是《规范》规定的统一表格,表中已列有 1~6 个项目,同时我们也填写好了"项目编码",见表 1.4-2 所示。

总价措施项目清单与计价表 表 1.4-2

工程名称:单体式住宅建筑工程　　　　　　　　　标段:　　　　　　　　第 页共 页

序号	项目编码	项目名称	计算基数	费率(%)	金额(元)	调整费率(%)	调整后金额(元)	备注
1	011707001	安全文明施工费	定额基价	0.75%				
2	011707002	夜间施工增加费						
3	011707003	非夜间施工照明						
4	011707004	二次搬运费						
5	011707005	冬雨期施工增加费						
6	011707007	已完工程及设备保护费						
	按湖北省规定	工具用具使用费	定额基价	0.50%				

序号	项目编码	项目名称	计算基数	费率（％）	金额（元）	调整费率（％）	调整后金额（元）	备注
	按湖北省规定	工程定位费	定额基价	0.10％				
合　计								

编制人（造价人员）：　　　　　　　　　　　复核人（造价工程师）：

注：1. "计算基数"中安全文明施工费可为"定额基价"、"定额人工费"或"定额人工费＋定额机械费"，其他项目可为"定额人工费"或"定额人工费＋定额机械费"。

　　2. 按施工方案计算的措施费，若无"计算基数"和"费率"的数值，也可只填"金额"数值，但应在备注栏说明施工方案出处或计算方法。

该表中需要填写的内容（如表中颜色格所示）有：

（1）按本地区主管部门制定的实施办法，填写"计算基数"。

（2）按本地区主管部门制定的实施办法，填写相应"费率（％）"。

（3）填写本地区主管部门需要增列的项目及其费率。

三、其他项目清单与计价汇总表

该项由汇总表和分表组成。

（一）汇总表

汇总表为"其他项目清单与计价汇总表"，见表 1.4-3。该表不需要填写，它会自动跟踪分表进行显示。

其他项目清单与计价汇总表　　　　　　　　　表 1.4-3

工程名称：单体式住宅建筑工程　　　　　　标段：　　　　　　　第　页　共　页

序号	项目名称	金额（元）	结算金额（元）	备注
1	暂列金额	0.05		见暂列金额明细表
2	暂估价	0.00		
2.1	材料（工程设备）暂估价/结算价			
2.2	专业工程暂估价/结算价	0.00		见专业工程暂估价表
3	计日工	0.00		见计日工表
4	总承包服务费	0.00		见总承包服务费计价表
5	索赔与现场签证			
	合计	0.05		

注：材料（工程设备）暂估单价进入清单项目综合单价，此处不汇总。

（二）下属分表

本例分表，因"材料（工程设备）暂估价/结算表"、"专业工程暂估价/结算价表"不需考虑，所以只有暂列金额明细表和计日工表。

1. 暂列金额明细表

"暂列金额"是指因考虑不周而防止工程的漏项，或因不确定因素而不能明晰的项目等所需的暂列金额。根据本例情况，考虑在住宅内部和周边地面设施等，可能会增补某些细节工程，因此考虑对其暂列金额按工程直接费5%进行预留，填入"暂列金额明细表"内，如表1.4-4中颜色格所示。

暂列金额明细表

工程名称：单体式住宅建筑工程　　　　　　　　标段：　　　　　　　　表1.4-4
　　　　　　　　　　　　　　　　　　　　　　　　　　　　　　　第　页　共　页

序号	项目名称	计量单位	暂列金额（元）	备注
1	按直接费5%预留金额作为小型遗漏项目	1项	5.00%	
2				
3				
	合　计		0.05	

注：此表由招标人填写，如不能详列，也可只列暂定金额总额，投标人应将上述暂列金额计入投标总价中。

2. 计日工表

"计日工"是指对工程设计图纸之外，因施工现场情况变化，或扫尾工程中临时增加的一些零星用工或零星工程等所需的人工、材料、机械台班等的费用。在本例中为了考虑扫尾工作，可能需要增加部分零星工作，则安排50工日的作为调节用工，填写如表1.4-5中颜色格所示。

计日工表

工程名称：单体式住宅建筑工程　　　　　　　　标段：　　　　　　　　表1.4-5
　　　　　　　　　　　　　　　　　　　　　　　　　　　　　　　第　页　共　页

编号	项目名称	单位	暂定数量	实际数量	综合单价（元）	合价（元）	
						暂定	实际
一	人工						
1	扫尾工程中零星用工	工日	50				
2							
3							
	人工小计				0.00		
二	材料						
1							
2							
3							
	材料小计				0.00		
三	施工机械						
1							
2							
3							
	施工机械小计				0.00		
	合　计				0.00		

注：此表项目名称、暂定数量由招标人填写，编制招标控制价时，单价由招标人按有关计价规定确定；投标时，单价由投标人自主报价，按暂定数量计算合价计入投标总价中。结算时，按发承包双方确认的实际数量计算合价。

四、规费、税金项目计价表

"规费、税金项目计价表"是《规范》规定的统一格式，表中已填写有一些固定取费项目，只需要我们按本地区主管部门制定的实施办法，填写相应项目的"计算基础"及其"费率（％）"和另行增添的取费项目及其费率即可，如表 1.4-6 颜色格所示。

规费、税金项目计价表　　　　　　　　　　表 1.4-6

工程名称：单体式住宅建筑工程　　　　　　标段：　　　　　　　　　第 页 共 页

序号	工程名称	计算基础	计算基数			计算费率（％）	金额（元）
			直接费	措施费	其他费		
1	规费					6.00％	
1.1	社会保险费	定额基价				5.80％	
(1)	养老保险费	定额基价				3.50％	
(2)	失业保险费	定额基价				0.50％	
(3)	医疗保险费	定额基价				1.80％	
(4)	工伤保险费						
(5)	生育保险费						
1.2	住房公积金						
1.3	工程排污费	定额基价				0.05％	
1.4	工程定额测定费	定额基价				0.15％	
2	税金	直接费＋措施费＋其他费＋规费				3.41％	
	合　计						0.00

编制人（造价人员）：　　　　　　　　　　复核人（造价工程师）：

五、主要材料、工程设备一览表

"主要材料、工程设备一览表"，本例只填写"承包人提供主要材料和工程设备一览表"，见表 1.4-7。

填写"承包人提供主要材料和工程设备一览表"，需要耗费一定时间，它要按照表 1.4-1 内的相关项目工程量和《定额基价表》内的材料耗用量，进行计算确定。表中填写内容如下。

1. 数　量

材料数量按下式计算：

材料数量＝《定额基价表》内某项材料耗用量×相应工程量。

2. 分析系数

一般按≤5％。如果双方另有协商者，按协商填写。

3. 基准单价

按《定额基价表》内的材料单价或建筑材料信息价格。

在这三项内容中，关键是第 1 项，这项计算操作比较费时，查用《定额基价表》的相应项目也比较烦琐，由于在此阶段很少接触到所选用的《定额基价表》，所以该表可以委托招标计价或投标计价的编制人员进行编制。

承包人提供主要材料和工程设备一览表

（适用于造价信息差额调整法）
表 1.4-7

工程名称：单体式住宅建筑工程
标段：
第 页 共 页

序号	名称、规格、型号	单位	数量	风险系数（%）	基准单价（元）	投标单价（元）	发承包人确认单价（元）	备注
1	不锈钢管 φ89×2.5	m	64.93	≤5%	179.76			
2	不锈钢管 φ32×1.5	m	348.70	≤5%	28.44			
3	不锈钢管 φ60×2	m	64.93	≤5%	87，60			
4	圆钢筋 φ10 以内	t	3.74	≤5%	3720.00			
5	圆钢筋 φ11 以上	t	5.98	≤5%	3720.00			
6	铝合金型材	kg	234.51	≤5%	31.44			
7	塑钢推拉门	m²	19.92	≤5%	408.00			
8	金属卷闸车库门	m²	15.84	≤5%	285.00			
9	带纱塑钢窗	m²	48.00	≤5%	410.00			
10	乳胶漆	kg	474.97	≤5%	10.56			
11	调和漆	kg	18.75	≤5%	14.16			
12	塑料油膏	kg	1085.56	≤5%	2.16			
13	凸凹假麻石	m²	59.67	≤5%	88.80			
14	151mm×152mm 瓷板	千块	1.24	≤5%	424.80			
15	彩釉砖	m²	557.57	≤5%	46.80			
16	普通黏土砖	千块	98.83	≤5%	291.60			
17	黏土瓦	千块	3.36	≤5%	1154.64			
18	一等木方	m³	2.52	≤5%	2754.00			
19	胶合板	m²	87.72	≤5%	13.32			
20	水泥 32.5	t	64.60	≤5%	480.00			
21	水泥 42.5	t	64.07	≤5%	480.00			
22	20mm 碎石	m³	1.01	≤5%	80.40			
23	40mm 碎石	m³	88.07	≤5%	79.20			
24	白石子	kg	5344.78	≤5%	360.00			
25	中粗砂	m³	270.64	≤5%	74.40			
26	石灰膏	m³	7.42	≤5%	110.16			

注：1. 此表由招标人填写除"投标单价"栏的内容，投标人在投标时自主确定投标单价。

2. 招标人应优先采用工程造价管理机构发布的单价作为基准单价，未发布的，通过市场调查确定其基准单价。

六、封面、扉页、总说明的填写

本例封面、扉页和总说明填写，如图 1.4-3 所示。

封面填写招标单位名称、盖公章。

扉页填写招标单位名称、盖章，法人代表签字、盖章，编制人签字、盖章。

总说明填写工程概况、现场环境、招标范围、编制依据、质量要求及其他说明。

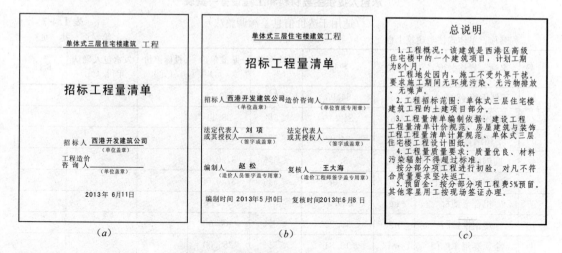

图 1.4-3　工程量清单封面、扉页、总说明

（a）封面；（b）扉页；（c）总说明

第二章 住宅建筑工程"清单计价"

对房屋建筑的"工程量清单计价",通称为"招标控制价"或"投标报价"。它是在完整的工程量清单基础上,根据地方省市《房屋建筑与装饰工程定额基价表》基价和当地主管部门规定的计价文件,来确定清单中各个工程项目的综合单价,然后计算出相应的工程费用和总工程造价的计算过程。本章分为:编制清单计价资料数据表、编制清单计价表两部分加以介绍。

第一节 编制清单计价资料数据表

"清单计价"是一项比较繁重的计算工作,在《解读与应用示例》一书中,我们花了大量篇幅说明了其具体操作,为了简化计算工作量,减少计算差错,加快计算速度,减少人工操作,在这里我们介绍可以事先编制两份表格:一份为"清单计价数据表",将计价所需要的基本数据资料,全部收列在这份表内以供使用。另一份为"主要施工材料数据表",为填写"承包人提供主要材料和工程设备一览表"提供依据。该两份表列在光盘sheet3,打开光盘单击该页即可看到。

一、"清单计价资料数据表"

在第一章中,我们完成了对"分部分项工程和单价措施项目清单与计价表"(后面简称"清单表")的编制工作。在本章要对这份表格配以"综合单价",并计算出各个项目的金额和总金额。然而,由于这份表中涉及有很多项目,而每个项目都有不同的综合单价,所以要计算出这些综合单价和金额,是一个非常费劲而费时的工作,稍有不慎就会出现误算和错算。为此,需事先编制一份"清单计价资料数据表"(后面简称"计价数据表"),该表的形式如图 2.1-1 所示。

清单计价资料数据表

工程名称: 人工单价: 管理费和利润:

序号	项目编码	项目名称	计量单位	工程量	定额编号	定额单位	人工费	材料费	机械费
← 转抄"清单表"的内容 →				← 摘录《定额基价表》内容 →					

图 2.1-1 "清单计价资料数据表"的形式

编制该表的工作主要有两点,如图 2.1-1 所示,即:

(1) 转抄第一章表 1.4-1 "清单表"的内容,包括:序号、项目编号、项目名称、计量单位、工程量等。

（2）摘录《定额基价表》相关内容，包括：定额编号、定额单位、人工费、材料费、机械费等。

当这份表编制完成后，就等于完成清单计价工作的80％工作量，并可以大大避免计算工作中的误算和错算。

（一）转抄"清单表"的内容

它是指转抄第一章表1.4-1"清单表"内的序号、项目编码、项目名称、计量单位、工程量等数据，如图2.1-2中颜色格所示。

分部分项工程和单价措施项目清单与计价表

工程名称：单位式住宅建筑工程

序号	项目编码	项目名称	项目特征描述	计量单位	工程数量	金额（元）		
						综合单价	合价	其中
								暂估价
	A	土方工程						
1	010101001001	平整场地	表层土±30cm内挖填找平	m²	184.60			
2	010101003001	挖地槽	三类土，挖土深0.78m，弃土运距20m内	m³	56.26			
3	010101004001	挖地坑	同上	m³	2.10			
4	010103001001	回填土	槽基和室内回填，夯填	m³	57.96			
6	010103002001	余取土运输	运距50m内，推车运输	m³	0.39			
	0	0				0.00	0.00	

图2.1-2　"清单表"（摘录本书表1.4-1）

在转抄工作中应注意以下几点：

1. 按"清单表"顺序转抄，不能漏项

转抄项目内容不能漏项，否则就会使后面计价金额受到影响，因此要求按"清单表"顺序排列进行转抄，这样既可以方便相互核对，也可避免漏项。

在本例中，该表会自动跟踪表1.4-1进行自动显示，无需另行手工操作。

2. 按《定额基价表》内编制结构，增添辅助项目

在编制该表时，应注意《定额基价表》内的编制结构，如在木门窗工程中，《定额基价表》是按：门框制作、门框安装、门扇制作、门扇安装等分开编制的，这就要求在编制"计价数据表"时，将这些分项添加到相应项目栏内，见表2.1-1中门窗工程栏中所示（单扇木装饰门和带纱双扇带亮木门颜色格所示）。

（二）摘录《定额基价表》内容

它是对照"清单表"中的"项目名称"和"项目特征描述"，逐项查阅《定额基价表》内相应项目，并将其定额编号、定额单位、人工费、材料费、机械费等逐一摘录过来，填写到图2.1-1右边部分。在摘录过程中应注意点为：

1. 项目名称和项目特征要对位

查阅《定额基价表》中的内容要与"清单表"所述相同，如图2.1-2中土方工程的挖

地槽，"清单表"特征描述是"三类土，挖深 0.78m"，依此，翻查出《定额基价表》如图 2.1-3 所示的相应项目"2. 人工挖沟槽、基坑"。其中定额编号 1-8，即是挖沟槽三类土，深度在 2m 内，对位后就可将其定额编号 1-8、定额单位 1m³、人工费＝43.42 元、材料费＝0、机械费＝0.07 元，摘录到"计价数据表"内。

2. 人工挖沟槽、基坑

工作内容：人工挖沟槽、基坑土方，将土置于槽、坑边 1m 以外自然堆放，沟槽、基坑底夯实。 计量单位：1m³

定额编号			1—5	1—6	1—7	1—8	1—9	1—10	1—11	1—12	1—13
项 目			挖沟槽一、二类土 深度在（m 以内）			挖沟槽三类土 深度在（m 以内）			挖沟槽四类土 深度在（m 以内）		
			2	4	6	2	4	6	2	4	6
名称	单位	单价(元)	定额耗用量								
人工 综合工日	工日	77.05	0.3368	0.4578	0.5612	0.5635	0.6611	0.7619	0.8134	0.8744	0.9680
机械 电动打夯机	台班	37.92	0.0018	0.0008	0.0005	0.0018	0.0008	0.0005	0.0018	0.0008	0.0005
基价表 人工费（元）			25.95	35.27	43.24	43.42	50.94	58.70	62.67	67.37	74.58
材料费（元）											
机械费（元）			0.07	0.03	0.02	0.07	0.03	0.02	0.07	0.03	0.02
基价（元）			26.02	35.30	43.26	43.49	50.97	58.72	62.74	67.40	74.60

图 2.1-3 "定额基价表"（摘录《定额基价表》）

2. 注意不要漏掉辅助项目的查用

在《定额基价表》中，对现浇混凝土构件分为：混凝土和模板；预制混凝土构件分为：混凝土、模板和构件安装，有的还有构件运输，这些项目在《定额基价表》中都不在一起，注意查寻时不要漏掉。

（三）表顶部分填写内容

表顶部分填写的内容有：工程名称、人工单价、管理费和利润，如图 2.1-4 所示。

清单计价资料数据表

工程名称：单体式住宅建筑工程　　　　人工单价:77.05 元/工日　　　　管理费和利润:12%

序号	项目编码	项目名称	计量单位	工程量	定额编号	定额单位	人工费	材料费	机械费

图 2.1-4 "清单基价表"表顶填写

1. 工程名称填写

工程名称按"清单表"的工程名称填写，如图 2.1-2 表顶工程名称："单体式住宅建筑工程"。本表会自动跟踪"清单表"进行显示，不需另行手工操作。

2. 人工单价填写

"人工单价"是"综合单价分析表"内的参考数据，它是按《定额基价表》中的工日单价转摘而来，如本例为 77.05 元/工日，需要手工填写。

3. 管理费和利润填写

"管理费和利润"是"综合单价分析表"的基础数据，它是按地方政府主管部门规定的计费标准，以百分率（％）形式填写，本例是按湖北省规定，管理费为7％，利润为5％，合计12％，需要手工填写。

通过以上所述，编制"清单基价表"的工作，仅仅是一些抄写查寻工作，但要求认真细致。编制的表格见表2.1-1所示。

清单计价资料数据表

表 2.1-1

工程名称：单体式住宅建筑工程　　　　　人工单价：77.05元/工日　　　　管理费和利润：12%

序号	项目编码	项目名称		计量单位	工程量	定额编号	定额单位	人工费	材料费	机械费
	A	土方工程								
1	010101001001	平整场地		m²	184.60	套1-48	1m²	2.43	0.00	0.00
2	010101003001	挖地槽		m³	56.26	套1-8	1m³	43.42	0.00	0.07
3	010101004001	挖地坑		m³	2.10	套1-17	1m³	48.76	0.00	0.33
4	010103001001	回填土		m³	70.76	套1-46	1m³	22.65	0.00	3.03
5	010103002001	余取土运输		m³	12.40	套1-53	1m³	12.67	0.00	0.00
0	0.00	0.00		0.00	0.00					
	D	砌筑工程		计量单位	工程量	定额编号	定额单位	人工费	材料费	机械费
1	010401001001	砖基础		m³	24.91	套4-1	1m³	93.85	198.73	3.14
2	010401003001	砖实心墙		m³	161.44	套4-10	1m³	123.90	189.97	3.06
3	010401009001	砖柱		m³	0.00					
	E	钢筋混凝土工程		计量单位	工程量	定额编号	定额单位	人工费	材料费	机械费
		现浇构件								
1	010501001001	混凝土垫层	混凝土	m³	21.84	套5-394	1m³	73.66	279.48	20.39
			模板面积	m²	55.12	套5-6	1m²	20.95	23.22	46.01
2	010501003001	柱基础	混凝土	m³	1.10	套5-396	1m³	81.52	279.66	20.39
			模板面积	m²	7.72	套5-17	1m²	20.38	26.24	1.91
3	010502002001	构造柱	混凝土	m³	15.19	套5-403	1m³	197.40	281.62	13.64
			模板面积	m²	102.17	套5-88	1m²	21.81	25.50	2.25
4	010502003001	圆形柱	混凝土	m³	1.15	套5-404	1m³	172.82	281.60	1.64
			模板面积	m²	18.46	套5-66	1m²	46.95	55.32	2.56
5	010503002001	矩形梁	混凝土	m³	4.60	套5-401	1m³	166.74	281.68	13.64
			模板面积	m²	55.56	套5-59	1m²	31.59	22.26	2.08
6	010503004001	圈梁	混凝土	m³	12.27	套5-408	1m³	185.69	280.78	8.36
			模板面积	m²	163.59	套5-83	1m²	23.98	13.25	1.22
7	010505003001	楼板、天花板	混凝土	m³	41.71	套5-419	1m³	104.09	297.21	13.71
			模板面积	m²	663.20	套5-109	1m²	28.01	31.48	2.43
8	010505003002	屋面板	混凝土	m³	18.59	套5-419	1m³	104.09	297.21	13.71
			模板面积	m²	210.04	套5-109	1m²	28.01	31.48	2.43
9	010505007001	天沟	混凝土	m³	34.38	套5-430	1m³	191.70	298.15	21.48
			模板面积	m²	216.37	套5-129	1m²	41.28	30.43	1.89
10	010506001001	楼梯	混凝土	m²	18.14	套5-421	1m³	44.30	75.73	5.58
			模板面积	m²	39.56	套5-119	1m²	81.90	84.49	4.66
11	010507004001	大门台阶	混凝土	m³	1.63	套5-431	1m³	136.61	297.89	21.48
			模板面积	m²	2.70	套5-123	1m²	19.88	17.72	0.60

序号	项目编码	项目名称		计量单位	工程量	定额编号	定额单位	人工费	材料费	机械费
		预制构件								
12	010510003001	预制门窗过梁	混凝土	m³	4.38	套5-441	1m³	104.17	306.46	39.46
			模板面积	m²	54.72	套5-150	1m²	149.09	150.38	0.45
			安装	m³	4.38	套6-177	1m³	103.25	19.57	
13	010512005001	预制门廊屋顶板	混凝土	m³	0.14	套5-460	1m³	147.94	292.17	35.94
			模板面积	m²	3.89	套5-180	1m²	87.07	52.80	0.18
			安装	m³	0.14	套6-302	1m³	52.63	24.77	17.85
0	E.15	钢筋工程								
14	010515001001	现浇φ6圆钢		t	0.198	套5-294	1t	1743.64	3922.27	58.04
15	010515001002	现浇φ10圆钢		t	3.013	套5-296	1t	839.85	3840.42	59.25
16	010515001003	现浇φ12圆钢		t	2.310	套5-297	1t	735.06	3983.44	150.50
17	010515001004	现浇φ16圆钢		t	2.530	套5-299	1t	564.01	3966.95	134.99
18	010515001005	现浇φ18圆钢		t	0.529	套5-300	1t	496.97	3981.67	122.55
		预制构件圆钢筋								
19	010515002001	预制φ4圆钢		t	0.002	套5-320	1t	3156.55	5072.11	73.94
20	010515002002	预制φ12圆钢		t	0.159	套5-328	1t	696.53	3946.24	142.88
21	010515002003	预制φ16圆钢		t	0.198	套5-332	1t	532.42	3929.75	128.73
		构件箍筋								
22	010515001006	箍筋φ6圆钢		t	0.450	套5-355	1t	2225.20	3922.27	62.50
0	0.00	0.00		t	0.00					
	G	木结构工程		计量单位	工程量	定额编号	定额单位	人工费	材料费	机械费
1	010701001001	封闭阳台木屋架		m³	0.66	套7-329	1m³	621.02	5031.86	0.00
2	010702005001	阳台屋端装饰板		m	7.70	套7-348	1m	3.81	17.00	0.00
3	010703005001	屋面木基层		m²	15.40	套7-345	1m²	4.29	54.29	0.00
	H	门窗工程								
1	010801001001	单扇木装饰门	门框制作	m²	33.81	套7-65	1m²	6.62	58.58	1.07
			门框安装	m²	33.81	套7-66	1m²	13.21	15.70	0.03
			门扇制作	m²	33.81	套7-67	1m²	22.69	82.56	5.60
			门扇安装	m²	33.81	套7-68	1m²	7.44	0.00	0.00
2	010801001002	带纱双扇带亮木门	门框制作	m²	2.88	套7-45	1m²	4.86	46.74	0.75
			门框安装	m²	2.88	套7-46	1m²	8.06	9.02	0.02
			门扇制作	m²	2.88	套7-47	1m²	30.67	120.22	6.81
			门扇安装	m²	2.88	套7-48	1m²	21.64	10.14	0.00
3	010802001001	塑钢推拉门		m²	19.92	饰4-043	1m²	49.31	356.89	1.89
4	010803001001	金属卷闸车库门		m²	15.84	饰4-038	1m²	61.64	213.48	6.68
5	010807001001	铝合金玻璃窗		m²	5.52	套7-276	1m²	115.19	303.34	9.40
6	010807001002	铝合金玻璃幕窗		m²	36.45	套7-283	1m²	71.38	276.06	5.57
7	010807001003	带纱塑钢窗		m²	50.25	饰4-046	1m²	55.48	352.68	1.90
0	0.00	0.00			0.00					

续表

序号	项目编码	项目名称		计量单位	工程量	定额编号	定额单位	人工费	材料费	机械费
	J	屋面及防水工程		计量单位	工程量	定额编号	定额单位	人工费	材料费	机械费
1	010901001001	黏土瓦屋面		m²	201.27	套9-2	1m²	5.20	20.36	0.00
2	010902002001	屋面涂膜防水		m²	185.87	套9-42	1m²	2.20	8.97	0.00
3	010902004001	屋面排水管		m	43.60	套9-57	1m	21.73	64.45	0.00
		落水配套构件		个	4.00	套9-59~63	1个	29.71	179.74	0.00
4	010904002001	卫生间涂膜防水		m²	63.19	套9-97	1m²	1.63	13.29	0.00
0	0.00	0.00		0.00	0.00					
	L	楼地面工程								
1	011101003001	混凝土地面垫层		m³	17.96	套8-16	1m³	94.39	241.23	19.55
2	011101003002	混凝土散水		m²	66.01	套8-43	1m²	12.67	24.15	1.32
3	011101003003	车库斜坡	混凝土	m³	0.93	套8-16	1m³	94.39	241.23	19.55
			水泥砂浆	m²	9.30	套8-44	1m²	4.82	7.88	0.29
2	011102003001	块料楼地面面层		m²	445.86	套8-72	1m²	28.64	83.97	0.35
3	011105003001	块料踢脚线		m²	418.24	套8-80	1m	7.38	8.08	0.06
4	011106002001	块料楼梯面层		m²	18.14	套8-78	1m²	76.64	75.50	1.07
5	011107002001	块料台阶面层		m²	8.00	套8-79	1m²	57.82	81.62	1.06
0	0.00	0.00		0.00						
	M	墙柱面装饰工程		计量单位	工程量	定额编号	定额单位	人工费	材料费	机械费
1	011201001001	混合砂浆内墙抹灰		m²	1182.72	套11-36	1m²	10.58	4.93	0.31
2	011201002001	水刷石外墙抹灰		m²	365.38	套11-72	1m²	29.23	14.38	0.34
3	011204003001	外墙勒脚块料面层		m²	58.50	套11-150	1m²	37.30	97.93	0.27
4	011205002001	柱面贴瓷砖		m²	18.46	套11-169	1m²	52.04	31.36	0.51
5	011206002001	玻璃幕窗周边瓷砖		m²	8.32	套11-170	1m²	62.80	29.84	0.57
0	0.00	0.00		0.00						
	N	天棚面装饰工程								
1	011301001001	天棚水泥砂浆抹灰		m²	525.20	套11-288	1m²	12.19	5.97	0.23
0	0.00	0.00		0.00						
	P	油漆涂料工程								
1	011401001001	木门油漆		m²	36.69	套11-409	1m²	13.63	8.71	0.00
2	011406001001	内墙涂刷乳胶漆		m²	1182.72	套11-606	1m²	2.93	3.52	0.00
3	011406001002	天棚涂刷乳胶漆		m²	525.20	套11-606	1m²	2.93	3.52	0.00
0	0.00	0.00		0.00						
	Q	扶手栏杆装饰								
1	011503001001	楼梯不锈钢栏杆		m	20.00	套8-149	1m	35.13	709.02	16.37
2	011503001002	东阳台不锈钢栏杆		m	26.55	套8-149	1m	35.13	709.02	16.37
3	011503001003	西平台不锈钢栏杆		m	5.50	套8-149	1m	35.13	709.02	16.37
4	011503001004	露台不锈钢栏杆		m	6.00	套8-149	1m	35.13	709.02	16.37
5	011503001005	露空间不锈钢栏杆		m	3.20	套8-149	2m	35.13	709.02	16.37

续表

序号	项目编码	项目名称	计量单位	工程量	定额编号	定额单位	人工费	材料费	机械费
	S	措施项目	计量单位	工程量	定额编号	定额单位	人工费	材料费	机械费
	S.1	脚手架工程							
1	011701002001	外墙脚手架	m²	423.88	套3-6	1m²	5.54	5.15	0.87
2	011701006001	满堂脚手架	m²	525.20	套3-20	1m²	7.21	3.56	0.25
	0.00	0.00		0.00					
	S.3	垂直运输							
3	011703001001	垂直运输	m²	488.51	套3-20	1m²	0.00	0.00	18.06
0	0.00	0.00	0.00	0.00					

二、"主要施工材料数据表"

"主要施工材料数据表"是为填写"承包人提供主要材料和工程设备一览表"而提供材料数量的表格，它可以对计算所需材料用量的计算工作起到简化作用。表格形式如图 2.1-5 所示，该表内容分为两大部分，即：项目名称及工程量，材料数据部分。

主要施工材料数据表

工程名称：　　　单体式住宅建筑工程

砌筑工程	计量单位	工程量	定额编号	定额		定额		定额			
砖基础	m³	31.31	套4-1								
砖实心墙	m³	161.44	套4-10								
小计				0.00		0.0		0.00			
混凝土工程	计量单位	工程量	定额编号	定额		定额		定额		定额	定额
混凝土垫层	m³	21.84	套5-394								
柱基础	m³	1.10	套5-396								
构造柱	m³	15.19	套5-403								

← 转抄"计价数据表" → ← 摘录填写《定额基价表》内容 →

图 2.1-5　"主要施工材料数据表"的形式（摘录表 2.1-2）

（一）项目名称及工程量

该部分为表格左边内容，包括：项目名称、工程量、计量单位、定额编号等，它是选择"计价数据表"中耗材量较大的项目加以转抄而来，如图 2.1-5 所示，因土方工程没有耗材量，所以从砌筑工程向后转抄。

在本例中，本表会自动跟踪"计价数据表"进行显示，无需手工操作。

（二）材料数据部分

材料数据是指摘录《定额基价表》内材料耗用量，并计算所需材料数量的数据，它包括两部分：（1）定额耗用量；（2）主材使用数量。

1. 定额耗用量

定额耗用量是指按照"定额编号"查询《定额基价表》内该项目所规定消耗的材料耗用量标准。在表中简写为"定额"，并查寻后转抄填写。

如图 2.1-5 中所示砖基础，其定额耗用量通过查寻《定额基价表》（图 2.1-6），它的主要材料有水泥砂浆 M5、普通黏土砖，将二者填写其内，同时将二者耗用量"0.236m³"和"0.5236（千块）"填入相应"定额"栏内。

1. 砖基础、砖墙

工作内容：砖基础：调运砂浆、铺砂浆、运砖、清理基槽坑、砌砖等。
砖墙：调运、铺砂浆，运砖；砌砖包括窗台虎头砖、腰线、门窗套；安放木砖、铁件等。 计量单位：1m³

定额编号			4—1	4—2	4—3	4—4	4—5	4—6
项 目			砖基础	单面清水砖墙				
				1/2 砖	3/4 砖	1 砖	1 砖半	2 及 2 砖以上
名称	单位	单价（元）	定额耗用量					
人工	综合工日	工日	77.05	1.2180	2.1970	2.1630	1.8870	1.7830	1.7140
材料	水泥砂浆 M5	m³	193.80	0.2360					
	水泥砂浆 M10	m³	241.56		0.1950	0.2130			
	混合砂浆 M2.5	m³	154.20				0.2250	0.2400	0.2450
	普通黏土砖	千块	291.60	0.5236	0.5641	0.5510	0.5314	0.5350	0.5310
	水	m³	3.00	0.1050	0.1130	0.1100	0.1060	0.1070	0.1060
机械	灰浆搅拌机 200L	台班	80.40	0.0390	0.0330	0.0350	0.0380	0.0400	0.0410
基价表	人工费（元）			93.85	169.28	166.66	145.39	137.38	132.06
	材料费（元）			198.73	211.93	212.45	189.97	193.34	192.94
	机械费（元）			3.14	2.65	2.81	3.06	3.22	3.30
	基价（元）			295.72	383.87	381.93	338.42	333.93	328.30

图 2.1-6 砖基础"定额基价表"

又如图 2.1-5 中所示实心砖墙，其定额耗用量通过查寻《定额基价表》（图 2.1-7），它的主要材料有混合砂浆 M2.5、普通黏土砖，将二者填写其内，同时将二者耗用量"0.225m³"和"0.5314 千块"填入相应"定额"栏内。

工作内容：同上。 计量单位：1m³

定额编号			4—7	4—8	4—9	4—10	4—11	4—12	4—13	4—14
项目			混水砖墙						弧形单面清水砖墙	
			1/4 砖	1/2 砖	3/4 砖	1 砖	1 砖半	2 砖及其以上	1 砖	1 砖半
名称	单位	单价（元）	定额耗用量							
人工	综合工日	工日	77.05	2.8170	2.0140	1.9640	1.6080	1.5630	1.5460	2.0360	1.9330
材料	水泥砂浆 M10	m³	241.56	0.1180							
	水泥砂浆 M5	m³	193.80		0.1950	0.2130					
	水泥混合砂浆 M2.5	m³	154.20				0.2250	0.2400	0.2450		
	水泥混合砂浆 M5	m³	191.64							0.2250	0.2400
	普通黏土砖	千块	291.60	0.6158	0.5641	0.5510	0.5314	0.5350	0.5309	0.5418	0.5450
	水	m³	3.00	0.1230	0.1130	0.1100	0.1060	0.1070	0.1060	0.1080	0.1090
机械	灰浆搅拌机 200L	台班	80.40	0.0200	0.0330	0.0350	0.0380	0.0400	0.0410	0.0380	0.0400
基价表	人工费（元）			217.05	155.18	151.33	123.90	120.43	119.12	156.87	148.94
	材料费（元）			208.44	202.62	202.28	189.97	193.34	192.91	201.43	205.24
	机械费（元）			1.61	2.65	2.81	3.06	3.22	3.30	3.06	3.22
	基价（元）			427.10	360.45	356.42	316.92	316.98	315.32	361.36	357.40

图 2.1-7 实心砖墙"定额基价表"

通过上述查寻转抄填写后，"主要施工材料数据表"的形式如图 2.1-8 所示。

主要施工材料数据表

工程名称：　　单体式住宅建筑工程

砌筑工程	计量单位	工程量	定额编号	M5水泥砂浆		普通黏土砖		M2.5混合砂浆			
				定额	m³	定额	千块	定额	m³		
砖基础	m³	31.31	套4-1	0.2360	7.39	0.5236	16.39				
砖实心墙	m³	161.44	套4-10			0.5314	85.79	0.23	36.32		
小计					7.39		102.2		36.32		
混凝土工程	计量单位	工程量	定额编号	C20混凝土碎石40		C20混凝土碎石20		预制C30混凝土碎石		二等板方材		预制C20混凝土碎石	
				定额	m³	定额	m³	定额	m³	定额	m³	定额	m³
混凝土垫层	m³	21.84	套5-394	1.015	22.17		0.00		0.00		0.00		0.00
柱基础	m³	1.10	套5-396	2.015	2.22		0.00		0.00		0.00		0.00
构造柱	m³	15.19	套5-403	0.986	14.98		0.00		0.00		0.00		0.00

◄────转抄"计价数据表"────►　　　　◄────────摘录填写《定额基价表》内容────────►

图 2.1-8 "主要施工材料数据表"形式（见表 2.1-2）

2. 主材使用数量

主材使用数量是指该项目按其工程量所需要使用的主材使用量，表中会按"工程量×定额"进行自动计算显示，无需手工操作。

如图 2.1-8 中砖基础的 M5 水泥砂浆为"7.39m³"；普通黏土砖为"16.39 千块"。而砖实心墙的普通黏土砖为"85.79 千块"；M2.5 混合砂浆为"36.32m³"。

其他如此类推，它的关键是要按"定额编号"进行逐项查询《定额基价表》，将其材料名称、单位、耗用量等摘录出来。这里需要说明的是，编制该表时，由于表格本身容纳填写材料名称的空间有限，再加之"计价数据表"中的项目比较多，而每个项目在《定额基价表》内所需要使用的材料也比较烦琐，因此在选择材料名称时，只需选择其中主要的、耗用量大的材料名称，填写于该表内，其他辅助性、耗用量小的材料可以忽略。

根据以上所述，编制的"主要施工材料数据表"见表 2.1-2 所示，表中颜色格所示内容是需要手工填写的内容。数据计算，表格会自动进行，只要"定额"量填写完成，使用量也随即会立刻显示。

主要施工材料数据表　　　　　　表 2.1-2

工程名称：单体式住宅建筑工程

砌筑工程	计量单位	工程量	定额编号	M5 水泥砂浆		普通黏土砖		M2.5 混合砂浆							
				定额	m³	定额	千块	定额	m³						
砖基础	m³	31.31	套 4-1	0.24	7.39	0.52	16.39								
砖实心墙	m³	161.44	套 4-10			0.53	85.79	0.23	36.32						
小计					7.39		102.2		36.32						
钢筋混凝土工程	计量单位	工程量	定额编号	C20 混凝土碎石 40		C20 混凝土碎石 20		预制 C30 混凝土 碎石 40		二等板方材		预制 C20 混凝土 碎石 20	
				定额	m³	定额	m³	定额	m³	定额	m³	定额	m³
混凝土垫层	m³	21.84	套 5-394	1.015	22.17		0.00		0.00		0.00		0.00
柱基础	m³	1.10	套 5-396	2.015	2.22		0.00		0.00		0.00		0.00
构造柱	m³	15.19	套 5-403	0.986	14.98		0.00		0.00		0.00		0.00
圆形柱	m³	1.15	套 5-404	0.986	1.13		0.00		0.00		0.00		0.00
矩形梁	m³	4.60	套 5-401	1.015	4.67		0.00		0.00		0.00		0.00

续表

钢筋混凝土工程	计量单位	工程量	定额编号	C20 混凝土碎石 40		C20 混凝土碎石 20		预制 C30 混凝土碎石 40		二等板方材		预制 C20 混凝土碎石 20	
				定额	m³	定额	m³	定额	m³	定额	m³	定额	m³
圈梁	m³	12.27	套 5-408	2.015	24.72		0.00		0.00		0.00		0.00
楼板、天花板	m³	41.71	套 5-419			1.015	42.34		0.00		0.00		0.00
屋面板	m²	18.59	套 5-419			1.015	18.87		0.00		0.00		0.00
天沟	m³	34.38	套 5-430			1.015	34.90		0.00		0.00		0.00
楼梯	m²	18.14	套 5-421			0.260	4.72		0.00		0.00		0.00
大门台阶	m³	1.63	套 5-431			1.015	1.65		0.00		0.00		0.00
预制门窗过梁	m³	4.38	套 5-441					1.015	4.45	0.0015	0.01		0.00
预制门廊屋顶板	m³	0.14	套 5-460							0.0007	0.00	1.015	0.14
小计					69.89		102.5		4.45		0.01		0.14

钢筋工程	计量单位	工程量	定额编号	圆钢筋 φ10 以内		圆钢筋 φ11 以上		镀锌铁丝 22#					
				定额	t	定额	t	定额	kg	定额	数量	定额	数量
现浇 φ6 圆钢	t	0.198	套 5-294	1.020	0.20		0.00	15.67	3.10				
现浇 φ10 圆钢	t	3.013	套 5-296	1.020	3.07			5.640	16.99				
现浇 φ12 圆钢	t	2.310	套 5-297		0.00	1.045	2.41	4.620	10.67				
现浇 φ16 圆钢	t	2.530	套 5-299		0.00	1.045	2.64	2.600	6.58				
现浇 φ18 圆钢	t	0.529	套 5-300		0.00	1.045	0.55	2.050	1.08				
预制 φ4 圆钢	t	0.002	套 5-320	1.090	0.00			15.67	0.03				
预制 φ12 圆钢	t	0.159	套 5-328		0.00	1.035	0.16	4.620	0.73				
预制 φ16 圆钢	t	0.198	套 5-332		0.00	1.035	0.20	2.600	0.51				
箍筋 φ6 圆钢	t	0.450	套 5-355	1.020	0.46			15.67	7.05				
小计					3.74		5.98		46.76				

木结构工程	计量单位	工程量	定额编号	一等木方		调和漆		屋面板					
				定额	m³	定额	kg	定额	m²	定额	数量	定额	数量
封闭阳台木屋架	m³	0.66	套 7-329	1.1900	0.7854	2.3	1.518		0.00		0.00		
阳台屋端装饰板	m	7.70	套 7-348	0.0062	0.047355								
屋面木基层	m²	15.40	套 7-345	0.0023	0.03465			1.033	15.91		0.00		
小计					0.867405		1.518		15.91				

门窗工程	计量单位	工程量	定额编号	一等木方		铝合金型材		胶合板					
				定额	m³	定额	kg	定额	m²	定额	数量	定额	数量
单扇木装饰门	m²	33.81	套 7-65	0.0442	1.49		0.00	2.014	31.01				
带纱双扇带亮木门	m²	2.88	套 7-45	0.0536	0.15		0.00	1.677	56.71				
塑钢推拉门	m²	19.92	饰 4-043		0.00		0.00						
金属卷闸车库门	m²	15.84	饰 4-038		0.00		0.00						
铝合金玻璃窗	m²	5.52	套 7-276		0.00	6.336	34.97						
铝合金玻璃幕窗	m²	36.45	套 7-283		0.00	5.4742	199.53						
带纱塑钢窗	m²	48.00	饰 4-046		0.00		0.00						
小计					1.65		234.5		87.72				

屋面及防水工程	计量单位	工程量	定额编号	黏土瓦		1:2.5水泥砂浆		塑料油膏		凸凹假麻石			
				定额	千块	定额	m³	定额	kg	定额	m²	定额	数量
黏土瓦屋面	m²	201.27	套9-2	0.0167	3.36	0.0011	0.22		0.00				
屋面涂膜防水	m²	185.87	套9-42					3.8512	715.82				
卫生间涂膜防水	m²	63.19	套9-97					5.8512	369.74				
天棚水泥砂浆抹灰	m²	525.20	套11-288			0.0072	3.78						
外墙勒脚块料面层	m²	58.50	套11-150							1.02	59.67		
小计					3.36		4.00		1086		59.67		

楼地面工程	计量单位	工程量	定额编号	C10混凝土碎石40		1:1水泥砂浆		1:2水泥砂浆		素水泥浆		彩釉砖	
				定额	m³	定额	m³	定额	m³	定额	m³	定额	m²
混凝土地面垫层	m³	17.96	套8-16	1.0100	18.14	0.00		0.00		0.00		0.00	
混凝土散水	m²	66.01	套8-43	0.0711	4.69	0.0051	0.34	0.00		0.00		0.00	
车库斜坡	m³	0.93	套8-16	1.0100	0.94	0.00		0.00		0.00		0.00	
0.00	m²	9.30	套8-44			0.00		0.0258	0.24	0.001	0.01	0.00	
块料楼地面面层	m²	445.86	套8-72	0.00		0.00		0.1010	45.03	0.001	0.45	1.02	454.78
块料踢脚线	m²	418.24	套8-80	0.00		0.00		0.0020	0.84	0.00		0.15	63.99
块料楼梯面层	m²	18.14	套8-78	0.00		0.00		0.0138	0.25	0.0014	0.03	1.45	26.25
块料台阶面层	m²	8.00	套8-79	0.00		0.00		0.0149	0.12	0.0015	0.01	1.57	12.55
小计					23.77		0.34		46.48		0.49		557.6

墙柱面装饰工程	计量单位	工程量	定额编号	1:1:6混合砂浆		1:1:4混合砂浆		1:3水泥砂浆		素水泥浆		1:1.5水泥白石	
				定额	m³	定额	m³	定额	m³	定额	m³	定额	m³
混合砂浆内墙抹灰	m²	1182.72	套11-36	0.0162	19.16	0.0069	8.16	0.00		0.00		0.00	
水刷石外墙抹灰	m²	365.38	套11-72					0.0139	5.08	0.0011	0.40	0.012	4.20
小计					19.16		8.16		5.08		0.40		4.20

				151×152瓷板		1:0.2:2混合砂浆		1:2水泥砂浆		1:3水泥砂浆		素水泥浆	
				定额	千块	定额	m³	定额	m³	定额	m²	定额	m³
外墙勒脚块料面层	m²	58.50	套11-150			0.00		0.0067	0.39	0.0133	0.78	0.002	0.12
柱面贴瓷砖	m²	18.46	套11-169	0.0448	0.83	0.0086	0.16			0.0117	0.22	0.0011	0.02
玻璃幕窗周边瓷砖	m²	8.32	套11-170	0.0496	0.41	0.0091	0.08			0.0123	0.10	0.0011	0.01
天棚水泥砂浆抹灰	m²	525.20	套11-288							0.0101	5.30	0.001	0.53
小计					1.24		0.23		0.39		7.20		0.67

续表

油漆涂料工程	计量单位	工程量	定额编号	调和漆		乳胶漆		不锈钢管 φ60×2		不锈钢管 φ89×2.5		不锈钢管 φ32×1.5	
				定额	kg	定额	kg	定额	m	定额	m	定额	m
木门油漆	m²	36.69	套11-409	0.4697	17.23		0.00		0.00		0.00		0.00
内墙涂刷乳胶漆	m²	1182.72	套11-606			0.2781	328.91		0.00		0.00		0.00
天棚涂刷乳胶漆	m²	525.20	套11-606			0.2781	146.06		0.00		0.00		0.00
封闭阳台木屋架	m³	0.66	套7-329	2.3	1.518								
楼梯不锈钢栏杆	m	20.00	套8-149					1.06	21.20	1.06	21.20	5.693	113.86
东阳台不锈钢栏杆	m	26.55	套8-149					1.06	28.14	1.06	28.14	5.693	151.15
西平台不锈钢栏杆	m	5.50	套8-149					1.06	5.83	1.06	5.83	5.693	31.31
露台不锈钢栏杆	m	6.00	套8-149					1.06	6.36	1.06	6.36	5.693	34.16
露空间不锈钢栏杆	m	3.20	套8-149					1.06	3.39	1.06	3.39	5.693	18.22
小计					18.8		475.0		64.9		64.9		348.7

数量	用量需	中粗砂		40碎石		20碎石		水泥32.5		水泥42.5	
		配量	m³	配量	m³	配量	m³	配量	t	配量	t
现浇C10混凝土碎石40mm(m³)	23.77	0.62	14.74	0.85	20.21		0.00	0.338	8.04		0.00
现浇C20混凝土碎石40mm(m³)	69.89	0.51	35.64	0.91	63.60		0.00		0.00	0.344	24.04
现浇C20混凝土碎石20mm(m³)	102.47	0.63	64.56	0.00	0.00		0.88		0.00	0.373	38.22
预制C30混凝土碎石40mm(m³)	4.45	0.42	1.87	0.96	4.27					0.396	1.76
预制C20混凝土碎石20mm(m³)	0.14	0.56	0.08	0.00	0.00	0.89	0.13		0.00	0.339	0.05
小计			116.9		88.1		1.0		8.0		64.1

数量	用量需	中粗砂		石灰膏		白石子		水泥32.5		
		配量	m³	配量	m³	配量	kg	配量	t	
M5水泥砂浆（m³）	7.39	1.18	8.72		0.00			0.241	1.78	
M2.5混合砂浆（m³）	36.32	1.18	42.86	0.06	2.18		0.00	0.221	8.03	
1:1水泥砂浆（m³）	0.34	0.76	0.26		0.00			0.782	0.26	
1:2水泥砂浆（m³）	46.87	1.12	52.49		0.00			0.577	27.04	
1:2.5水泥砂浆（m³）	4.00	1.18	4.72		0.00			0.485	1.94	
1:3水泥砂浆（m³）	12.28	1.18	14.49		0.00			0.404	4.96	
1:1.5水泥白石子浆（m³）	4.20	0.00		0.00		1272	5344.8	1.001	4.21	
1:1:6混合砂浆（m³）	19.16	1.18	22.61	0.17	3.26		0.00	0.202	3.87	
1:1:4混合砂浆（m³）	8.16	1.12	9.14	0.24	1.96			0.289	2.36	
1:0.2:2混合砂浆（m³）	0.23	1.03	0.24	0.09	0.02		0.00	0.527	0.12	
素水泥浆（m³）	1.57							1.502	2.35	
小计			155.5		7.4		5345		56.9	
			272.4						65.0	

以上所编制的两份表格（表2.1-1、表2.1-2），是为简化"清单计价"编制工作，加快计算速度的重要表格，在编制过程中没有复杂的计算负担，但对查寻《定额基价表》，转抄填写工作必须认真细致，否则，会影响计价工作的正确与否。

第二节　编制清单计价表

清单计价工作，首先要将"清单表"中每个项目都要经过综合单价分析，计算出"综合单价"，然后将其单价列入"清单表"内，求出其合价金额。这个工作是"清单计价"工作中耗时最长，计算量最大的一项内容。在《房屋建与装饰工程工程量计算规范》GB 50854—2013解读与应用示例一书中，我们对每个项目"综合单价"计算，都作了具体介绍，在这里，为了简化计算工作量，加快计算速度，特在本节介绍简化计算操作的内容。

一、综合单价分析表

"综合单价分析表"的形式见表2.2-1所示，它是根据《定额基价表》，计算确定各个工程项目"综合单价"的表格，在"清单表"中有多少个项目，就要计算确定多少个"综合单价"，由此可见，其计算量之多可想而知。但其计算方法，基本上是千篇一律，只是计算内容多寡而有所区别。根据项目组合情况大致分为：单一性项目"综合单价分析表"、双组合性项目"综合单价分析表"、多组合性项目"综合单价分析表"。

（一）单一性项目"综合单价分析表"

如表2.2-1所示，表中所列项目为单一性（只有"砖基础"一项），表中颜色格所示为计算内容，这种表的计算工作量比较少，其计算方法为：

1. "单价"栏的计算

单价栏的计算内容，只有一个"管理费和利润"，表格会自动按下式计算：

单价管理费和利润＝（单价人工费＋单价材料费＋单价机械费）×费率。

如表中单价管理费和利润＝（93.85＋198.73＋3.14）×12％＝35.49元。

工程量清单综合单价分析表　　　　　　　　　　　　表2.2-1

工程名称：单体式住宅建筑工程　　　　标段：　　　砌筑工程　　　　　　　　第　页　共　页

项目编码	010401001001		项目名称		砖基础	计量单位	m³	工程量	31.31

清单综合单价组成明细									
定额编号	定额名称	定额单位	数量	单价（元）			12%	合价（元）			
				人工费	材料费	机械费	管理费和利润	人工费	材料费	机械费	管理费和利润
套4-1	砖基础	1m³	1	93.85	198.73	3.14	35.49	2938.44	6222.24	98.31	1111.19
							0.00	0.00	0.00	0.00	0.00
							0.00	0.00	0.00	0.00	0.00
人工单价		小计						2938.44	6222.24	98.31	1111.19
77.05元/工日		未计价材料费						0.00			
清单项目综合单价								331.21			

续表

	主要材料名称、规格、型号	单位	数量	单价（元）	合价（元）	暂估单价（元）	暂估合价（元）
材料费明细					0.00		0.00
					0.00		0.00
	其他材料费				0.00		0.00
	材料费小计				0.00		0.00

2. "合价"栏的计算

合价栏的计算内容，有合价 4 个费和小计 4 个费，表格会自动按下式计算：

(1) 合价人工费＝数量×单价人工费×工程量；小计人工费＝合价人工费之和。

如表中合价人工费＝1×93.85×31.31＝2938.44 元；小计＝2938.44＋0.00＝2938.44 元。

(2) 合价材料费＝数量×单价材料费×工程量；小计材料费＝合价材料费之和。

如表中合价材料费＝1×198.73×31.31＝6222.24 元；小计＝6222.24＋0.00＝6222.24 元。

(3) 合价机械费＝数量×单价机械费×工程量；小计机械费＝合价机械费之和。

如表中合价机械费＝1×3.14×31.31＝98.31 元；小计＝98.31＋0.00＝98.31 元。

(4) 合价管理费和利润＝数量×单价管理费和利润×工程量；小计管理费利润＝合价管理费利润之和。

如表中合价管理费利润＝1×35.49×31.31＝1111.19 元；小计＝1111.19＋0.00＝1111.19 元。

3. "清单项目综合单价"计算

清单项目综合单价是经上述计算后的确定价，表格会自动按下式计算：

清单项目综合单价＝（合价人工费＋合价材料费＋合价机械费＋合价管理费和利润）÷工程量。

如表中清单项目综合单价＝（2938.44＋6222.24＋98.31＋1111.19）÷31.31＝354.96 元/m³。

(二) 双组合性项目"综合单价分析表"

双组合性项目是指由两个分项组合而成的项目，见表 2.2-2 所示，现浇构造柱是由混凝土和模板组合而成的项目，表中颜色格所示为计算内容，其计算工作量要较上述多一倍，计算方法为：

1. "单价"栏的计算

单价栏的计算内容，有两项"管理费和利润"，表格会自动按下式计算：

单价管理费和利润＝（单价人工费＋单价材料费＋单价机械费）×费率。

如表中：混凝土单价管理费和利润＝（197.40＋281.62＋13.64）×12％＝59.64 元。

模板单价管理费和利润＝（21.81＋25.50＋2.25）×12％＝5.95 元。

工程量清单综合单价分析表　　　　　　表 2.2-2

工程名称：单体式住宅建筑工程　　　标段：　　钢筋混凝土工程　　　　第　页　共　页

项目编码	010502002001		项目名称	构造柱	混凝土	计量单位	m³	工程量	15.19
					模板面积		m²		102.17

清单综合单价组成明细

定额编号	定额名称	定额单位	数量	单价（元）			12%	合价（元）			
				人工费	材料费	机械费	管理费和利润	人工费	材料费	机械费	管理费和利润
套 5-403	混凝土	1m³	1	197.40	281.62	13.64	59.12	2998.51	4277.81	207.19	898.03
套 5-88	模板面积	1m²	1	21.81	25.50	2.25	5.95	2228.33	2605.34	229.88	607.91
							0.00	0.00	0.00	0.00	0.00
人工单价		小计						5226.84	6883.15	437.07	1505.94
77.05 元/工日		未计价材料费						0.00			
清单项目综合单价								925.15			

	主要材料名称、规格、型号				单位	数量	单价（元）	合价（元）	暂估单价（元）	暂估合价（元）
材料费明细								0.00		0.00
								0.00		0.00
	其他材料费							0.00		0.00
	材料费小计							0.00		0.00

2. "合价"栏的计算

合价栏的计算内容，有合价双 4 费和小计双 4 费，表格会自动按下式计算：

(1) 合价人工费＝数量×单价人工费×工程量；小计人工费＝合价人工费之和。

如表中：混凝土合价人工费＝1×197.40×15.19＝2998.51 元；

模板合价人工费＝1×21.81×102.17＝2228.33 元；

小计材料费＝2998.51＋2228.33＝5226.84 元。

(2) 合价材料费＝数量×单价材料费×工程量；小计材料费＝合价材料费之和。

如表中：混凝土合价材料费＝1×281.62×15.19＝4277.81 元；

模板合价材料费＝1×25.50×102.17＝2605.88 元；

小计材料费＝4277.81＋2605.88＝6883.15 元。

(3) 合价机械费＝数量×单价机械费×工程量；小计机械费＝合价机械费之和。

如表中：混凝土合价机械费＝1×13.64×15.19＝207.19 元；

模板合价机械费＝1×2.25×102.17＝229.88 元；

小计机械费＝207.19＋229.88＝437.07 元。

(4) 合价管理费和利润＝数量×单价管理费和利润×工程量；小计管理费利润＝合价管理费利润之和。

如表中：混凝土合价管理费利润＝1×59.12×15.19＝898.03 元；

模板合价管理费利润＝1×5.95×102.17＝607.91 元；

小计管理费利润＝898.03＋607.91＝1505.94 元。

3. "清单项目综合单价"计算

清单项目综合单价是经上述计算后的综合单价，表格会自动按下式计算：

清单项目综合单价＝（合价人工费＋合价材料费＋合价机械费＋合价管理费和利润）÷工程量。

如表中：清单项目综合单价＝（5226.84＋6883.15＋437.07＋1505.94）÷15.19＝925.15 元/m³。

（三）多组合性项目"综合单价分析表"

多组合性项目是指由 3 个以上分项所组合而成的项目，如表 2.2-3 所示为预制屋顶板项目，它是由混凝土、模板、安装等组合而成。

工程量清单综合单价分析表　　　　　　　　表 2.2-3

工程名称：单体式住宅建筑工程　　　标段：　　钢筋混凝土工程　　　　第　页　共　页

项目编码	010512005001			项目名称	预制门廊屋顶板	混凝土		计量单位	m³	工程量	0.14
						模板面积			m²		3.89
						安装			m³		0.14

清单综合单价组成明细

定额编号	定额名称	定额单位	数量	单价（元）			12%	合价（元）			
				人工费	材料费	机械费	管理费和利润	人工费	材料费	机械费	管理费和利润
套 5-460	混凝土	1m³	1	147.94	292.17	35.94	57.13	20.71	40.90	5.03	8.00
套 5-180	模板面积	1m²	1	87.07	52.80	0.18	16.81	338.70	205.39	0.70	65.39
套 6-302	安装	1m³	1	52.63	24.77	17.85	11.43	7.37	3.47	2.50	1.60
							0.00	0.00	0.00	0.00	0.00
人工单价		小计						366.78	249.76	8.23	74.99
77.05 元/工日		未计价材料费						0.00			
清单项目综合单价								4998.29			
材料费明细	主要材料名称、规格、型号				单位	数量		单价（元）	合价（元）	暂估单价（元）	暂估合价（元）
								0.00	0.00		
								0.00	0.00		
								0.00	0.00		
	其他材料费								0.00		0.00
	材料费小计								0.00		0.00

又如表 2.2-4 所示为门窗工程，它由门框制作、门框安装、门扇制作、门扇安装等组合而成，是计算工作量最大一种。

工程量清单综合单价分析表　　　　　　　　表 2.2-4

工程名称：单体式住宅建筑工程　　　标段：　　门窗工程　　　　第　页　共　页

项目编码	010801001001			项目名称	单扇木装饰门	门框制作		计量单位	m²	工程量	33.81
						门框安装			m²		33.81
						门扇制作			m²		33.81
						门扇安装			m²		33.81

清单综合单价组成明细

定额编号	定额名称	定额单位	数量	单价（元）			12%	合价（元）			
				人工费	材料费	机械费	管理费和利润	人工费	材料费	机械费	管理费和利润
套 7-65	门框制作	1m²	1	6.62	58.58	1.07	7.95	223.82	1980.59	36.18	268.79
套 7-66	门框安装	1m²	1	13.21	15.70	0.03	3.47	446.63	530.82	1.01	117.32

清单综合单价组成明细											
定额编号	定额名称	定额单位	数量	单价（元）			12%	合价（元）			
				人工费	材料费	机械费	管理费和利润	人工费	材料费	机械费	管理费和利润
套 7-67	门扇制作	1m²	1	22.69	82.56	5.60	13.30	767.15	2791.35	189.34	449.67
套 7-68	门扇安装	1m²	1	7.44	0.00	0.00	0.89	251.55	0.00	0.00	30.09
人工单价			小计					1689.15	5302.76	226.53	865.87
77.05 元/工日			未计价材料费					0.00			
清单项目综合单价								239.11			

材料费明细	主要材料名称、规格、型号	单位	数量	单价（元）	合价（元）	暂估单价（元）	暂估合价（元）
					0.00		0.00
					0.00		0.00
	其他材料费				0.00		0.00
	材料费小计				0.00		0.00

表 2.2-3 的计算方法为：

1. "单价"栏的计算

单价栏的计算内容，有三项"管理费和利润"，表格会自动按下式计算：

单价管理费和利润＝（单价人工费＋单价材料费＋单价机械费）×费率。

如表中：混凝土单价管理费和利润＝（147.94＋292.17＋35.94）×12%＝57.13 元；

模板单价管理费和利润＝（87.07＋52.80＋0.18）×12%＝16.81 元；

安装单价管理费和利润＝（52.63＋24.77＋17.85）×12%＝11.43 元。

2. "合价"栏的计算

合价栏的计算内容，有合价三 4 费和小计三 4 费，表格会自动按下式计算：

（1）合价人工费＝数量×单价人工费×工程量；小计人工费＝合价人工费之和。

如表中：混凝土合价人工费＝1×147.94×0.14＝20.71 元；

模板合价人工费＝1×87.07×3.89＝338.70 元；

安装合价人工费＝1×52.63×0.14＝7.37 元；

小计材料费＝20.71＋338.70＋7.37＝366.78 元。

（2）合价材料费＝数量×单价材料费×工程量；小计材料费＝合价材料费之和。

如表中：混凝土合价材料费＝1×292.17×0.14＝40.90 元；

模板合价材料费＝1×52.80×3.89＝205.39 元；

安装合价材料费＝1×24.77×0.14＝3.47 元；

小计材料费＝40.90＋205.39＋3.47＝249.76 元。

（3）合价机械费＝数量×单价机械费×工程量；小计机械费＝合价机械费之和。

如表中：混凝土合价机械费＝1×35.94×0.14＝5.03 元；

模板合价机械费＝1×0.18×3.89＝0.70 元；

安装合价机械费＝1×17.85×0.14＝2.50 元；

小计机械费＝5.03＋0.70＋2.50＝8.23 元。

（4）合价管理费和利润＝数量×单价管理费和利润×工程量；小计管理费利润＝合价管理费利润之和。

　　如表中：混凝土合价管理费和利润＝$1×57.13×0.14＝8.00$ 元；

　　　　　　模板合价管理费和利润＝$1×16.81×3.89＝65.39$ 元；

　　　　　　安装合价管理费和利润＝$1×11.43×0.14＝1.60$ 元；

　　　　　　小计管理费和利润＝$8.00＋65.39＋1.60＝74.99$ 元。

3. "清单项目综合单价"计算

清单项目综合单价是经上述计算后的综合单价，表格会自动按下式计算：

清单项目综合单价＝（合价人工费＋合价材料费＋合价机械费＋合价管理费和利润）÷工程量。如表中：

清单项目综合单价＝$(366.78＋249.76＋8.23＋74.99)÷0.14＝4998.29$ 元/m^3。

（四）"综合单价分析表"的计算小结

1. 计算工作小结

通过以上计算可以看出，"综合单价分析表"计算方法基本一样，而计算操作有多寡之分，但计算工作却耗时耗力。由于我们在前面已编制了表 2.1-1 "计价数据表"，则此处"综合单价分析表"的计算工作，都会自动进行，无需另行手工操作。因此，列入"清单表"中的所有项目的"综合单价分析"，都会在无需任何手工操作之下，均可自动完成上述计算，极大地省去了上述计算操作，快速地完成确定"综合单价"的任务。

2. "综合单价分析表"的操作

（1）表格的查看

在本例中，根据第一章表 1.4-1 所示，共有 67 个项目，显然所计算的"综合单价分析表"也有 67 份，但当在前面"计价数据表"编制完成后，各个项目的"综合单价分析"也会相继生成，其计算工作就会自动完成，从而免除这一烦恼。

如果要查看"综合单价分析表"，需双击"计价数据表"打开，可以看见表格最底边有一横条，如图 2.2-1 所示，其上写有 sheet1、sheet2、sheet3、sheet4、sheet5、sheet6 等，其中 sheet3 没有颜色，是说明当前表格所在的页面。

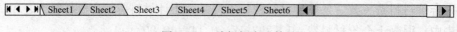

图 2.2-1　编辑框底边符号

而本例中所有"综合单价分析表"均放在 sheet4 页，用鼠标指针左击该号，即可出现"综合单价分析表"，然后用鼠标单击编辑框右边的上下翻滚键（▲、▼），即可找到需要的"综合单价分析表"。

如果该部分的表格，要想安排到其他地方，可以复制。

（2）表格的特殊显示

当"综合单价分析表"内的"工程量＝0.00"时，其综合单价就会显示为"♯DIV/0!"，如表 2.2-5 中颜色格所示。

工程量清单综合单价分析表
表 2. 2-5

工程名称：单体式住宅建筑工程　　标段：　　砌筑工程　　　　　　　　第　页　共　页

项目编码	010401001001		项目名称		砖基础	计量单位	m³	工程量	0.00

清单综合单价组成明细

定额编号	定额名称	定额单位	数量	单价（元）			12%	合价（元）			
				人工费	材料费	机械费	管理费和利润	人工费	材料费	机械费	管理费和利润
套 4-1	砖基础	1m³	1	93.85	198.73	3.14	35.49	0.00	0.00	0.00	0.00
								0.00	0.00	0.00	0.00
								0.00	0.00	0.00	0.00
人工单价		小计						0.00	0.00	0.00	0.00
77.05 元/工日		未计价材料费						0.00			
清单项目综合单价								＃DIV/0！			
材料费明细	主要材料名称、规格、型号			单位	数量		单价（元）	合价（元）	暂估单价（元）	暂估合价（元）	
								0.00		0.00	
								0.00		0.00	
	其他材料费							0.00		0.00	
	材料费小计							0.00		0.00	

　　这是一种不科学表示法的特殊情况，它会影响下一个清单计价表的计算工作，若遇这种情况，应将"工程量"值设成四位小数点以下的数字（≤0.0001），这时"综合单价"才会显示为"0.00"，可以避免对下一个表的金额计算影响。

二、分部分项工程和单价措施项目清单与计价表

　　该表是"清单计价"中的第一份表格，也是与"编制工程量清单"所共用的表格，在第一章表1.4-1中，我们填写了"项目编号"、"项目名称"、"项目特征描述"、"计量单位"和"工程数量"等，在这里，我们要在该表的"金额（元）"栏内，配以相应的"综合单价"，并计算出其"合价"，如表 2.2-6 中颜色格所示。因此，该表与第一章表1.4-1相比，就是进行大量的数字计算。

　　该表的具体操作有两大项，即：填写操作和计算操作。

（一）填写操作

　　该表填写有两大项，即：填写"清单表"内容和填写"综合单价"。

　　1. 填写"清单表"内容

　　由于清单计价与工程量清单编制是采用相同表格，所以"清单表"所编制项目，在清单计价时要全部转抄过来，以便逐项计价。其方法可以采取将"清单表"复制，或者按"清单表"所述内容进行转抄。在本例中，这项填写表格会自动跟踪"清单表"进行显示，无需另行手工转抄。

　　2. 填写"综合单价"

　　按照表中每个项目名称，将相应"综合单价分析表"内的"清单项目综合单价"数字，逐项填写到相应"综合单价"栏内，如表 2.2-6 中颜色格所示，有了它才能进行金额

计算。该项工作一般为手工填写，在本例中，表格会自动跟踪相应"综合单价分析表"进行自动显示，无需另行手工操作。

（二）计算操作

该表的主要工作就是计算各个项目的合价金额、小计金额与合计金额。

1. 计算"合价"金额

表中各个项目的合价金额，按"工程量×综合单价"进行计算，将其计算值填入表内，如表 2.2-6 中合价栏颜色格所示。在本例中，只要当"综合单价"填入后，表格会自动进行计算显示，无需另行手工操作。

分部分项工程和单价措施项目清单与计价表　　　　　　　　表 2.2-6

工程名称：单体式住宅建筑工程

序号	项目编码	项目名称	项目特征描述	计量单位	工程数量	金额（元）		
						综合单价	合价	其中暂估价
	A	土方工程					5568.80	
1	010101001001	平整场地	表层土±30cm 内挖填找平	m²	184.60	2.72	502.11	
2	010101003001	挖地槽	三类土，挖土深 0.78m，弃土运距 20m 内	m³	56.26	48.71	2740.28	
3	010101004001	挖地坑	同上	m³	2.10	54.98	115.34	
4	010103001001	回填土	槽基和室内回填，夯填	m³	70.76	28.76	2035.04	
6	010103002001	余取土运输	运距 50m 内，推车运输	m³	12.40	14.19	176.03	
0	0	0	0	0	0.00	0.00	0.00	
	D	砌筑工程					299655.47	
1	010401001001	砖基础	M5 水泥砂浆，标准砖大放脚	m³	24.91	331.21	8250.09	
2	010401003001	砖实心墙	M2.5 水泥石灰砂浆	m³	161.44	354.96	291405.38	
3	010401009001	砖柱	0	m³	0.00	0.00	0.00	
0	010401012001	零星砌体	0	m³	0.00	0.00	0.00	
	E	钢筋混凝土工程					261757.84	
	0	现浇构件						
1	010501001001	混凝土垫层	碎石 40mmC20 混凝土	m³	21.84	673.25	14706.38	
2	010501003001	柱基础	碎石 40mmC20 混凝土	m³	1.10	808.80	888.31	
3	010502002001	构造柱	碎石 40mmC20 混凝土	m³	15.19	925.15	14052.85	
4	010502003001	圆形柱	碎石 40mmC20 混凝土	m³	1.15	2395.49	2763.33	
5	010503002001	矩形梁	碎石 40mmC20 混凝土	m³	4.60	1274.09	5863.67	
6	010503004001	圈梁	碎石 40mmC20 混凝土	m³	12.27	1105.91	13568.70	
7	010505003001	楼板、天花板	碎石 20mmC20 混凝土	m³	41.71	1567.49	65377.33	
8	010505003002	屋面板	碎石 20mmC20 混凝土	m²	18.59	1248.36	23203.64	
9	010505007001	天沟	碎石 20mmC20 混凝土	m³	34.38	1091.46	37527.09	
10	010506001001	楼梯	碎石 20mmC20 混凝土	m²	18.14	558.48	10133.06	
11	010507004001	大门台阶	碎石 20mmC20 混凝土	m³	1.63	581.56	949.10	

续表

序号	项目编码	项目名称	项目特征描述	计量单位	工程数量	金额（元）		
						综合单价	合价	其中
								暂估价
		预制构件						
12	010510003001	预制门窗过梁	碎石 40mmC20 混凝土	m³	4.38	4838.23	21179.83	
13	010512005001	预制门廊屋顶板	碎石 20mmC20 混凝土	m³	0.14	4998.29	719.75	
	E.15	钢筋工程						
14	010515001001	现浇 φ6 圆钢	普通圆钢筋	t	0.198	6410.81	1269.43	
15	010515001002	现浇 φ10 圆钢	普通圆钢筋	t	3.013	5308.26	15992.62	
16	010515001003	现浇 φ12 圆钢	普通圆钢筋	t	2.310	5453.29	12599.37	
17	010515001004	现浇 φ16 圆钢	普通圆钢筋	t	2.530	5225.86	13223.44	
18	010515001005	现浇 φ18 圆钢	普通圆钢筋	t	0.529	5153.33	2726.27	
		预制构件圆钢筋						
19	010515002001	预制 φ4 圆钢	普通圆钢筋	t	0.002	9295.00	14.74	
20	010515002002	预制 φ12 圆钢	普通圆钢筋	t	0.159	5359.94	851.50	
21	010515002003	预制 φ16 圆钢	普通圆钢筋	t	0.198	5141.82	1018.85	
		构件箍筋						
22	010515001006	箍筋 φ6 圆钢	普通圆钢筋	t	0.450	6955.18	3128.57	
0	0	0		t	0.000	0.00	0.00	
	G	木结构工程					5365.07	
1	010701001001	封闭阳台木屋架	截面 100mm×80mm 杉松木	m³	0.659	6331.23	4175.18	
2	010702005001	阳台屋端装饰板	截面 200mm×25mm 杉松板	m	7.700	23.31	179.49	
3	010703005001	屋面木基层	板厚 15mm 杉松板	m²	15.400	65.61	1010.40	
0	0	0	0	0	0.000	0.00	0.00	
	H	门窗工程					63158.73	
1	010801001001	单扇木装饰门	无纱不带亮胶合板门	m²	33.81	239.11	8084.31	
2	010801001002	带纱双扇带亮木门	带纱带亮胶合板门	m²	2.88	289.99	835.16	
3	010802001001	塑钢推拉门	塑钢带亮全玻门	m²	19.92	457.06	9104.64	
4	010803001001	金属卷闸车库门	铝合金卷闸门	m²	15.84	315.62	4999.42	
5	010807001001	铝合金玻璃窗	不带亮双扇推拉窗	m²	5.52	479.28	2645.63	
6	010807001002	铝合金玻璃幕窗	塑钢 25.4mm×101.5mm 固定窗	m²	36.45	395.37	14411.24	
7	010807001003	带纱塑钢窗	带纱塑钢窗	m²	50.25	459.27	23078.32	
0	0	0	0	0	0.00	0.00	0.00	
	J	屋面及防水工程					14290.20	
1	010901001001	黏土瓦屋面	1:2.5 水泥砂浆铺黏土瓦	m²	201.27	28.63	5762.43	
2	010902002001	屋面涂膜防水	满涂塑料油膏 4mm 厚	m²	185.87	12.51	2325.26	
3	010902004001	屋面排水管	直径 10cm 铸铁落水管，配套件 4 套	m	43.60	118.04	5146.59	
4	010904002001	卫生间涂膜防水	塑料油膏二遍	m²	63.19	16.71	1055.93	
0	0	0	0	0	0.00	0.00	0.00	

续表

序号	项目编码	项目名称	项目特征描述	计量单位	工程数量	金额（元）		
						综合单价	合价	其中暂估价
	L	楼地面工程					78522.53	
1	011101003001	混凝土地面垫层	碎石 20mmC10 混凝土	m³	17.96	397.79	7145.37	
2	011101003002	混凝土散水	6cm 厚 C15 混凝土一次磨光	m²	66.01	42.72	2820.04	
3	011101003003	车库斜坡	10cm 厚 C10 混凝土垫层	m³	0.93	543.29	505.26	
2	011102003001	块料楼地面面层	彩釉砖，规格自选	m²	445.86	126.52	56410.47	
3	011105003001	块料踢脚线	彩釉砖，规格自选	m²	418.24	17.38	7269.01	
4	011106002001	块料楼梯面层	彩釉砖，规格自选	m²	18.14	171.60	3113.51	
5	011107002001	块料台阶面层	彩釉砖，规格自选	m²	8.00	157.36	1258.88	
0	0	0	0	0	0.00	0.00	0.00	
	M	墙柱面装饰工程					50422.80	
1	011201001001	混合砂浆内墙抹灰	底1：1：6，面1：1：4混合砂浆厚20mm	m²	1182.72	17.72	20957.84	
2	011201002001	水刷石外墙抹灰	底1：3水泥砂浆，面1：1.5石子浆	m²	365.38	49.22	17983.80	
3	011204003001	外墙勒脚块料面层	贴凹凸假麻石块197mm×76mm	m²	58.50	151.76	8877.97	
4	011205002001	柱面贴瓷砖	水泥砂浆贴瓷板152mm×152mm	m²	18.46	93.98	1734.58	
5	011206002001	玻璃幕窗周边瓷砖	同上	m²	8.32	104.40	868.61	
0	0	0	0	0	0.00	0.00	0.00	
	N	天棚面装饰工程					10819.10	
1	011301001001	天棚水泥砂浆抹灰	底1：3，面1：2.5水泥砂浆	m²	525.20	20.60	10819.10	
0	0	0	0	0	0.00	0.00	0.00	
	P	油漆涂料工程					111312.53	
1	011401001001	木门油漆	底油、腻子、调和漆二遍	m²	36.69	25.02	917.98	
2	011406001001	内墙涂刷乳胶漆	乳胶漆二遍	m²	1182.72	7.22	106602.62	
3	011406001002	天棚涂刷乳胶漆	底油一遍、刮腻子、调和漆二遍	m²	525.20	7.22	3791.93	
0	0	0	0	0	0.00	0.00	0.00	
	Q	扶手栏杆装饰					85779.27	
1	011503001001	楼梯不锈钢栏杆	不锈钢管 φ89×2.5，φ32×1.5	m	20.00	851.78	17031.41	
2	011503001002	东阳台不锈钢栏杆	不锈钢管 φ89×2.5，φ32×1.5	m	26.55	851.78	56226.69	
3	011503001003	西平台不锈钢栏杆	不锈钢管 φ89×2.5，φ32×1.5	m	5.50	851.78	4684.80	

续表

| 序号 | 项目编码 | 项目名称 | 项目特征描述 | 计量单位 | 工程数量 | 金额（元） | | 其中 |
						综合单价	合价	暂估价
4	011503001004	露台不锈钢栏杆	不锈钢管 $\phi89\times2.5$，$\phi32\times1.5$	m	6.00	851.78	5110.68	
5	011503001005	露空间不锈钢栏杆	不锈钢管 $\phi89\times2.5$，$\phi32\times1.6$	m	3.20	851.78	2725.69	
S		措施项目					21852.76	
S.1		脚手架工程	0	0		0.00		
1	011701002001	外墙脚手架	高度11m，双排钢管脚手架	m²	423.88	12.95	5489.20	
2	011701006001	满堂脚手架	最大层高4m，钢管脚手架	m²	525.20	12.34	6480.95	
0	0	0	0	0		0.00	0.00	0.00
S.3		垂直运输						
3	011703001001	垂直运输	混合结构三层，采用卷扬机	m²	488.51	20.23	9882.61	
0	0	0	0	0		0.00	0.00	0.00
		本页小计						
		合计					1008505.11	

2. 小计及合计金额

小计是指对每个分部工程（如土方工程、砌筑工程等）的合价金额进行小计。

合计是指对本表格中各个分部工程的小计金额，进行总的合计。

在本例中，只要当"综合单价"填入后，表格会自动紧随合价金额进行小计及合计，无需另行手工操作。

（三）对表格的操作

表 2.2-6 是一个具有完全自动填写和计算的表格，一旦"计价数据表"编制完成后，该表的金额就伴随"综合单价分析表"的生成而相继生成，既快速又准确。

对该表的手工操作只有两点：（1）如何找出该表；（2）表格的分页显示。

1. 如何找出该表

上面已提到，该表是伴随"计价数据表"之后，所以要找出该表，就需要打开"计价数据表"，然后在编辑框最底边的横条上（如图 2.2-1 所示），用鼠标指针单击 sheet5，即可出现。

2. 表格的分页显示

该表同前面一些表格一样，是一个较长的表格，需要分页才能显示出全部内容，其分页方法，与第一章第四节所述相同，这里简捷复述如下。

首先，在表格打开的情况下，将鼠标指针移到底部下编辑框外线小方点"■"处，随即按下鼠标左键，即可上下拖动外框线，将下外框线拖到最底边位置，松手即可定型第一页显示范围，之后将鼠标指针移出框外单击一下确定。

然后，将第一页表格复制一份，用鼠标指针双击该表格打开，再单击编辑框右边的下翻滚键"▼"，使表格向上移动，当移到表顶的项目内容与前页表底项目内容能相互衔接即可停止。

最后，将鼠标指针移到底部下编辑框外线小方点"■"处，按下鼠标左键上下拖动，将下框线调整到合适位置即可。

三、总价措施项目清单与计价表

"总价措施项目清单与计价表"是与第一章"工程量清单"所共用的表格，它是将表2.2-6中的"合计金额"填写进去，并按第一章表1.4-2提供的"费率％"计算出相应"金额"，见表2.2-7中颜色格所示。

总价措施项目清单与计价表   表 2.2-7

工程名称：单体式住宅建筑工程   标段：   第 页 共 页

序号	项目编码	项目名称	计算基数 直接费（元）	费率（％）	金额（元）	调整费率（％）	调整后金额（元）	备注
1	011707001	安全文明施工费	1008505.11	0.75％	7563.79		0.00	
2	011707002	夜间施工增加费		0.00％	0.00		0.00	
3	011707003	非夜间施工照明		0.00％	0.00		0.00	
4	011707004	二次搬运费		0.00％	0.00		0.00	
5	011707005	冬雨期施工增加费		0.00％	0.00		0.00	
6	011707007	已完工程及设备保护费		0.00％	0.00		0.00	
0	按湖北省规定	工具用具使用费	1008505.11	0.50％	5042.53		0.00	
0	按湖北省规定	工程定位费	1008505.11	0.10％	1008.51		0.00	
					0.00		0.00	
		合计			13614.82		0.00	

编制人（造价人员）：   复核人（造价工程师）：

注：1. "计算基数"中安全文明施工费可为"定额基价"、"定额人工费"或"定额人工费＋定额机械费"，其他项目可为"定额人工费"或"定额人工费＋定额机械费"。

2. 按施工方案计算的措施费，若无"计算基数"和"费率"的数值，也可只填"金额"数值，但应在备注栏说明施工方案出处或计算方法。

（一）表格的自动功能

表2.2-7也是一个具有完全自动填写和计算功能的表格，无需另行手工操作。表格的自动功能表现在以下三个方面。

（1）该表能与表2.2-6伴随生成，当表2.2-6中的总合计金额得出后，该金额数就立刻显示在本表的"计算基数"栏内。

（2）该表能与第一章表1.4-2相呼应，当表1.4-2按要求填写完成后，其相应费率（％），就会立刻自动显示在表2.2-7内。

（3）该表金额会按"计算基数×费率（％）"，进行自动计算，并将金额值显示在相应栏格内。

（二）表格的位置

该表既然是伴随前面一些表格相继生成，所以要找出该表，就需要打开本表之前的表2.2-6，然后在编辑框最底边的横条上（如图2.2-1所示），用鼠标指针单击 sheet6，并点击编辑框右边的上下翻滚键（▲、▼），即可找出。

四、其他项目清单与计价汇总表

"其他项目清单与计价汇总表"分为汇总表和分表两种。

（一）汇总表

该表是与第一章"工程量清单"所用表 1.4-3 相同的共用表，表中各项目"金额"，均为所属分表的金额，见表 2.2-8 中颜色格所示。

该表中的"项目名称"和"金额"，均会自动跟踪相应分表进行显示和计算，无需另行手工操作。该表所处位置与上表同页，打开上表即可找到。

其他项目清单与计价汇总表　　　　　　　　　　　表 2.2-8

工程名称：单体式住宅建筑工程　　　　　　　标段：　　　　　　第　页　共　页

序号	项目名称	金额（元）	结算金额（元）	备注
1	暂列金额	50425.26		见暂列金额明细表
2	暂估价	0.00		
2.1	材料（工程设备）暂估价/结算价	0.00		
2.2	专业工程暂估价/结算价	0.00		见专业工程暂估价表
3	计日工	4314.80		见计日工表
4	总承包服务费	0.00		见总承包服务费计价表
5	索赔与现场签证			
0	0			
0	0			
	合计	54740.06		

注：材料（工程设备）暂估单价进入清单项目综合单价，此处不汇总。

（二）分表

在分表中，要根据第一章"工程量清单"所提出的表格，只填写有表 1.4-4"暂列金额明细表"和表 1.4-5"计日工表"两份。因此，在这里也只需对这两份表格，进行金额计算。

1. "暂列金额明细表"

该表是根据"工程量清单"表 1.4-4 所提 5%预留金，进行计算"金额"的续表，表中"暂列金额"＝分部分项工程合计金额×5%，本例会自动跟踪表 2.2-6 和表 1.4-4 进行自动计算显示，无需另行手工操作，见表 2.2-9 所示。

该表位置与汇总表同页，打开汇总表即可找到。

暂列金额明细表　　　　　　　　　　　　　　　表 2.2-9

工程名称：单体式住宅建筑工程　　　　　　标段：　　　　　　第　页　共　页

序号	项目名称	计量单位	暂列金额（元）	备注	
1	按直接费	1项	50425.26	5.00%	1008505.11
2	0	0	0		
3	0	0	0		
0	0	0	0		
0	0	0	0		
	合计		50425.26		

注：此表由招标人填写，如不能详列、也可只列暂定金额总额，投标人应将上述暂列金额计入投标总价中

2."计日工表"

在第一章"工程量清单"表 1.4-5 中，提交有 50 工日作为扫尾零星用工，在这里是按照所用《定额基价表》中的人工单价（即 77.05 元/工日），加上管理费和利润（即 12%），计算出具体金额。

表中"合价"＝数量×综合单价×（1＋管理费和利润费率），如表 2.2-10 所示。本表会自动跟踪表 1.4-5 和表 2.1-1 进行自动计算显示，无需另行手工操作。

该表位置与汇总表同页，打开汇总表即可找到。

计日工表　　　　　　　　　　　　　　　　　表 2.2-10

工程名称：单体式住宅建筑工程　　　　　　标段：　　　　　　第　页　共　页

编号	项目名称	单位	暂定数量	实际数量	综合单价（元）	合价（元）	
						暂定	实际
一	人工	0	0		12%		
1	扫尾工程中零星用工	工日	50		77.05	4314.80	
2	0	0	0				
3	0	0	0				
	人工小计					4314.80	
二	材料	0	0				
1	0	0	0				
2	0	0	0				
3	0	0	0				
	材料小计					0.00	
三	施工机械	0	0				
1	0	0	0				
2	0	0	0				
3	0	0	0				
	施工机械小计					0.00	
	合计					4314.80	

注：此表项目名称、暂定数量由招标人填写，编制招标控制价时，单价由招标人按有关计价规定确定；投标时，单价由投标人自主报价，按暂定数量计算合价计入投标总价中。结算时，按发承包双方确认的实际数量计算合价。

五、规费、税金项目计价表

该表也是与第一章"工程量清单"表1.4-6所共用的表格，在这里它是按所提供的费率进行具体金额计算，见表2.2-11所示。

在本例中，该表是一份具有自动计算功能的表格，它会自动跟踪第一章表1.4-6和表2.2-1、表2.2-2、表2.2-3等进行自动显示和计算，无需另行手工操作。该表所处位置与上表同页，打开上表即可找到。

规费、税金项目计价表　　　　　　　　表2.2-11

工程名称：单体式住宅建筑工程　　　　　　标段：　　　　第　页　共　页

序号	工程名称	计算基础	计算基数			计算费率（%）	金额（元）
			直接费	措施费	其他费		
1	规费		1008505.11			6.00%	60510.31
1.1	社会保险费	定额基价	1008505.11			5.80%	58493.30
(1)	养老保险费	定额基价	1008505.11			3.50%	35297.68
(2)	失业保险费	定额基价	1008505.11			0.50%	5042.53
(3)	医疗保险费	定额基价	1008505.11			1.80%	18153.09
(4)	工伤保险费					0.00%	0.00
(5)	生育保险费					0.00%	0.00
1.2	住房公积金					0.00%	0.00
1.3	工程排污费	定额基价	1008505.11			0.05%	504.25
1.4	工程定额测定费	定额基价	1008505.11			0.15%	1512.76
0	0					0.00%	0.00
2	税金	直接费＋措施费＋其他费＋规费	1008505.11	13614.82	54740.06	3.41%	38784.33
合计							99294.63

编制人（造价人员）：　　　　　　复核人（造价工程师）：

六、主要材料、工程设备一览表

本表是为招标评标提供参考条件的表格，见表2.2-12所示。

承包人提供主要材料和工程设备一览表　　　　　　表2.2-12

（适用于造价信息差额调整法）

工程名称：单体式住宅建筑工程　　　　　　标段：　　　　第　页　共　页

序号	名称、规格、型号	单位	数量	风险系数（%）	基准单价（元）	投标单价（元）	发承包人确认单价（元）	备注
1	不锈钢管 φ89×2.5	m	64.9	≤5%	179.76			
2	不锈钢管 φ32×1.5	m	348.7	≤5%	28.44			
3	不锈钢管 φ60×2	m	64.9	≤5%	87.60			
4	圆钢筋 φ10以内	t	3.7	≤5%	3720.00			
5	圆钢筋 φ11以上	t	6.0	≤5%	3720.00			
6	铝合金型材	kg	234.5	≤5%	31.44			
7	塑钢推拉门	m²	19.9	≤5%	408.00			

续表

序号	名称、规格、型号	单位	数量	风险系数（%）	基准单价（元）	投标单价（元）	发承包人确认单价（元）	备注
8	金属卷闸车库门	m²	15.8	≤5%	285.00			
9	带纱塑钢窗	m²	50.3	≤5%	410.00			
10	乳胶漆	kg	475.0	≤5%	10.56			
11	调和漆	kg	18.8	≤5%	14.16			
12	塑料油膏	kg	1085.6	≤5%	2.16			
13	凸凹假麻石	m²	59.7	≤5%	88.80			
14	151mm×152mm 瓷板	千块	1.2	≤5%	424.80			
15	彩釉砖	m²	557.6	≤5%	46.80			
16	普通黏土砖	千块	98.8	≤5%	291.60			
17	黏土瓦	千块	3.4	≤5%	1154.64			
18	一等木方	m³	2.5	≤5%	2754.00			
19	胶合板	m²	87.7	≤5%	13.32			
20	水泥 32.5	t	64.6	≤5%	480.00			
21	水泥 42.5	t	64.1	≤5%	480.00			
22	20mm 碎石	m³	1.0	≤5%	80.40			
23	40mm 碎石	m³	88.1	≤5%	79.20			
24	白石子	kg	5344.8	≤5%	360.00			
25	中粗砂	m³	270.6	≤5%	74.40			
26	石灰膏	m³	7.4	≤5%	110.16			

注：1. 此表由招标人填写除"投标单价"栏的内容，投标人在投标时自主确定投标单价。

2. 招标人应优先采用工程造价管理机构发布的单价作为基准单价，未发布的，通过市场调查确定其基准单价。

表 2.2-12 中所述的材料名称，是选择施工材料中几种主要材料进行列入的。虽然如此，但该表若用手工编制填写这些材料及其数量，也是一项比较烦琐的工作，它需要按照表 2.2-1 中的项目名称，逐项查寻《定额基价表》进行计算后填写。

在本例中，由于前面已编制了表 2.1-2 "主要施工材料数据表"，则该表中的"材料名称"、"单位"、"数量"等，均会自动跟踪进行显示，对该表所要做的只是按《定额基价表》内的材料单价填写"基准单价"，按招标投标双方协商的认可，填写"风险系数"（如表中颜色格所示）。

若是投标方编制该表，还应按本企业的《定额基价表》填写"投标单价"。该表所处位置与上表同页，打开上表后即可找到。

七、单位工程招标控制价/投标报价汇总表

该表是将以上所有表格中金额数据，进行集合汇总的表格，见表 2.2-13。该表中的合计金额，就是该项单位工程的基本造价。

单位工程招标控制价/投标报价汇总表 表 2.2-13

工程名称：单体式住宅建筑工程　　　　　　标段：　　　　　　第1页 共 页

序号	汇总内容	金额（元）	其中：暂估价（元）
1	分部工程	1008505.11	
1.1	土方工程	5568.80	
1.2	桩基工程	0.00	
1.3	砖实心墙	299655.47	
1.4	钢筋混凝土工程	261757.84	
1.5	木结构工程	5365.07	
1.6	门窗工程	63158.73	
1.7	屋面及防水工程	14290.20	
1.8	楼地面工程	78522.53	
1.9	墙柱面装饰工程	50422.80	
1.10	天棚面装饰工程	10819.10	
1.11	油漆涂料工程	111312.53	
1.12	扶手栏杆装饰	85779.27	
1.13	楼梯不锈钢栏杆	17031.41	
1.14	措施项目	21852.76	
2	措施项目	13614.82	
2.1	其中：安全文明施工费	7563.79	
2.2	其中：夜间施工增加费	0.00	
2.3	其中：非夜间施工照明	0.00	
2.4	其中：二次搬运费	0.00	
2.5	其中：冬雨期施工增加费	0.00	
2.6	其中：已完工程及设备保护费	0.00	
2.7	其中：工具用具使用费	5042.53	
2.8	其中：工程定位费	1008.51	
3	其他项目	54740.06	
3.1	其中：暂列金额	50425.26	
3.2	其中：专业工程暂估价	0.00	
3.3	其中：计日工	4314.80	
3.4	其中：总承包服务费	0.00	
4	规费	60510.31	
5	税金	38784.33	
	招标控制价合计＝1+2+3+4+5	1176154.62	
	每平方米造价＝合价/建筑面积	2407.62	

注：本表适用于单位工程招标控制价或投标价的汇总，如无单位工程划分，单项工程也使用本表汇总。

该表中：序号1、分部工程的金额，是跟踪表 2.2-6 内的小计及合计金额进行显示。

序号2、措施项目的金额，是跟踪上表 2.2-7 的计算金额进行显示。

序号3、其他项目的金额，是跟踪上表 2.2-8 的计算金额进行显示。

序号4、序号5规费和税金的金额，是跟踪上表 2.2-11 的计算金额进行显示。

表中招标控制价合计＝分部分项工程费＋措施项目费＋其他项目费＋规费＋税金。表格会进行自动计算显示，无需另行手工操作。

表中每平方米造价＝招标控制价合计/建筑面积，是我们为提供审查核实参考，另行增加的单位工程造价指标，它不属该表的规定数据。

该表所处位置与上表同页，打开上表即可找到。

八、封面、扉页、总说明的填写

清单计价的封面、扉页和总说明，分为招标控制价和投标报价分别填写。招标控制价的封面、扉页和总说明，可以在"工程量清单"封面、扉页和总说明的基础上，加以适当修改而成，如下图 2.2-2 所示。

封面填写招标单位名称、盖公章。

扉页填写招标单位名称盖章、法人代表签字盖章、编制人签字盖章。

总说明要填写工程概况、现场环境、招标范围、编制依据、质量要求及其他说明。

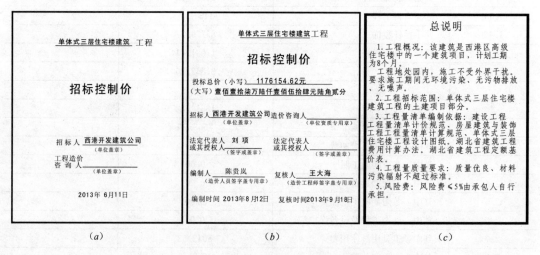

图 2.2-2　清单计价封面、扉页、总说明

(a) 封面；(b) 扉页；(c) 总说明

第三章 幼儿园建筑工程"项目清单编制"

该幼儿园建筑工程，是一个20世纪60年代的砖混结构工程，其中牵涉一些比较烦琐的小型砌体和装饰工程，我们将它作为前面一项工程的补充示例，用以扩大编制人员视野和丰富技能知识，帮助读者增强使用能力。

第一节 编制前准备工作

编制前准备工作有两大任务，一是收集阅读图纸内容，二是汇编资料数据表。

一、幼儿园工程图纸内容

（一）设计总说明的内容

幼儿园建筑工程设计说明如下所示，门窗表见表3.1-1。

幼儿园建筑设计说明

设计说明	1. 本设计为五、六班幼儿园的土建工程，不包括高级装饰和水电工程
	2. 图中标注尺寸，标高为 m，其他为 mm
基础	1. 土壤为三类坚土，地下水位较低，不考虑其影响
	2. 砖基础用 M5 水泥砂浆，砖墙身用 M2.5 水泥石灰砂浆，砖柱用 M10 水泥砂浆
楼地面	1. 室内地面为 60mm 厚 C10 碎石混凝土垫层，20mm 厚为 1：2 水泥砂浆面层
	2. 楼面在预制板上为 20mm 厚 1：3 水泥砂浆找平层，20mm 厚为 1：2 水泥砂浆面层
	3. 楼梯面层为 20mm 厚 1：2 水泥砂浆，底面抹石灰砂浆，刷石灰大白浆
	4. 室外台阶为 60mm 厚 C10 混凝土，20mm 厚 1：2 水泥砂浆面层
墙面装饰	1. 外墙面抹灰为 14mm 厚 1：1：3 混合砂浆底，6mm 厚面层 1：1：4 混合砂浆搓平，刷色浆二遍
	2. 外墙勒脚：高 300mm，14mm 厚 1：3 水泥砂浆底，6mm 厚 1：2.5 水泥砂浆面
	3. 内墙抹灰 16mm 厚 1：3 石灰砂浆底，2mm 厚纸筋石灰浆面，刷石灰大白浆三遍
	4. 盥洗浴厕间墙裙高 1500mm，14mm 厚 1：3 水泥砂浆底，6mm 厚 1：3 水泥砂浆面，调合漆二遍
	5. 其他内墙面墙裙高 1500mm，刷调合漆二遍
柱梁面	抹灰 14mm 厚 1：3 水泥砂浆底，6mm 厚 1：2.5 水泥砂浆面
天棚面	抹灰 16mm 厚 1：3 石灰砂浆二遍，2mm 厚纸筋石灰浆面，刷石灰大白浆三遍
屋面	20mm 厚 1：2 水泥砂浆找平，二毡三油，架空隔热板

幼儿园门窗表　　　　　　　　　　　　表 3.1-1

门窗编码	洞口尺寸（mm）		数量（樘）	装饰内容	门窗编码	洞口尺寸（mm）		数量（樘）	装饰内容
	洞宽	洞高				洞宽	洞高		
M-1	1500	2500	1	无纱双扇镶板门	M-6	900	2100	3	无纱单扇镶板门
M-2	1000	2700	4	无纱单扇镶板门	C-1	1500	2000	10	三扇玻璃窗
M-3	900	2700	5	同上	C-2	1500	1800	6	同上
M-4	900	2500	4	同上	C-3	1200	1800	2	双扇玻璃窗
M-5	900	2100	3	同上	C-5	750	500	6	单扇玻璃窗

（二）平、立面图

1. 底层平面与正立面

图 3.1-1 底层平面，以⑦轴为界，分为单层和楼层两部分。图 3.1-2 正立面以⑦轴为界，单层部分屋顶有栏板，楼层部分为两层屋顶女儿墙。

2. 二层平面及背立面图

图 3.1-3 平面以⑦轴为界，说明单层屋顶平面和楼层二楼平面的布置。图 3.1-4 为背立面，说明单层走廊和楼层走廊的立面投影。图 3.1-5 为单层屋顶的细部结构。

3. 侧立面及剖面图

图 3.1-6 为①轴和⑫轴两侧立面，显示房屋两端山墙主体尺寸和结构。图 3.1-7 为 1-1～3-3 剖面，1-1 剖面是显示单层部分，隔离间的内部结构布置；2-2 剖面是说明楼层部分，楼梯间的内部结构布置；3-3 剖面是说明楼层部分，活动室的内空结构布置和屋顶细部结构。

4. 浴厕盥洗间细部结构

浴厕盥洗间布置在楼层边端，盥洗间有盥洗台；浴厕间有大小便凹槽和水池。另有楼走廊和门厅台阶边端的砖墩，如图 3.1-8 所示。

（三）结构构造图

1. 基础结构布置图

图 3.1-9 为基础结构布置图，1-1 基础为垫层宽 0.40m 半砖墙基础，基深 0.67m；2-2 为垫层宽 0.50m 一砖墙基础，深 0.67m；3-3 为垫层宽 0.60m 一砖墙基础，深 0.67m；4-4 为一砖墙大放脚基础，深 0.77m；5-5 为一砖半方形截面砖柱大放脚基础，深 0.67m。具体布置及尺寸见图中说明。

2. 梁板结构布置图

图 3.1-10 为单层结构和楼层结构的钢筋混凝土梁、板布置图，具体说明各种梁板的布置位置及其名称。这些梁板的结构形式和规格尺寸，详见下面结构图。

3. 现浇钢筋混凝土梁结构图

现浇钢筋混凝土梁的结构尺寸与钢筋配置如图 3.1-11 所示，包括 L-1、L-3、L-6、L-14、WL-1、WL-3、WL-5、WL-6 等。

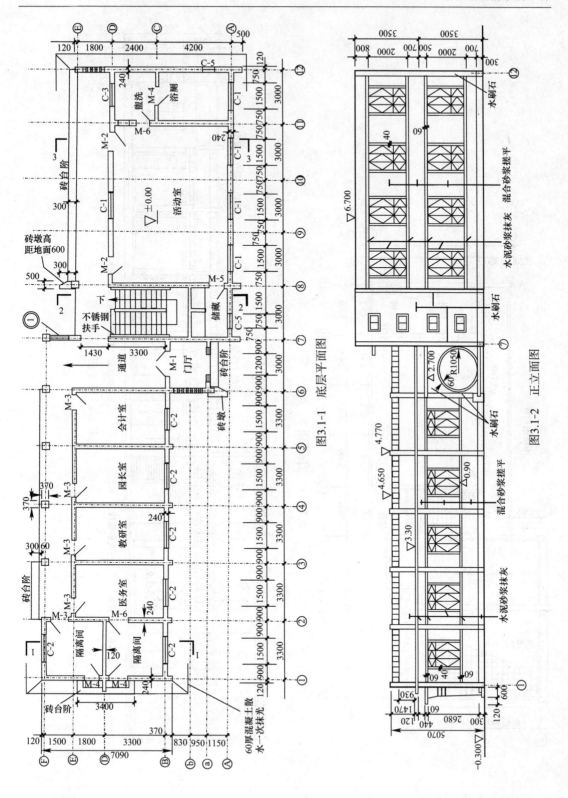

图3.1-1 底层平面图

图3.1-2 正立面图

109

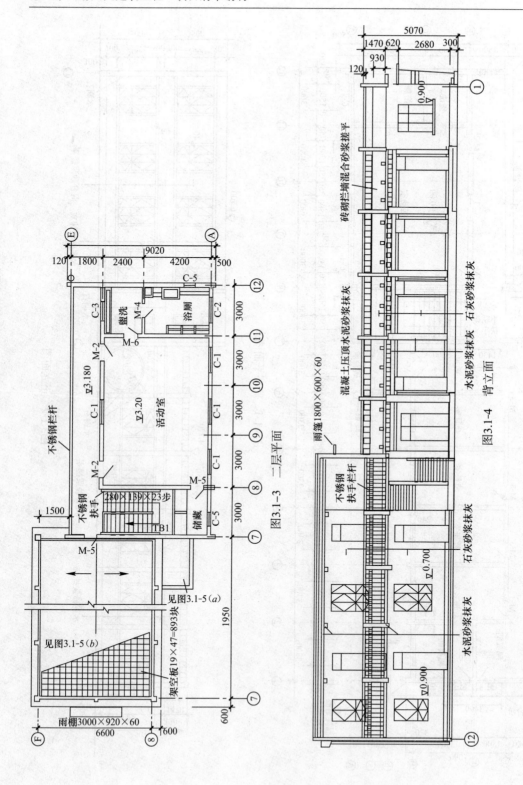

图3.1-3 二层平面

图3.1-4 背立面

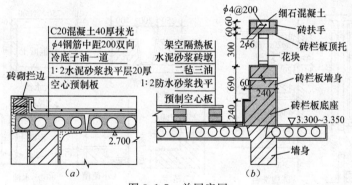

图 3.1-5　单层房屋

(a) 门厅屋顶做法；(b) 单层房屋顶做法

图 3.1-6　侧立面

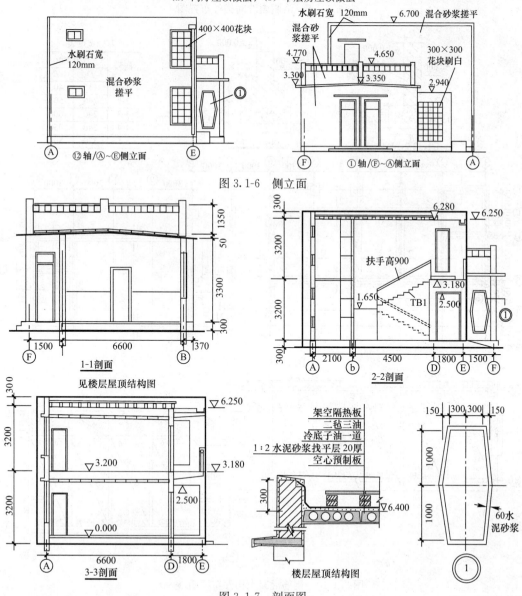

图 3.1-7　剖面图

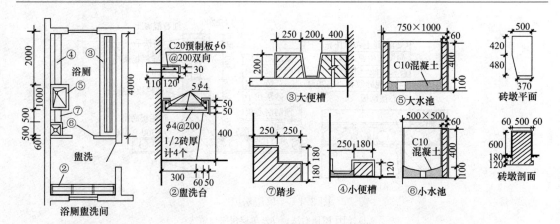

图 3.1-8 浴厕盥洗间构件布置图

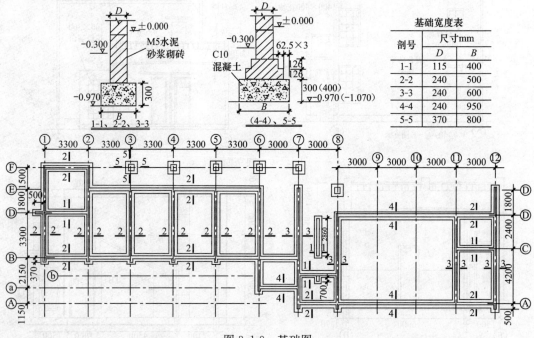

剖号	尺寸mm	
	D	B
1-1	115	400
2-2	240	500
3-3	240	600
4-4	240	950
5-5	370	800

基础宽度表

图 3.1-9 基础图

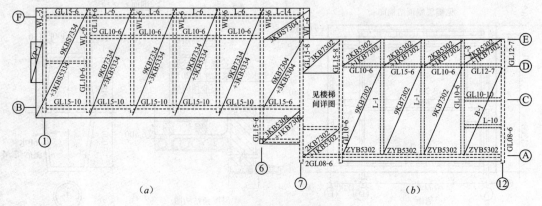

(a) (b)

图 3.1-10 钢筋混凝土构件布置图（一）

(a) 单层部分屋面结构布置图

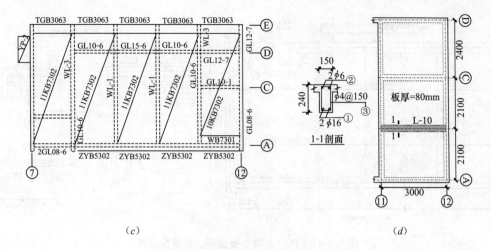

图 3.1-10 钢筋混凝土构件布置图（二）

（c）楼层部分屋面结构布置图；（d）B-1 板

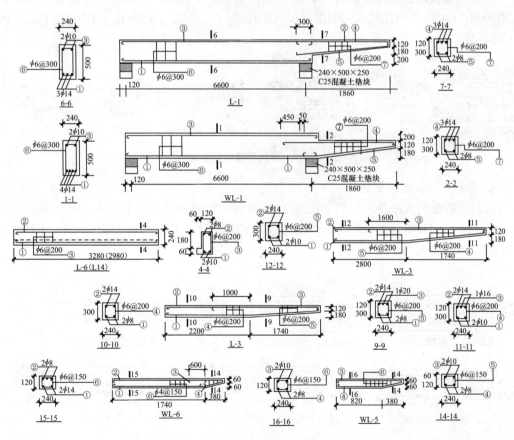

图 3.1-11 现浇钢筋混凝土梁配筋图

4. 现浇有梁板与雨篷梁板结构图

图 3.1-12 为浴厕盥洗间有梁板和雨篷梁板配筋图。

113

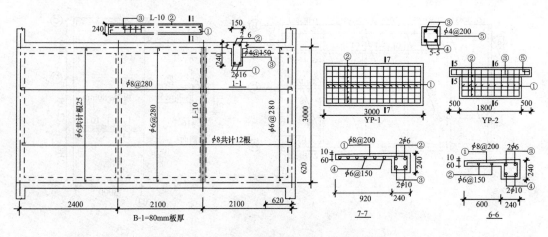

图 3.1-12　现浇混凝土有梁板、雨篷配筋图

5. 预制过梁结构配筋图

预制过梁截面及其配筋如图 3.1-13 所示，是指用于门窗洞口上的钢筋混凝土预制梁，其编号为：GL15-6、GL15-8、GL15-10、GL12-6、GL12-7、GL10-1、GL10-6、GL10-10、GL08-6 等。

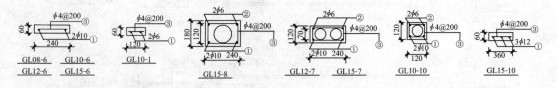

图 3.1-13　预制过梁结构配筋图

6. 预制空心板结构配筋图

预制空心板的截面及其配筋如图 3.1-14 所示，它是用于楼面和屋面的快速安装型预制板，其编号有：KBS7334、KB7334、KBS5334、KB5334、KBS7304、KB7304、KB7302、KB5302、KB5304 等。

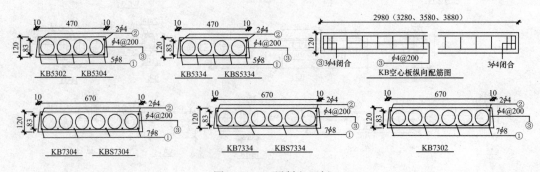

图 3.1-14　预制空心板

7. 预制槽形板结构配筋图

槽形板是指凹槽形预制板，包括：槽形屋面板 WB7301、天沟板 TGB3063、盥洗槽板等，如图 3.1-15 所示。

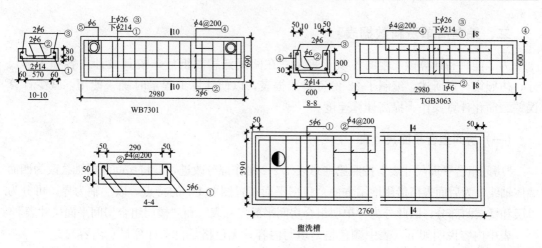

图 3.1-15 预制槽形板

8. 其他小型预制构件配筋图

其他小型预制构件包括：储藏搁板 B7152、盥洗搁板、遮阳板 YZB5302、楼梯踏步板 TB1、屋顶隔热板和漏花等，如图 3.1-16 所示。

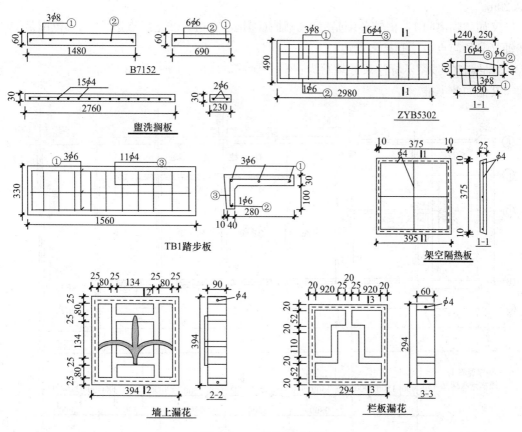

图 3.1-16 其他小型构件

115

二、编制清单资料数据表

为了能顺利计算该工程的各项工程量，在阅读熟悉图纸后，按其设计内容和主体尺寸，仿照第一章所述，编制了 22 份资料数据表，以便计算工程量时统一使用，减少计算误差、简化计算操作、提高计算速度。

（一）房间组合平面尺寸表

"房间组合平面尺寸表"按照第一章表 1.2-2 稍作部分改进，即将房间纵横轴线改为四面墙体轴线，为后面表格借用增添方便。根据平面布置图 3.1-1 的特点，以⑦轴为界，可分为单层和楼层两部分，因此分为"单层组合房间平面尺寸表"和"楼层组合房间平面尺寸表"。

表中内容说明如下（表中颜色格是填写内容，无色格是自动计算显示内容）。

1. "项目名称及轴线"栏

表 3.1-2 所示房间名称及轴线，按平面图 3.1-17 填写（该图为图 3.1-1 摘录部分），

如"有柱走廊"横轴范围是Ⓔ～Ⓕ轴（②轴是起点边，⑥轴是终点边），纵轴范围是②～⑥轴（Ⓔ轴是起点边，Ⓕ轴是终点边）。

"轴线长"按图示标注尺寸填写，如"有柱走廊"Ⓔ～Ⓕ为 1.50m；②～⑥＝3.30×4＝13.20m。

又如"隔离间1"横轴范围是Ⓑ～Ⓓ轴（①轴是起点边，②轴是终点边），纵轴范围是①～②轴（Ⓑ轴是起点边，Ⓓ轴是终点边）。

"轴线长"按图示标注尺寸填写为：Ⓑ～Ⓓ＝3.30m；①～②＝3.30m。

其他如此类推。

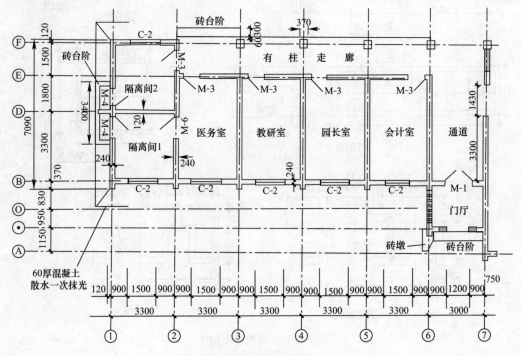

图 3.1-17 房间名称及轴线（摘录图 3.1-1）

首层组合房间平面尺寸表 表 3.1-2

项目名称即轴线		占地面积尺寸					室内净面积尺寸			建筑面积	
单层房间部分		轴线长（m）	加减长（m）	实长（m）	面积（m²）	间数	加减长（m）	净长（m）	净面积（m²）	间数	面积（m²）
有柱走廊	E~F②	1.50	0.07	1.57	20.66	1	−0.07	1.44	18.94	0.5	10.33
	E~F⑥										
	②~⑥E	13.20	0.00	13.20			0.00	13.20			
	②~⑥F										
隔离间1	B~D①	3.30	0.12	3.42	12.11	1	−0.18	3.12	9.55	1	12.11
	B~D②										
	①~②B	3.30	0.24	3.54			−0.24	3.06			
	①~②D										
隔离间2	D~F①	3.30	0.12	3.42	12.11	1	−0.18	3.12	9.55	1	12.11
	D~F②										
	①~②D	3.30	0.24	3.54			−0.24	3.06			
	①~②F										
医务室	B~E②	5.10	0.24	5.34	16.98	1	−0.24	4.86	14.87	1	16.98
	B~E③										
	②~③B	3.30	−0.12	3.18			−0.24	3.06			
	②~③E										
教研室	B~E③	5.10	0.24	5.34	17.62	1	−0.24	4.86	14.87	1	17.62
	B~E④										
	③~④B	3.30	0.00	3.30			−0.24	3.06			
	③~④E										
圆长室	B~E④	5.10	0.24	5.34	17.62	1	−0.24	4.86	14.87	1	17.62
	B~E⑤										
	④~⑤B	3.30	0.00	3.30			−0.24	3.06			
	④~⑤E										
会计室	B~E⑤	5.10	0.24	5.34	16.98	1	−0.24	4.86	14.87	1	16.98
	B~E⑥										
	⑤~⑥B	3.30	−0.12	3.18			−0.24	3.06			
	⑤~⑥E										
通道	B~F⑥	6.60	0.24	6.84	20.52	1	−0.12	6.48	17.88	1	20.52
	B~F⑦										
	⑥~⑦B	3.00	0.00	3.00			−0.24	2.76			
	⑥~⑦F										
门厅	a~B⑥	2.15	0.12	2.27	6.81	1	−0.24	1.91	5.27	1	6.81
	a~B⑦										
	⑥~⑦a	3.00	0.00	3.00			−0.24	2.76			
	⑥~⑦B										
单层房间				78.12	141.41	9		72.59	120.68		131.08

2．"占地面积尺寸"栏

占地面积是指各个房间外墙所围面积，其中：

（1）"加减长"，是指为便于计算房间外墙边端尺寸时，与相邻房间避免重复所应增加或减去墙厚的尺寸，如"有柱走廊"Ⓔ～Ⓕ轴长，要算到Ⓕ轴柱外边，加减长＝0.37/2－0.12＝0.065m。②～⑥轴加减长＝②端－0.12⑥端＋0.12＝0.00。

又如"隔离间"Ⓑ～Ⓓ轴占地，Ⓑ端加0.12m，Ⓓ端共处。①～②轴占地算到外墙边端时，两边应各加0.12m（即加0.24m），则相邻"医务室"则减0.12m。

（2）"实长"，即：实长＝轴线长＋加减长，表中会自动计算生成。

（3）"面积"，即：占地面积＝该房间两实长之乘积，表中会自动计算生成。

3．"室内净面积尺寸"栏

它是指房间内墙所围面积的尺寸，其中：

（1）"加减长"，是指填写该房间内墙时，应在轴线长基础上，所应减去的两端墙厚尺寸。

（2）净长＝轴线长＋加减长，面积＝两净长之乘积。表中会自动计算生成。

4．"建筑面积"栏

"建筑面积"是指按《建筑工程建筑面积计算规范》所计算的面积，即为房间外墙所围面积，一般等于占地面积。其中："间数"是指按《建筑工程建筑面积计算规范》计算建筑面积的间数，如单层有柱走廊和楼层无柱走廊，规范规定按其1/2面积计算，则其间数应填写0.5间。

"面积"＝占地面积×建筑面积间数。表中会自动计算生成。

同理，按上所述，填写"楼层组合房间平面尺寸表"，见表3.1-3。

楼层组合房间平面尺寸表　　　　表3.1-3

项目名称即轴线		占地面积尺寸					室内净面积尺寸				建筑面积	
楼层房间部分		轴线长（m）	加减长（m）	实长（m）	面积（m²）	间数	加减长（m）	净长（m）	净面积（m²）	间数	面积（m²）	
楼梯上下间	b～Ⓓ⑦	4.50	0.12	4.62	14.41	2	0.06	4.56	25.17	2	28.83	
	b～Ⓓ⑧											
	⑦～⑧b	3.00	0.12	3.12			−0.24	2.76				
	⑦～⑧D											
储藏上下间	A～b⑦	2.10	0.12	2.22	6.93	2	−0.18	1.92	10.60	2	13.85	
	A～b⑧											
	⑦～⑧A	3.00	0.12	3.12			−0.24	2.76				
	⑦～⑧b											
活动室上下间	A～D⑧	6.60	0.24	6.84	61.56	2	−0.24	6.36	111.43	2	123.12	
	A～D（11）											
	⑧～（11）A	9.00	0.00	9.00			−0.24	8.76				
	⑧～（11）D											

项目名称即轴线		占地面积尺寸				室内净面积尺寸				建筑面积	
	单层房间部分	轴线长(m)	加减长(m)	实长(m)	面积(m²)	间数	加减长(m)	净长(m)	净面积(m²)	间数	面积(m²)
浴厕上下间	A~C (11)	4.20	0.12	4.32	13.48	2			22.19	2	26.96
	A~C (12)						−0.18	4.02			
	(11)~(12)A	3.00	0.12	3.12							
	(11)~(12)C						−0.24	2.76			
盥洗上下间	C~D (11)	2.40	0.12	2.52	7.86	2			12.25	2	15.72
	C~D (12)						−0.18	2.22			
	(11)~(12) C	3.00	0.12	3.12							
	(11)~(12) D						−0.24	2.76			
走廊上下间	D~E⑦	1.80	0.00	1.80	27.43	2	0.00	1.80	53.14	1	13.72
	D~E (12)										
	⑦~ (12) D	15.00	0.24	15.24							
	⑦~ (12) E						−0.24	14.76			
楼层房间				59.04	131.67				234.78		222.20
合计				137.16	273.08				355.46		353.28

（二）内墙面、墙裙、勒脚数据表

"内墙面、墙裙、勒脚数据表"是在第一章表 1.2-4 基础上，增加一项"踢脚线"栏，以适应计算面积使用，如果只要求按延长米计算者，该项可不需增加。编制本表应根据不同建筑特点进行分页编制，如在第一章中，本表是按住宅楼特点进行分层编制，而这里是按幼儿园特点分为单层房间和楼层房间进行编制，表 3.1-4 为单层"内墙面、墙裙、勒脚数据表（一）"、表 3.1-5 为楼层"内墙面、墙裙、勒脚数据表（二）"。

内墙面、墙裙、勒脚数据表 （一）　　　　　　　表 3.1-4

单层房间		内墙净长(m)	内墙洞口尺寸				内墙裙 1.50 m			踢脚高 0.15 m		勒脚高 0.3 m		外墙背面	
名称	轴线		洞名称	洞口长(m)	洞口高(m)	个数	裙洞高(m)	间数	裙面积(m²)	踢脚长(m)	面积(m²)	勒脚长(m)	面积(m²)	内面高(m)	墙面积(m²)
有柱走廊	E~F②	1.50	M-3	0.90	2.70	1	1.50	1	0.90	0.60	0.09				0.00
	E~F⑥							1	0.00	0.00	0.00				0.00
	②~⑥E	13.20	M-3	0.90	2.70	4	1.50	1	14.40	9.60	1.44				0.00
	②~⑥F							1	0.00	0.00	0.00	9.90	2.97		
隔离间	B~D①	3.12	M-4	0.90	2.50	1	1.50	1	3.33	2.22	0.33	3.67	1.10	3.20	7.73
	B~D②	3.12	M-5	0.90	2.10	1	1.50	1	3.33	2.22	0.33				0.00
	①~②B	3.06	C-2	1.50	1.80	1	0.60	1	3.69	3.06	0.46	3.80	1.14	3.18	7.03
	①~②D	3.06						1	4.59	3.06	0.46				0.00
隔离间	D~F①	3.12	M-4	0.90	2.50	1	1.50	1	3.33	2.22	0.33	3.42	1.03	3.20	7.73
	D~F②	3.12	M-3	0.90	2.70	1	1.50	1	3.33	2.22	0.33				0.00
	①~②D	3.06						1	4.59	3.06	0.46				0.00
	①~②F	3.06	C-2	1.50	1.80	1	0.60	1	3.69	3.06	0.46	3.54	1.06	3.18	7.03

续表

单层房间 名称	轴线	内墙净长(m)	内墙洞口尺寸 洞名称	洞口长(m)	洞口高(m)	个数	内墙裙1.50m 裙洞高(m)	间数	裙面积(m²)	踢脚高0.15m 踢脚长(m)	面积(m²)	勒脚高0.3m 勒脚长(m)	面积(m²)	外墙背面 内面高(m)	墙面积(m²)
医务室	B~E②	4.86	M-5	0.90	2.10	1	1.50	1	5.94	3.96	0.59				0.00
	B~E③	4.86						1	7.29	4.86	0.73				0.00
	②~③B	3.06	C-2	1.50	1.80	1	0.60	1	3.69	3.06	0.46	3.80	1.14	3.18	7.03
	②~③E	3.06	M-3	0.90	2.70	1	1.50	1	3.24	2.16	0.32				0.00
教研室	B~E④	4.86						1	7.29	4.86	0.73				0.00
	B~E⑤	4.86						1	7.29	4.86	0.73				0.00
	④~⑤B	3.06	C-2	1.50	1.80	1	0.60	1	3.69	3.06	0.46	3.80	1.14	3.18	7.03
	④~⑤E	3.06	M-3	0.90	2.70	1	1.50	1	3.24	2.16	0.32				0.00
圆长室	B~E⑤	4.86						1	7.29	4.86	0.73				0.00
	B~E⑥	4.86						1	7.29	4.86	0.73				0.00
	⑤~⑥B	3.06	C-2	1.50	1.80	1	0.60	1	3.69	3.06	0.46	3.80	1.14	3.18	7.03
	⑤~⑥E	3.06	M-3	0.90	2.70	1	1.50	1	3.24	2.16	0.32				0.00
会计室	B~F⑥	4.86						1	7.29	4.86	0.73				0.00
	B~F⑦	4.86						1	7.29	4.86	0.73				0.00
	⑥~⑦B	3.06	C-2	1.50	1.80	1	0.60	1	3.69	3.06	0.46	3.80	1.14	3.18	7.03
	⑥~⑦F	3.06	M-3	0.90	2.70	1	1.50	1	3.24	2.16	0.32				0.00
通道	a~B⑥	6.48	走廊口	1.20	3.13	1	1.50	1	7.92	5.28	0.79				0.00
	B~F⑦	6.48	过人洞	1.43	2.50	1	1.50	1	7.58	5.05	0.76	0.37	0.11		0.00
	⑥~⑦B	2.76	M-1	1.50	2.50	1		1	1.89	1.26	0.19				0.00
	⑥~⑦F	0.00						1	0.00	0.00	0.00				0.00
门厅	a~B⑥	1.91	漏花	1.50	2.10	1	1.20	1	1.07	1.91	0.29	2.15	0.65	2.70	2.01
	a~B⑦	1.91						1	2.87	1.91	0.29				0.00
	⑥~⑦a	2.76	圆洞	1.05	1.05	1	1.50	1	2.40	1.60	0.24	2.76	0.83	2.70	6.24
	⑥~⑦B	2.76	M-1	1.50	2.50	1		1	1.89	1.26	0.19				0.00
单层房间		127.84				26			155.48	108.45	16.27	44.81	13.44		65.90

内墙面、墙裙、勒脚数据表（二）　　　　表 3.1-5

楼层房间 名称	轴线	内墙净长(m)	内墙洞口尺寸 洞名称	洞口长(m)	洞口高(m)	个数	内墙裙1.50m 裙洞高(m)	间数	裙面积(m²)	踢脚高0.15m 踢脚长(m)	面积(m²)	勒脚高0.3m 勒脚长(m)	面积(m²)	外墙背面 内面高(m)	墙面积(m²)
楼梯上下间	b~D⑦	4.56						2	13.68	9.12	1.37				
	b~D⑧	4.56						2	13.68	9.12	1.37				
	⑦~⑧b	2.76						2	8.28	5.52	0.83				
储藏上下间	A~b⑦	1.92						2	5.76	3.84	0.58				
	A~b⑧	1.92	M-5	0.90	2.10	2	1.50	2	3.06	2.04	0.31				
	⑦~⑧A	2.76	C-5	0.75	0.50	2	0.80	2	7.08	5.52	0.83	3.76	1.13	6.28	16.58
	⑦~⑧b	2.76						2	8.28	5.52	0.83				
活动室上下间	A~D⑧	6.36	M-5	0.90	2.10	1	1.50	2	17.73	11.82	1.77				
	A~D(11)	6.36	M-5	0.90	2.10	1	1.50	2	17.73	11.82	1.77				
	⑧~(11)A	8.76	C-1	1.50	2.00	6	0.80	2	19.08	17.52	2.63	9.38	2.81	6.28	37.01
	⑧~(11)D	8.76	C-1	1.50	2.00	2	0.80	2	23.88	17.52	2.63				
			M-2	1.00	2.70	4	1.50	2	−6.00	−4.00	−0.60				

续表

楼层房间 名称	轴线	内墙净长(m)	内墙洞口尺寸 洞名称	洞口长(m)	洞口高(m)	个数	内墙裙1.50m 裙洞高(m)	间数	裙面积(m²)	踢脚高0.15m 踢脚长(m)	面积(m²)	勒脚高0.3m 勒脚长(m)	面积(m²)	外墙背面 内面高(m)	墙面积(m²)
浴厕上下间	A~C (11)	4.02						2	12.06	8.04	1.21				
	A~C (12)	4.02	C-5	0.75	0.50	2	1.50	2	9.81	8.04	1.21	4.70	1.41	6.24	24.33
	(11)~(12) A	2.76	C-1	1.50	2.00	2	0.80	2	5.88	5.52	0.83	3.50	1.05	6.28	11.33
	(11)~(12) C	2.76	M-4	0.90	2.50	2	1.50	2	5.58	3.72	0.56				
盥洗上下间	C~D (11)	2.22	M-5	0.90	2.10	2	1.50	2	3.96	2.64	0.40				
	C~D (12)	2.22						2	6.66	4.44	0.67	2.40	0.72	6.19	13.74
	(11)~(12) C	2.76	M-4	0.90	2.50	2	1.50	2	5.58	3.72	0.56				
	(11)~(12) D	2.76	C-3	1.20	1.80	2	0.80	2	6.36	5.52	0.83				
走廊上下间	D~E⑦	1.80	过人洞	1.43	2.50	1	1.50	2	3.26	2.17	0.33				
			M-5	0.90	2.10	2	1.50	2	-1.35	-0.90	-0.14				
	D~E (12)	1.80	漏花	1.20	1.20	2	0.80	2	3.48	3.60	0.54	1.98	0.59	6.14	6.25
	⑦~(12) D	12.00	M-2	1.00	2.70	4	1.50	2	30.00	20.00	3.00				
			C-1	1.50	2.00	2	0.80	2	-2.40	0.00	0.00				
			C-3	1.20	1.80	2	0.80	2	-1.92	0.00	0.00				
楼层房间		90.60							219.20	161.87	24.28	25.72	7.72		109.26
合计		309.04							374.67	270.32	40.55	70.53	21.16		175.15

表 3.1-4、表 3.1-5 中项目说明如下（表中颜色格是填写内容，无色格是自动计算显示内容）。

1. "房间轴线名称"栏

表中"房间名称"、"轴线名称"、"内墙净长"按表 3.1-2 自动列出，对照图纸对个别有修改处，需手工填写，如单层"有柱走廊"Ⓔ～Ⓕ/②轴，在表 3.1-2 中室内净长为 1.44m，而在表 3.1-4 内要包括柱外挡土墙边，加 0.06m，所以应改填 1.5m。又如表 3.1-5 中楼层走廊⑦～⑫轴/Ⓓ轴要扣除楼梯，所以应改填 12m（表中用颜色格表示）。

2. "内墙洞口尺寸"栏

"洞口名称"是指在轴线上的门窗洞口名称，按平、立面图上的标注填写。

"洞口长"、"洞口高"、"个数"，按设计门窗洞口尺寸填写。

3. "内墙裙1.5m"栏

"内墙裙1.5m"是指内墙墙裙的高度为 1.50m，具体尺寸按设计图纸要求填写。其中：

(1) "裙洞高"是指在 1.50m 墙裙范围内的洞口高度，按立面图标注尺寸填写。如门洞在墙裙范围内的洞口高度为 1.50m。C-2 窗洞口底距离地坪为 0.90m，则在墙裙范围内的洞口高度＝1.50－0.90＝0.60m。而 C-1 窗洞口底距离地坪 0.70m，则在墙裙范围内的洞口高度＝1.50－0.70＝0.80m。

(2) "裙面积"是指墙裙的面积＝内墙长×墙裙高×边数×层数－洞口长×裙洞高，表中会自动计算生成。

4. "踢脚高0.15"栏

"0.15"是指踢脚线高为 0.15m，具体根据设计图纸要求填写。

"踢脚长"＝室内净长×间数－洞口长×个数，表中会自动计算生成。

"面积"＝踢脚长×脚线高，表中会自动计算生成。

5."勒脚高 0.3"栏

"0.3"是指外墙勒脚高为 0.3m，具体根据设计图纸要求填写。

"勒脚长"即指按外墙轴线图示尺寸填写。

"面积"是指外墙勒脚面积＝勒脚长×勒脚高，表中会自动计算生成。

6."外墙背面"栏

这是为配合计算内墙墙面装饰而设立的一个项目。

"内面高"是指该外墙背里面扣除楼屋面板厚的净高，该面墙有高低不同时，取平均高，按立面图或剖面图标注尺寸填写。如单层隔离间Ⓑ～Ⓓ/①，根据图 3.1-7 中 1-1 剖面，墙内面高＝(3.30＋3.35)÷2－屋板厚 0.12＝3.205m，取为 3.20m。

又如楼层储藏间⑦～⑧/A 轴，墙内面高＝(3.20＋3.20)－楼板厚 (0.12)＝3.28m。

墙面积＝内墙长×内面高－洞口长×洞口高×个数，表中会自动计算生成。

（三）门窗洞口尺寸数据表

"门窗洞口尺寸数据表"与第一章表 1.2-7 相同，是为计算门窗面积和砖墙体积，而提供的数据，见表 3.1-6。表中颜色格是填写内容，无色格是自动计算显示内容。表中洞底面积是指不同墙厚洞口底内平面面积，洞底面积＝洞宽×樘数×墙厚，表中会自动计算生成。

门窗洞口基本数据表 表 3.1-6

门窗洞口名称		洞口尺寸			樘数	合计面积 (m²)	洞底面积 (m²)		门窗洞口名称		洞口尺寸			樘数	合计面积 (m²)	洞底面积 (m²)	
编号	类型	洞宽 (m)	洞高 (m)	洞面积 (m²)			0.12	0.24	编号	类型	洞宽 (m)	洞高 (m)	洞面积 (m²)			0.12	0.24
M-1	无纱双扇镶板门	1.50	2.50	3.75	10	3.75	0.00	0.36	C-1	三扇玻璃窗	1.50	2.00	3.00	10	30.00	0.00	3.60
M-2	无纱单扇镶板门	1.00	2.70	2.7	40	10.8	0.00	0.96	C-2	三扇玻璃窗	1.50	1.80	2.70	60	16.20	0.00	2.16
M-3	无纱单扇镶板门	0.90	2.70	2.43	50	12.15	0.00	1.08	C-3	双扇玻璃窗	1.20	1.80	2.16	20	4.32	0.00	0.58
M-4	无纱单扇镶板门	0.90	2.50	2.25	40	9	0.00	0.86	C-4	单扇玻璃窗	0.75	0.50	0.38	60	2.25		1.08
M-5	无纱单扇镶板门	0.90	2.10	1.89	60	11.34	0.00	1.30					0.00	00			
⑦轴	梯形洞	0.75	2.00	1.50	1	1.50		0.18	门厅	圆门洞	1.05	1.05	3.46	1	3.46		0.83
⑦通道	过人洞	1.43	2.50	3.58	1	3.58		0.34	⑥轴	漏花洞	1.50	2.10	3.15	1	3.15		0.76
⑧廊道	过人洞	1.56	2.50	3.90	1	3.90		0.37	⑫轴	漏花洞	1.20	2.00	2.40	2	4.80		1.15

（四）砖砌外墙数据表

"砖砌外墙体数据表"是在第一章表 1.2-8 基础上，作了适当调整，见表 3.1-7。具体如下所述：

砖砌外墙体数据表 表 3.1-7

0.24m 厚砖外墙		墙体尺寸		墙上洞口			混凝土构件				砖墙体积 (m³)	外墙墙面（m、m²）	
横轴线	纵轴线	墙长 (m)	墙高 (m)	门窗	面积 (m²)	个数	混凝土构件	长度 (m)	高厚 (m)	根数		外面长	墙面积
A	⑦～(12)	15.24	6.70	C-1	3.00	8	GL08-6	1.23	0.06	4	18.68	15.24	78.11
				C-5	0.38	4	ZYB5302	2.98	0.06	8	−0.70		−1.50
A外垛	⑦⑧ (12)	1.14	6.64								1.82	2.28	15.14
a	⑥～⑦	2.76	2.70	圆门洞	3.46	1					0.96	2.76	3.99
B	①～⑥	16.50	3.18	C-2	2.70	5	GL15-10	1.74	0.06	5	9.23	16.50	38.97
B厅上	⑥～⑦	2.76	0.36								0.24	2.76	0.99
B外垛	①～⑥	1.50	3.18								1.14	3.00	9.54
F	①～②	3.54	3.18	C-2	2.70	1	GL15-6	1.98	0.06	1	2.03	3.54	8.56
①	B～F	6.84	3.20	M-4	2.25	2	YP-1梁	3.00	0.24	1	4.00	6.84	17.39
							WL-5梁	0.82	0.12	1	−0.02		0.00
⑥侧	a～B	2.40	2.82	漏花洞	3.15	1	GL15-6	1.98	0.06	1	0.84	2.40	3.62
⑦底	E～F	1.20	3.19	梯形洞	1.50	1	WL-6梁	1.74	0.12	1	0.51	1.20	2.33
⑦楼南	A～a	1.15	6.70								1.85	1.15	7.71
⑦厅上	a～B	2.15	3.88								2.00	2.15	8.34
⑦通顶	B～E	5.22	3.50	M-5	1.89	1	YP-2梁	2.80	0.24	1	3.77	5.22	16.38
(12)	A～E	8.40	6.70	C-5	0.38	2	GL08-6	1.23	0.06	2	13.29	9.02	59.68
				漏花洞	2.40	2	GL12-7	1.68	0.12	2	−1.25		−4.80
											0.00		0.00
											0.00		0.00
一砖外墙		70.80									58.37		264.44
走廊砖柱	横轴线	纵轴线	柱高	柱边长	柱边宽	个数					体积		柱面积
	F	②～⑦	2.94	0.37	0.37	5					1.96		21.46

1. "墙体尺寸"栏

该栏内容填写方法与第一章表 1.2-8 相同未变，按图示尺寸填写。

如Ⓐ/⑦～⑫轴墙，依图 3.1-1，Ⓐ外墙长＝轴线长（15m）＋两端伸出（0.12m）×2＝15.24m；依图 3.1-2，墙高＝6.7m，8 个 C-1，4 个 C-5；依图 3.1-10（c）为：8 块 ZYB5302，4 个窗过梁 GL08-6。

又如⑦轴底Ⓔ～Ⓕ墙，依图 3.1-1，外墙长＝1.5m−内半砖（0.12m）−外半柱（0.18m）＝1.2m，墙高＝（3.35+3.30）÷2−屋板 0.12＝3.20m，Ⓔ～Ⓕ平均高＝（3.3+3.32）÷2−屋板 0.12＝3.19m。其中有一梯形洞。依图 3.1-10（b）有一 WL-6 梁。

2. "墙上洞口"栏

该栏将第一章表 1.2-8 的"洞面积"改为一个洞口"面积"，去掉"洞口占用面积"，这样比较直观，也节省空间。洞口名称按平面图填写，面积按表 3.1-6 填写，个数按立面图填写。

3. "混凝土构件"栏

该栏将第一章表1.2-8的"体积"改为构件"长度"和"高厚",去掉"构件占用面积"。这样按图示尺寸填写,看起来比较直观。

4. "砖墙体积"栏

该栏将第一章表1.2-8的"砖体积"拉出来独立。

砖墙体积=(墙长×墙高-洞口面积×个数-混凝土构件长度×高厚×根数)×砖墙厚度。表格会自动计算显示。

5. "外墙墙面"栏

"外面长"需按图示内容逐一审视,一般情况按"墙体尺寸"栏"墙长"(表中会自动显示),但有个别地方依图示会有稍许不同,需要手工填写(如表中颜色格所示)。如"A外垛"⑦⑧⑫的轴线长=1.14m,墙垛有三个面,正面已包含在Ⓐ墙面内,故两个侧面长=1.14×2=2.28m。

"B外垛"有6个,每个垛长=(0.37-0.12)×2面=0.50m,则共计=6×0.5=3m。

"⑫轴"Ⓐ~Ⓔ外面长=墙长(8.4)+两端(0.12+0.50)=9.02m。

"墙面积"="外面长"×"墙高",表中会自动计算显示。

6. 走廊砖柱

走廊砖柱高=单层檐口高(3.3)-L-6头(0.24)-屋面板(0.12)=2.94m。

(五)砖砌内墙体数据表

"砖砌内墙体数据表"形式同"砖砌外墙体数据表"一样。砖砌内墙分为半砖墙(0.115砖)和一砖墙(0.24砖),见表3.1-8所示,表中内容和填写方法与上述外墙相同。表中有关内容说明如下:

1. "墙体尺寸"栏

该栏"墙高"是指内墙的净高尺寸,即标高减去屋楼板后的墙高。如:

(1)半砖内墙ⓑ/⑦~⑧轴,依图3.1-7中2-2剖面,Ⓐ轴屋面板顶标高为6.40m,Ⓓ轴为6.28m,每米长增减=(6.4-6.28)/6.6=0.018m,Ⓐ~Ⓓ长为2.10m,则Ⓓ墙高=Ⓐ高(6.4)-0.018×2.1-板厚(0.12)×2=6.12m。

(2)半砖内墙Ⓒ/⑪~⑫,Ⓐ~Ⓒ长为4.20m,则Ⓒ墙高=Ⓐ高(6.4)-0.018×4.2-板厚(0.12)×2=6.08m。

(3)半砖楼梯扶手墙高=平均高(1.65+3.18)/2+扶手(0.9)=3.32m。

砖砌内墙体数据表 表 3.1-8

0.115 砖内墙		墙体尺寸		墙上洞口			混凝土构件				砖墙体积 (m³)	内墙墙面 (m、m²)	
横轴线	纵轴线	墙长 (m)	墙高 (m)	门窗	面积 (m²)	个数	混凝土构件	长度 (m)	高厚 (m)	根数		内面长	墙面积
b	⑦~⑧	2.76	6.12								1.94	5.52	33.78
D	①外侧	0.44	2.68								0.14	1.00	2.68
D	①~②	3.06	3.23								1.14	6.12	19.77
C	⑪~⑫	2.76	6.08	M-4	2.25	2	GL10-10	1.38	0.12	1	1.39	5.52	29.06
							GL10-1	1.38	0.06	1	-0.01	0.00	0.00

续表

0.115 砖内墙		墙体尺寸		墙上洞口			混凝土构件				砖墙体积 (m³)	内墙墙面 (m、m²)	
横轴线	纵轴线	墙长 (m)	墙高 (m)	门窗	面积 (m²)	个数	混凝土构件	长度 (m)	高厚 (m)	根数		内面长	墙面积
楼梯	扶手墙	2.86	3.32								1.09	5.84	19.39
储藏	隔板墙	0.70	6.12								0.49	1.40	8.57
											0.00	0.00	0.00
											0.00	0.00	0.00
半砖内墙		12.58									6.18		113.25

0.24 砖内墙		墙体尺寸		墙上洞口			混凝土构件				砖墙体积 (m³)	内墙墙面 (m、m²)	
横轴线	纵轴线	墙长 (m)	墙高 (m)	门窗	面积 (m²)	个数	混凝土构件	长度 (m)	高厚 (m)	根数		内面长	墙面积
B	⑥～⑦	2.76	2.70	M-1	3.75	1	GL15-6	1.98	0.06	1	0.86	5.52	11.15
E 廊	②～⑥	13.20	3.20	M-3	2.43	4	GL10-6	1.48	0.06	4	7.72	25.44	71.69
D 廊	⑧～⑫	12.00	6.28	C-1	3.00	2	GL10-6	1.48	0.06	4	16.56	23.52	141.71
				C-3	2.16	2	GL12-7	1.68	0.12	2	−1.13	0.00	−4.32
				M-2	2.70	4	GL15-6	1.98	0.06	2	−2.65	0.00	−10.80
②	B～F	6.36	3.20	M-3	2.43	1	GL10-6	1.48	0.06	2	4.26	12.36	37.12
				M-5	1.89	1	WL-6 梁	1.74	0.12	1	−0.50	0.00	−1.89
③	B～E	4.86	3.20								3.73	9.72	31.10
④	B～E	4.86	3.20								3.73	9.72	31.10
⑤	B～E	4.86	3.20								3.73	9.72	31.10
⑥	B～E	4.86	3.20								3.73	9.72	31.10
⑦厅内	a～B	1.91	2.70								1.24	1.91	5.16
⑦通内	B～E	4.86	3.20	过人洞	3.58	1	GL15-8	1.98	0.18	1	2.79	9.72	27.53
⑧	A～D	6.36	6.10	M-5	1.89	2	GL10-6	1.48	0.06	2	8.36	12.72	73.81
							GL15-8	1.98	0.18	1	−0.09	0.00	0.00
							WL-3 梁	2.80	0.30	1	−0.20	0.00	0.00
⑪	A～D	6.36	6.10	M-5	1.89	2	GL10-6	1.48	0.06	2	8.36	12.72	73.81
							L-3 梁	2.20	0.30	1	−0.16	0.00	0.00
							WL-3 梁	2.80	0.30	1	−0.20	0.00	0.00
											0.00	0.00	0.00
											0.00	0.00	0.00
											0.00	0.00	0.00
一砖内墙											60.14		549.39

2．"内墙墙面"栏

"内面长"是指内墙净长，按图示尺寸填写。如：

（1）半砖内墙ⓑ/⑦～⑧轴，内面长＝墙长（2.76）×2 面＝5.52m。

（2）半砖墙ⓓ/①轴外侧，内面长＝上下平均宽（0.44）×2 面＋墙厚面（0.12）＝1.00m。

（3）一砖墙Ⓔ轴柱廊②～⑥轴，内面长＝墙长（13.20）×2 面－4 个隔墙（0.24）×4＝25.44m。

（六）零星砌砖项目数据表

在新《规范》中，将台阶、台阶挡墙、梯带、锅台、蹲台、池槽等列为"零星砌砖项目"。因此对本例中这些内容，专门编列一份表，如表3.1-9所示。其中有些长宽尺寸，如屋顶拦板砖墙、隔热板点数等，需作简单计算后填写。

1. 砖台阶

一般砖台阶由台阶踏步（阶踏）和砖平台两部分组成，本例只有砖台阶踏步。

（1）砖台阶"投影面积"是指台阶的水平投影面积＝平台长×（平台宽＋阶踏层数×阶踏宽），表中会自动计算显示。

（2）砖台阶"平台体积"＝平台长×平台宽×阶踏层数×阶踏高，表中会自动计算显示。

零星砖砌体数据表　　　　　表3.1-9

轴线位置		砖砌台阶尺寸（m、m²）					砖台阶体（m²，m³）			混凝土垫层		水泥砂浆抹灰（m²）
		平台长	平台宽	阶踏高	阶踏宽	层数	投影面积	平台体积	阶踏体积	垫层厚（m）	体积（m³）	
砖台阶	①轴雨篷	3.40	0.00	0.14	0.30	2	2.04	0.00	0.43	0.06	0.12	2.54
	a轴门厅	2.76	0.30			1	0.83	0.00	0.00	0.06	0.05	0.83
	E轴楼廊	11.73	0.30			1	3.52	0.00	0.00	0.06	0.21	3.52
	F轴柱廊	3.30	0.30			1	0.99	0.00	0.00	0.06	0.06	0.99
							7.38				0.44	7.88

砖砌体名称及位置		构件长	构件宽	构件高	壁槽宽厚	个数	砖砌体体积（m³）		水泥砂浆抹灰面积（m²）			
		m	m	m	m	个	体积	小计	水平面积	小计	侧立面积	小计
单层屋顶 砖栏板墙	墙底座	47.10	0.30	0.24		1	3.39		14.13		22.61	
	墙墙身	47.10	0.24	0.69		1	7.80				65.00	
	墙托顶	47.10	0.24	0.06		1	0.68	13.12		14.75	5.65	115.15
	墙扶手	47.10	0.12	0.06		1	0.34				16.96	
	墙垛	0.12	0.24	1.47		14	0.59		0.40		0.71	
	墙角柱	0.12	0.36	1.47		3	0.32		0.22		4.23	
浴厕间砌体	大便槽蹲	4.00	0.65	0.20	0.20	2	1.04		6.80		3.20	
	小便槽台	2.00	0.18	0.12	0.25	2	0.09		1.72		1.44	
	两阶砖踏	0.5	0.25	0.18		2	0.14	1.72	0.50	11.34	0.36	17.00
	盥洗台脚		0.33	0.40	0.12	8	0.13		0.32		2.50	
	砖大水池	1.00	0.75	0.50	0.060	2	0.21		1.50		6.00	
	砖小水池	0.50	0.50	0.50	0.060	2	0.12		0.50		3.50	
室外砖墩	墩主体	1.00	0.43	0.78		2	0.67	0.82	0.86	0.86	4.46	4.46
	墩基础	1.12	0.55	0.12		2	0.15					
屋顶砖构件	门厅砖拦	4.91	0.12	0.12		1	0.07	5.47	0.56	0.56	1.18	1.18
	隔热砖垫	0.24	0.12	0.12		1631	5.40					
F轴	走廊挡土墙	13.20	0.24	0.30		1	0.95	0.95				
零星砖砌体							22.08	22.08	27.51	27.51	137.79	137.79

（3）砖台阶"阶踏体积"＝平台长×阶踏高×阶踏宽层×阶踏高宽截面数，表中会自动计算显示。

（4）混凝土垫层"厚度"，按图示说明填写。

（5）混凝土垫层"体积"＝投影面积×垫层厚。表中会自动计算显示。

（6）水泥砂浆抹灰面积＝水平面积＋侧面阶高面积。表中会自动计算显示。

2. 单层屋顶拦板砖墙

按图 3.1-3 单层部分所示，其栏板长＝19.5m×2＋6.6m＋1.5m＝47.10m。拦板砖墙结构尺寸按图 3.1-5（b）所示填写。

砖砌体体积和水泥砂浆面积，表中会自动计算显示。

3. 浴厕盥洗间砖砌池槽

各个砌体按图 3.1-8 所示尺寸填写，砌体体积和水泥砂浆面积，表中会自动计算显示。

4. 室外地面砖蹲

它是指门厅⑥轴处，楼房走廊⑧轴处的砖墩，按图 3.1-8 砖墩所示尺寸填写。砌体体积和水泥砂浆面积，表中会自动计算显示。

5. 屋顶砖构件

隔热砖垫是指单层屋顶和楼层屋顶的隔热板下的砖座，如图 3.1-5（b）和图 3.1-7 中楼层屋顶结构图所示。要求砖座体积，需要计算出砖垫点数，按屋面架空隔热板的平面布置，按每块边长 0.4m 计算，根据图 3.1-3（摘录如下）所示砖垫点数为：

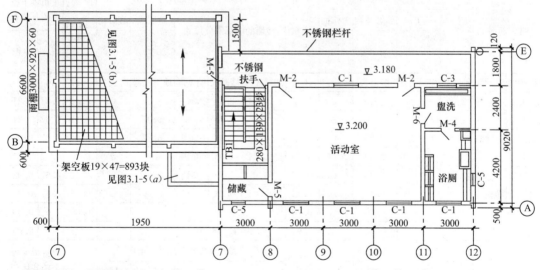

单层屋面隔热板布置点数＝[（19.50−0.12×2）÷0.4＋1]×[（6.60−0.12×2）÷0.4＋1]＝49×17＝833 点。

楼层屋面隔热板布置点数＝[（15−0.12×2）÷0.4＋1]×[（8.40−0.12×2）÷0.4＋1]＝38×21＝798 点。共计＝833＋798＝1631 点。

6. ⑥轴走廊挡土墙

这是指单层部分走廊，按图 3.1-1 所示，②～⑥轴长＝13.2m，一砖厚 0.24m，高 0.3m 填写。砌体体积和水泥砂浆面积，表中会自动计算显示。

（七）基础土方与砖基础数据表

"基础土方与砖基础数据表"是根据图 3.1-18（本图为图 3.1-9 复制）特点进行编制，其表式与第一章表 1.2-13 基本相同，见表 3.1-10。该表说明如下。

1. "挖土方尺寸"栏

（1）1-1 剖面挖土：为挖地槽，包括：1）楼梯间隔墙，ⓑ/⑦～⑧轴；2）盥洗间隔墙ⓒ/⑪～⑫轴；3）平房雨篷支撑墙Ⓓ/①轴外侧；4）隔离间隔墙Ⓓ/①～②轴；5）楼梯扶手墙；6）储藏隔板墙。对照图 3.1-18 所示尺寸填写如表 3.1-10 中 1-1 剖面颜色格所示。

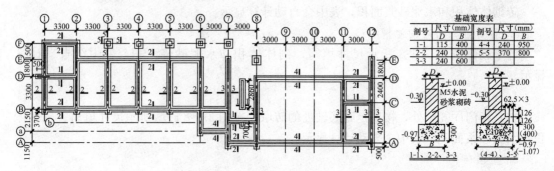

图 3.1-18　基础图（摘录图 3.1-9）

基础土方与砖基础数据表　　　　　　　　　　　　　　表 3.1-10

1-1 剖面	挖土方尺寸（m, m³）				挖土体积（m³）	砖墙大放脚基础尺寸（m）					地下砖基体积	正负零下整个砖基体积	
	垫层宽	挖土深	放坡系数	工作面		砖墙的墙基部分尺寸			阶层高	阶层宽		基全高	体积
	0.40	0.67	0.00	0.00					0.126	0.0625			
横轴线	纵轴线	轴线长	加减尺寸	挖土长	个	体积	加减尺寸	墙基长	墙基厚	地下基高	阶层数	m³	m	m³
b	⑦～⑧	3.00	−0.60	2.40	1	0.64	−0.24	2.76	0.12	0.37	0	0.12	0.67	0.21
C	⑪～⑫	3.00	−0.60	2.40	1	0.64	−0.24	2.76	0.12	0.37	0	0.12	0.67	0.21
D	①外侧	0.50	−0.25	0.25	1	0.07	−0.12	0.38	0.12	0.37	0	0.02	0.67	0.03
D	①～②	3.30	−0.50	2.80	1	0.75	−0.24	3.06	0.12	0.37	0	0.13	0.67	0.24
楼梯	扶手墙	2.86		2.86	1	0.77	0.00	2.86	0.12	0.37	0	0.12	0.67	0.22
储藏	隔板墙	0.70	−0.25	0.45	1	0.12	−0.06	0.64	0.12	0.37	0	0.03	0.67	0.05
						0.00			0.00					0.00
1-1 剖面				11.16		2.99		12.46	0.12			0.53		0.96

2-2 剖面	挖土方尺寸（m, m³）				挖土体积（m³）	砖墙大放脚基础尺寸（m）					地下砖基体积	正负零下整个砖基体积	
	垫层宽	挖土深	放坡系数	工作面		砖墙的墙基部分尺寸			阶层高	阶层宽		基全高	体积
	0.50	0.67	0.00	0.00					0.126	0.0625			
横轴线	纵轴线	轴线长	加减尺寸	挖土长	个	体积	加减尺寸	墙基长	墙基厚	地下基础	阶层数	m³	m	m³
A	⑦～⑧	3.00	−0.60	2.40	1	0.80	−0.24	2.76	0.24	0.37	0	0.25	0.67	0.44
A	⑪～⑫	3.00	−0.60	2.40	1	0.80	−0.24	2.76	0.24	0.37	0	0.25	0.67	0.44
B	①～⑥	19.50	−0.55	18.95	1	6.35	−0.24	19.26	0.24	0.37	0	1.71	0.67	3.10

续表

2-2 剖面		挖土方尺寸（m，m³）				挖土体积（m³）	砖墙大放脚基础尺寸（m）					地下砖基体积	正负零下整个砖基体积	
		垫层宽	挖土深	放坡系数	工作面		砖墙的墙基部分尺寸			阶层高	阶层宽		基全高	体积
		0.50	0.67	0.00	0.00					0.126	0.0625			
D	⑪~⑫	3.00	−0.60	2.40	1	0.80	−0.24	2.76	0.24	0.37	0	0.25	0.67	0.44
E	②~⑦	13.2	0.00	13.20	1	4.42	0	13.20	0.24	0.37	0	1.17	0.67	2.12
F	①~②	3.30	−0.50	2.80	1	0.94	−0.24	3.06	0.24	0.37	0	0.27	0.67	0.49
①	B~F	6.60	0.62	7.22	1	2.42	0.49	7.09	0.24	0.37	0	0.63	0.67	1.14
②	B~F	6.60	0.12	6.72	1	2.25	0.25	6.85	0.24	0.37	0	0.61	0.67	1.10
③	B~E	5.10	−0.38	4.72	1	1.58	0.01	5.11	0.24	0.37	0	0.45	0.67	0.82
④	B~E	5.10	−0.38	4.72	1	1.58	0.01	5.11	0.24	0.37	0	0.45	0.67	0.82
⑤	B~E	5.10	−0.38	4.72	1	1.58	0.01	5.11	0.24	0.37	0	0.45	0.67	0.82
⑥	B~E	7.25	−0.38	6.87	1	2.30	0.01	7.26	0.24	0.37	0	0.64	0.67	1.17
														0.00
2-2 剖面				77.12		25.84		80.33	0.24			7.13		12.92

3-3 剖面		挖土方尺寸（m，m³）				挖土体积（m³）	砖墙大放脚基础尺寸（m）					地下砖基体积	正负零下整个砖基体积	
		垫层宽	挖土深	放坡系数	工作面		砖墙的墙基部分尺寸			阶层高	阶层宽		基全高	体积
		0.60	0.67	0.00	0.00					0.126	0.0625			
横轴线	纵轴线	轴线长	加减尺寸	挖土长	个	体积	加减尺寸	墙基长	墙基厚	地下基高	阶层数	m³	m	m³
⑦	A~F	8.40	0.75	9.15	1	3.68	0.62	9.02	0.24	0.37	0	0.80	0.67	1.45
⑧	A~E	6.60	0.75	7.35	1	2.95	0.62	7.22	0.24	0.37	0	0.64	0.67	1.16
⑪	A~E	6.60	0.50	7.10	1	2.85	0.24	6.84	0.24	0.37	0	0.61	0.67	1.10
⑫	A~F	8.40	0.75	9.15	1	3.68	0.62	9.02	0.24	0.37	0	0.80	0.67	1.45
														0.00
3-3 剖面				32.75		13.17		32.10	0.24			2.85		5.16

4-4 剖面		挖土方尺寸（m，m³）				挖土体积（m³）	砖大放脚基础尺寸（m）					地下砖基体积	正负零下整个砖基体积	
		垫层宽	挖土深	放坡系数	工作面		砖墙的墙基部分尺寸			阶层高	阶层宽		基全高	体积
		0.95	0.77	0.00	0.00					0.126	0.0625			
横轴线	纵轴线	轴线长	加减尺寸	挖土长	个	体积	加减尺寸	墙基长	墙基厚	地下基础	阶层数	m³	m	m³
A	⑧~⑪	9.00	−0.60	8.40	1	6.14	−0.24	8.76	0.24	0.37	2	1.19	0.67	1.82
a	⑥~⑦	3.00	−0.55	2.45	1	1.79	−0.24	2.76	0.24	0.37	2	0.38	0.67	0.57
D	⑧~⑪	9.00	−0.60	8.40	1	6.14	−0.24	8.76	0.24	0.37	2	1.19	0.67	1.82
														0.00
														0.00
4-4 剖面				19.25		14.08		20.28	0.24			2.76		4.22

续表

5-5剖面		挖土方尺寸（m，m³）				挖土体积（m³）	砖柱大放脚基础尺寸（m）					地下砖基体积	正负零下整个砖基体积	
		垫层宽	挖土深	放坡系数	工作面		砖柱的柱基部分尺寸			阶层高	阶层宽		基全高	体积
		0.80	0.67	0.00	0.00					0.126	0.0625			
横轴线	纵轴线	轴线长	轴线宽	挖土深	个	体积	柱边长	柱边宽	地下基	阶层数	个数	m³	m	m³
F	③~⑦	0.80	0.80	0.67	5	2.14	0.365	0.365	0.37	2	5	0.47	0.67	0.67
E	⑧	0.80	0.80	0.67	1	0.43	0.365	0.365	0.37	2	1	0.09	0.67	0.13
5-5剖面						2.57	0.365	0.365			6	0.56		0.80

（2）2-2 剖面、4-4 剖面挖土：这两者均在横轴线上，为挖地槽，只是两者垫层宽不同，按照图 3.1-18 所示尺寸填写，见表 3.1-10 中 2-2 剖面和 4-4 剖面颜色格所示。

（3）3-3 剖面挖土：为挖地槽，其位置在⑦、⑧、⑪、⑫轴四个纵轴上，按照图 3.1-18 所示尺寸填写，见表 3.1-10 中 3-3 剖面颜色格所示。

（4）5-5 剖面挖土：为有柱走廊的柱基挖地坑，按照图 3.1-18 所示尺寸填写，见表 3.1-10 中 2-2 剖面和 4-4 剖面颜色格所示。

以上所述挖土体积，表格会自动按下式计算显示。

地槽挖土体积=（垫层宽＋工作面＋放坡系数×挖土深度）×挖土深度×挖土长

地坑挖土体积=（坑底短边＋边坡系数×挖土深度）×（坑底长边＋边坡系数×挖土深度）

$$×挖土深度＋0.333×（边坡系数）^2×（挖土深度）^3$$

2."砖墙基大放脚基础尺寸"栏

1-1 剖面~4-4 剖面是墙基大放脚，5-5 剖面是柱基大放脚。按照图 3.1-18 所示尺寸填写"砖大放脚基础尺寸"，见表 3.1-10 中颜色格所示，其中"砖墙的墙基部分尺寸"的"加减尺寸"是指在轴线尺寸基础上，加减墙端外伸或内缩尺寸，其基础体积表格会自动按下式计算显示。

$$\frac{大放脚砖}{墙基体积}=基础长×（墙基厚×墙基高＋层数×（层数＋1）×阶层宽×阶层高）×个数$$

$$\frac{大放脚砖}{柱基体积}=\left[\left(\frac{柱基}{边长}×\frac{柱基}{边宽}×\frac{柱基}{高}\right)+2×\frac{层}{数}×\left(\frac{层}{数}+1\right)×\frac{柱基}{边宽}×\frac{阶层}{宽}×\frac{阶层}{高}\right.$$

$$\left.+\frac{层数平方×4}{累计之和}×\frac{阶层}{高}×\frac{阶层^2}{宽}\right]×\frac{基础}{个数}$$

（八）混凝土及钢筋混凝土构件数据表

1. 混凝土基础垫层数据表

本表与第一章表 1.2-15 相同，根据图 3.1-18 中 1-1 剖面~5-5 剖面基础垫层尺寸填写，见表 3.1-11 中颜色格所示，其中垫层长度，已在表 3.1-10 中得出，这里按其填写。混凝土及模板数量，表格会自动计算显示。

现浇混凝土基础垫层数据表　　　　　　　　表 3.1-11

名称及编号		混凝土基础垫层尺寸				混凝土数量	构件模板	0 mm 钢筋		0 mm 钢筋	
		构件长	截面宽	截面高	个数			设计根数	长度	设计根数	长度
		m	m	m	个	m³	m²		m		m
1-1 剖面	垫层	11.16	0.40	0.30	1	1.34	0.00	0	0.00	0	0.00
2-2 剖面	垫层	77.12	0.50	0.30	1	11.57	0.00	0	0.00	0	0.00
3-3 剖面	垫层	32.75	0.60	0.30	1	5.90	0.00	0	0.00	0	0.00
4-4 剖面	垫层	19.25	0.95	0.40	1	7.32	0.00	0	0.00	0	0.00
5-5 剖面	垫层	0.80	0.80	0.30	6	1.15	0.00	0	0.00	0	0.00
基础垫层						27.27	0.00		0.00		0.00

2. 现浇钢筋混凝土矩形梁数据表

本表与第一章表 1.2-19 基本相同，只是梁构件要较复杂些，依图 3.1-11 所示尺寸，填写如表 3.1-12 中颜色格所示，其中 L-1 梁、WL-1 梁各分两段填写，如下计算图所示，梁主体长＝6.60＋0.12×2＝6.84m，梁高＝0.50m；梁悬臂长＝1.86－0.12＝1.74m，梁高＝（0.12＋0.30）/2＝0.21m。其他梁均按依图 3.1-11 所示尺寸，构件数量按图 3.1-10 所示。混凝土、模板和钢筋等数量，表格会自动计算显示。

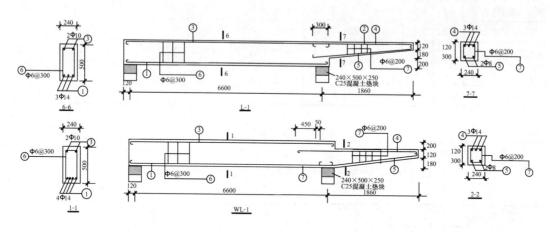

3. 现浇钢筋混凝土过梁数据表

本表与第一章表 1.2-21 相同，本例为现浇过梁，按图 3.1-12 所示尺寸填写，见表 3.1-13 中颜色格所示。混凝土、模板和钢筋等数量，表格会自动计算显示。

4. 现浇钢筋混凝土有梁板数据表

根据图 3.1-12 所示浴厕盥洗间，现浇楼板与 L-10 梁连浇一起，按有梁板计算，填写尺寸，见表 3.1-14 中颜色格所示。模板接触面积按底面与侧面的面积，混凝土、钢筋等表格会自动计算。

现浇钢筋混凝土矩形承重梁数据表　　　　表 3.1-12

名称及编号	混凝土构件尺寸				构件数量	混凝土数量	模板接触面积	φ6 mm 箍筋		φ8 mm 钢筋		φ10 mm 钢筋		φ14 mm 钢筋	
	长度	宽度	高度	体积				间距	数量	设计根数	数量	设计根数	数量	设计根数	数量
	m	m	m	m³	个	m³	m²	m	kg	设计根数	kg	设计根数	kg	设计根数	kg
L-1 梁	6.84	0.24	0.50	0.82	2	1.64	17.44	0.30	14.06		0.00	2	17.07	3	50.48
L-1 悬臂	1.74	0.24	0.21	0.09	2	0.18	2.30	0.20	3.28	2	2.83		0.00	3	13.52
L-1 梁垫	0.50	0.24	0.25	0.03	4	0.12	1.48				0.00		0.00		0.00
L-3 梁	2.20	0.24	0.30	0.16	1	0.16	1.99	0.20	2.45	2	1.78		0.00	2	5.62
L-3 悬臂	1.74	0.24	0.20	0.08	1	0.08	1.11	0.20	1.60	2	1.41		0.00	2	4.51
L-6 梁	3.28	0.12	0.24	0.09	4	0.38	8.10	0.20	8.44	2	10.52	2	16.56		0.00
L-6 凸边	3.28	0.06	0.06	0.01		0.05	2.36								
L-14 梁	2.98	0.12	0.24	0.09	1	0.09	1.85	0.20	1.99	2	2.39	2	3.77		0.00
L-14 凸边	2.98	0.06	0.06	0.01		0.01	0.54								
WL-1 梁	6.84	0.24	0.50	0.82	2	1.64	17.44	0.30	14.06		0.00	2	17.07	4	67.31
WL-1 悬臂	1.74	0.24	0.21	0.09	2	0.18	2.30	0.20	3.28		0.00		2.83	3	13.52
WL-1 垫	0.50	0.24	0.25		4	0.12	1.48				0.00		0.00		0.00
WL-3 梁	2.80	0.24	0.30	0.20	2	0.40	4.99	0.20	6.12		0.00		7.10	2	14.13
WL-3 悬臂	1.74	0.24	0.21	0.09	2	0.18	2.30	0.20	3.28		0.00		4.48	2	9.01
WL-5 梁	0.82	0.24	0.12	0.02	2	0.05	0.90	0.15	1.49	2	1.37		2.21		0.00
WL-5 悬臂	0.38	0.24	0.09	0.01	2	0.02	0.32	0.15	0.89	2	0.68		1.12		0.00
WL-6 梁	1.74	0.24	0.12	0.05	6	0.30	5.36	0.15	9.68	2	8.48		0.00	2	27.04
WL-6 悬臂	0.38	0.24	0.09	0.01	6	0.06	0.96	0.15	2.66	2	2.04		0.00	2	7.32
承重梁						5.63	73.22		73.26		34.34		69.37		212.45

现浇钢筋混凝土矩形过梁数据表　　　　表 3.1-13

名称及编号	混凝土构件尺寸				构件数量	混凝土数量	模板接触面积	φ4 mm 箍筋		φ6 mm 钢筋		φ10 mm 钢筋	
	长度	宽度	高度	体积				间距	数量	设计根数	数量	设计根数	数量
	m	m	m	m³	个	m³	m²	m	kg	设计根数	kg	设计根数	kg
YP-1 梁	3.00	0.24	0.24	0.17	1	0.17	2.24	0.2	1.25	2	1.34	2	3.79
YP-2 梁	2.80	0.24	0.24	0.16	1	0.16	2.13	0.2	1.17	2	1.25	2	3.55
						0.00	0.00				0.00		0.00
						0.00	0.00				0.00		0.00
现浇过梁						0.33	4.37		2.41		2.60		7.34

5. 现浇钢筋混凝土板数据表

本表按图 3.1-12 所示 YP-1、YP-2 板尺寸填写。栏板扶手截面按图 3.1-5（b）所示尺寸填写，其长按单层屋顶拦板砖墙长，见表 3.1-15 所示。混凝土、模板和钢筋等数量，表格会自动计算显示。

现浇钢筋混凝土有梁板数据表　　　表 3.1-14

名称及编号	混凝土构件尺寸				构件数量	混凝土数量	模板接触面积	φ6 mm 箍筋		φ6 mm 钢筋	φ8 mm 钢筋
	长度	宽度	高度	体积				间距	数量	设计根数	数量	设计根数	数量

名称及编号	混凝土构件尺寸				构件数量	混凝土数量	模板接触面积	φ6 mm 箍筋		φ6 mm 钢筋		φ8 mm 钢筋	
	长度	宽度	高度	体积				间距	数量	设计根数	数量	设计根数	数量
	m	m	m	m³	个	m³	m²	m	kg		kg		kg
楼板 B-1	6.60	3.00	0.08	1.58	1	1.58	21.34		0.00	25	16.90	12	31.62
L-10 梁	3.00	0.15	0.16	0.07	1	0.07	1.46	0.15	2.14			4	4.82
有梁板						1.66	22.79		2.14		16.90		36.43

现浇钢筋混凝土平板数据表　　　表 3.1-15

名称及编号	混凝土构件尺寸				构件数量	混凝土数量	模板接触面积	φ4 mm 箍筋		φ6 mm 钢筋		φ8 mm 钢筋	
	长度	宽度	高度	体积				设计根数	数量	设计根数	数量	设计根数	数量
	m	m	m	m³	个	m³	m²		kg		kg		kg
YP-1 板	3.00	0.90	0.07	0.19	1	0.19	3.25			7	4.73	16	20.92
YP-2 板	1.80	0.60	0.07	0.08	1	0.08	1.29			5	2.05	10	8.33
栏板扶手	47.10	0.12	0.06	0.34	1	0.34		237	7.63	2	20.93		
现浇平板						0.60	4.54		7.63		27.71		29.25

6. 预制钢筋混凝土过梁数据表

预制过梁与现浇过梁用表相同，依图 3.1-13 所示尺寸填写，见表 3.1-16 中颜色格所示，其中过梁长度除 GL15-10 用于 M-3（因门边受限）按每边增加 0.12m 外，其余均按洞口宽每边增加 0.24m 计算。图 3.1-13 中 φ4@200 钢筋均换算成根数＝构件长÷间距 0.2 ＋1 进行填写。

预制钢筋混凝土矩形过梁数据表　　　表 3.1-16

名称及编号	混凝土构件尺寸				构件数量	混凝土数量	模板接触面积	φ4 mm 箍筋		φ4 mm 钢筋		φ6 mm 钢筋		φ10 mm 钢筋	
	长度	宽度	高度	体积				间距	数量	设计根数	数量	设计根数	数量	设计根数	数量
	m	m	m	m³	个	m³	m²	m	kg		kg		kg		kg
GL15-10	1.74	0.36	0.06	0.04	5	0.19	4.39			10	1.88		0.00		0.00
GL15-6	1.98	0.24	0.06	0.03	5	0.14	3.71			11	1.42		0.00	2	12.80
GL10-1	1.38	0.12	0.06	0.01	1	0.01	0.35			8	0.11	2	0.63		0.00
GL10-6	1.48	0.24	0.06	0.02	14	0.30	7.86			8	2.88		0.00	2	27.21
GL08-6	1.23	0.24	0.06	0.02	6	0.11	2.83			7	1.08		0.00	2	9.81
GL15-8	1.98	0.24	0.18	0.06	2	0.13	2.55	0.20	3.71		0.00	2	1.80	2	5.12
GL12-7	1.68	0.24	0.12	0.04	4	0.14	3.46	0.20	5.11		0.00	2	3.06	2	8.76
GL10-10	1.38	0.12	0.12	0.01	1	0.01	0.53	0.20	0.71		0.00	2	0.63	2	1.82
预制过梁						1.03	25.67		9.52		7.37		6.13		65.53

7. 预制钢筋混凝土平板数据表

该表按图 3.1-16 中储藏搁板 B7152、盥洗搁板、遮阳板 YZB5302 等填写，见

表3.1-17中颜色格所示。混凝土、模板和钢筋等数量，表格会自动计算显示。

预制钢筋混凝土平板数据表　　　　　　　　　　　　　表3.1-17

名称及编号	混凝土构件尺寸				构件数量	混凝土数量	模板接触面积	$\phi 4$ mm 箍筋		$\phi 6$ mm 钢筋		$\phi 8$ mm 钢筋	
	长度	宽度	高度	体积				设计根数	数量	设计根数	数量	设计根数	数量
	m	m	m	m³	个	m³	m²		kg		kg		kg
搁板	1.48	0.69	0.06	0.06	8	0.49	9.54			6	7.83	3	14.69
盥洗板	2.76	0.23	0.03	0.02	2	0.04	1.46	15	1.70	2	2.49		0.00
ZYB5302	2.98	0.49	0.05	0.07	8	0.58	14.46	16	14.63	1	5.37	3	28.91
预制平板						1.11	25.46		16.33		15.70		43.61

8. 预制钢筋混凝土空心板数据表

本例楼面板和屋面板都是用预制空心板，按图3.1-14所示尺寸填写，见表3.1-18中颜色格所示。空心板的块数按图3.1-10布置进行集合。模板接触面积，表格会按底面、侧面加圆洞面积进行自动计算。

箍筋$\phi 4@200$均按开口箍筋计算，即开口箍筋量＝[（构件截面宽＋2×构件截面高）－6×保护层＋2弯钩－2×度量差]×箍筋根数×构件个数×箍筋单位重量。（其中保护层＝0.015m，两弯钩＝6.25箍筋直径，度量差＝2箍筋直径）。

预制钢筋混凝土空心板数据表　　　　　　　　　　　　　表3.1-18

名称及编号	混凝土构件尺寸					构件数量	混凝土数量	模板接触面积	$\phi 4$ mm 箍筋		$\phi 4$ mm 钢筋		$\phi 8$ mm 钢筋	
	长度	宽度	高度	空洞	体积				间距	数量	设计根数	数量	设计根数	数量
	m	m	m	个	m³	个	m³	m²	m	kg		kg		kg
KBS7334	3.88	0.68	0.12	6	0.19	9	1.72	23.51	0.20	92.38	2	6.95	7	98.30
KB7334	3.28	0.68	0.12	6	0.16	36	5.80	80.40	0.20	277.74	2	23.52	7	333.46
KBS5334	3.88	0.48	0.12	4	0.14	3	0.42	6.17	0.20	28.42	2	2.32	7	23.40
KB5334	3.28	0.48	0.12	4	0.12	12	1.42	21.09	0.20	84.50	2	7.84	5	79.40
KBS7304	3.58	0.68	0.12	6	0.18	3	0.53	7.27	0.20	27.56	2	2.14	7	30.28
KB7304	2.98	0.68	0.12	6	0.15	6	0.88	12.26	0.20	40.72	2	3.56	7	50.60
KB7302	2.98	0.68	0.12	6	0.15	91	13.32	186.00	0.20	617.51	2	54.05	7	767.43
KB5302	2.98	0.48	0.12	4	0.11	12	1.29	19.29	0.20	73.83	2	7.13	5	72.29
KB5304	2.98	0.48	0.12	4	0.11	3	0.32	4.82	0.20	18.46	2	1.78	5	18.07
空心板							25.69	360.82		1261.10		109.30		1473.21

9. 预制钢筋混凝土槽形板数据表

本例槽形板按图3.1-15所示尺寸填写，见表3.1-19中颜色格所示。模板接触面积，表格会按底面与里外侧面面积自动计算。槽形箍筋$\phi 4@200$按上述开口箍筋自动计算。如WB7301的$\phi 4@200$箍筋量＝[底宽0.69＋两侧面高2×（0.04＋0.08）－6×保护层0.015＋两端弯钩2×6.25×0.004－两个度量差2×2×0.004]×根数（2.98/0.2＋1）×单位重0.099＝1.38kg。

钢筋混凝土槽形板数据表 表 3.1-19

名称及编号	混凝土构件尺寸						构件数量	混凝土数量	模板接触面积	φ4 mm箍筋		φ6 mm钢筋		φ14 mm钢筋	
	长度	宽度	厚度	侧板厚	侧板高	体积				设计根数	数量	设计根数	数量	设计根数	数量
	m	m	m	m	m	m³	个	m³	m²		kg		kg		kg
WB7301	2.98	0.69	0.04	0.06	0.08	0.11	1	0.11	3.82	0.20	1.38	4	2.69	2	7.55
TGB3063	2.98	0.60	0.03	0.06	0.27	0.14	5	0.71	31.76	0.20	9.06	3	10.07	2	37.75
盥洗槽	2.76	0.39	0.05	0.06	0.05	0.07	2	0.14	6.10	0.20	1.59	5	6.23		0.00
								0.00	0.00		0.00				
槽形板								0.96	41.67		12.03		18.99		45.30

10. 其他预制钢筋混凝土构件数据表

本例将图 3.1-16 中所示的踏步板 TB1、墙壁上花块、砖栏板花块、屋顶架空板等，列为"其他预制钢筋混凝土构件数据表"，依图示尺寸填写，如表 3.1-20 中颜色格所示。其中花块体积的镂空部分，按平均 40% 予以自动扣除计算。

其他预制钢筋混凝土构件数据表 表 3.1-20

名称及编号	混凝土构件尺寸						构件数量	混凝土数量	模板接触面积	φ4 mm箍筋		φ4 mm钢筋		φ6 mm钢筋	
	长度	宽度	厚度	侧板厚	侧板高	体积				设计根数	数量	设计根数	数量	设计根数	数量
	m	m	m	m	m	m³	个	m³	m²		kg		kg		kg
TB1 踏板	1.56	0.33	0.03	0.05	0.1	0.022	20	0.45	18.41	11	9.63	0	0.00	4	28.50
墙上花块	0.39	0.39	0.09			0.008	30	0.25	12.99	1	2.04	0	0.00	0	0.00
栏板花块	0.29	0.29	0.06			0.003	179	0.54	39.97	1	8.61	0	0.00	0	0.00
隔热板	0.39	0.39	0.03			0.005	1517	6.92	301.73			6	369.45		
其他构件								8.16	373.10		20.28		369.45		28.50

（九）屋面防水工程数据表

本例中的屋面采用油毡防水层，门厅为刚性屋面，为减少工程量计算，特制定"屋面防水工程数据表数据表"，按图 3.1-3、图 3.1-5（b）所示尺寸填写，如表 3.1-21 中颜色格所示。表中有关说明如下：

屋面防水工程数据表 表 3.1-21

名称及轴线位置		卷材屋面				砖墙泛水				
		轴线长 (m)	加减长 (m)	实长 (m)	面积 (m²)	墙长加减 (m)	实长 (m)	边数	泛水高 (m)	面积 (m²)
平屋面防水	①～⑦	19.50	0.18	19.68	141.70	−0.30	19.20	2	0.30	11.52
	B～F	6.60	0.60	7.20		−0.36	6.24	2	0.30	3.74
	⑦外伸	0.60	−0.18	0.42	0.83					0.00
	E～F	1.50	0.48	1.98						0.00
	平屋面泛水				142.53					15.26

续表

名称及轴线位置		卷材屋面				砖墙泛水				
		轴线长（m）	加减长（m）	实长（m）	面积（m²）	墙长加减（m）	实长（m）	边数	泛水高（m）	面积（m²）
楼屋面防水	⑦～（12）	15.00	−0.24	14.76	123.98	−0.24	14.76	1	0.30	4.43
	A～E	8.40		8.40		0.00	8.40	2	0.30	5.04
	天沟长	15.00	−0.24	14.76	15.06					0.00
	天沟宽	0.60	0.42	1.02						
	楼屋面泛水				139.04					9.47
门厅刚性屋面		C20 细石混凝土刚性屋面				双向钢筋				
	轴线位置	轴线长（m）	加减长（m）	实长（m）	面积（m²）	钢筋规格	钢筋根数	钢筋量（kg）		
	⑥～⑦	3.00	−0.12	2.88	6.19	4	12	3.44		
	a～B	2.15	0	2.15		4	16	3.30		
	刚性屋面				6.19			6.74		

1. 单层屋面防水实长

如图 3.1-3 和图 3.1-5（b）所示，①～⑦轴长算至⑦轴止，实长＝轴线长（19.50）＋① 外伸檐口（0.60）−①栏砖厚（0.30）−⑦半砖（0.12）＝19.68m；Ⓑ～Ⓕ轴实长＝轴线长 （6.60）＋两边外伸檐口 2×（0.60）−两边栏砖厚 2×（0.30）＝7.20m。

⑦ 轴外伸长＝0.60−半砖（0.18）＝0.42m；Ⓔ～Ⓕ轴长＝轴线长（1.50）＋外伸檐 口（0.60）−Ⓔ半砖墙（0.12）＝1.98m。

2. 楼层屋面防水实长

⑦ ～（12）轴实长＝轴线长（15.0）−（12）女儿墙厚（0.24）＝14.76m；Ⓐ～Ⓔ轴 实长＝轴线长 8.40m。

3. 天沟防水层

天沟长＝轴线长（15.0）−两端半砖墙厚（0.24）＝14.76m；天沟宽＝构件宽 （0.60）＋两侧立面 2×（0.27）−Ⓔ墙半厚（0.12）＝1.02m；

4. 砖栏板墙泛水实长

砖栏板墙泛水的尺寸，应算至楼板墙的内侧面。单层部分①～⑦轴长＝轴线长 （19.50）−①半砖厚（0.18）−⑦半砖（0.12）＝19.20m；Ⓑ～Ⓕ轴长＝轴线长（6.60）− 两端半砖厚 2×（0.18）＝6.24m。

楼层部分⑦～⑿轴长＝轴线长（15.0）−（12）女儿墙半厚（0.24）＝14.76m；Ⓐ～ Ⓔ轴实长＝轴线长 8.40m。

（十）其他抹灰项目数据表

在本例中，除内外墙面的大面积抹灰项目外，还有一些其他装饰性抹灰，如有一部分 外墙为水刷石抹灰，一些零星构件的水泥砂浆抹灰，展开宽＜300mm 的线状抹灰等，这 些项目的基本数据，是在墙柱面抹灰工程、油漆涂料工程等计算其工程量时，所需要使用 的内容，因此特制定"其他抹灰项目数据表"，见表 3.1-22 所示。编制该表时，需要按图 示长、宽、高尺寸作一些简单计算，其中有关说明如下：

其他抹灰项目数据表 表 3.1-22

项目名称		项目数据			扣减项目			抹灰面积（m²）	
		长（m）	高（m）	个	名称	洞面积（m²）	个数	面积	小计
水刷石抹灰	楼梯外墙	2.76	6.70	1	C-5	2.25	4	9.49	
	A轴墙垛	1.00	6.64	3				19.92	
	⑦墙横边	8.64	0.12	1				1.04	36.17
	⑦E竖边	0.12	3.38	1				0.41	
	a门厅墙	3.25	2.70	1	圆洞	3.46	1	5.31	

项目名称		横边长（m）	竖边长（m）	抹灰宽（m）	个数	周边长（m）	边长小计（m）	面积（m²）	面积小计（m²）
水泥砂浆零星抹灰	ZYB上侧面	11.76		0.29	2	23.52		6.82	
	平房檐口板	48.54		0.60	1	48.54	99.20	29.12	57.20
	YP-1板	3.13		1.05	1	3.13		3.29	
	YP-2板	1.93		0.73	1	1.93		1.41	
	储藏搁板	2.76		0.75	8	22.08		16.56	
水泥砂浆装饰线条	女儿墙顶	15.00	16.80	0.12	1	31.80		3.82	
	圆洞周边	6.79		0.06	1	6.79		0.41	
	圆洞内壁	6.60		0.24	1	6.60		1.58	
	梯形洞边	0.81	2.06	0.06	2	5.74		0.34	
	梯形洞内壁	0.75	2.00	0.24	2	5.50		1.32	
	C-1 上下边	11.76		0.04	4	47.04		1.88	
	C-1 竖边		3.00	0.04	16	48.00	252.11	1.92	17.85
	C-5 边框	0.75	0.50	0.04	12	15.00		0.60	
	C-2 上下边	15.30		0.06	2	30.60		1.84	
	C-2 竖边		1.80	0.04	10	18.00		0.72	
	(12)漏花洞边	1.20	2.00	0.04	4	12.80		0.51	
	楼廊板檐边	14.76		0.12	1	14.76		1.77	
	楼梯扶墙	2.86	6.63	0.12	1	9.49		1.14	

1. 水刷石抹灰项目

在图 3.1-2、图 3.1-6 中，标注有水刷石的部位，按其图示净尺寸填入表 3.1-22 内。如楼梯间外墙长＝轴线长（3.0）－两边垛（0.12）×2＝2.76m。Ⓐ墙垛长＝垛侧面（0.50－0.12)×2 面＋正面（0.24）＝1.00m。ⓐ门厅墙长＝轴线（3.0）＋⑥垛侧面（0.25）＝3.25m。

又如Ⓐ墙垛高应算至遮阳板下，即 6.64m。⑦/Ⓔ竖边高＝楼女儿墙顶（6.70）－单屋顶平均高（3.32）＝3.38m。

2. 零星水泥砂浆抹灰项目

除了内外墙大面积抹灰外，还有一些小型零星抹灰，其中一部分已在表 3.1-9 "零星砖砌体数据表"罗列，除此之外，还有一些其他项目，列入表 3.1-22 内，其内容为：

（1）楼梯扶手墙的扶手为水泥砂浆抹灰，抹灰长度按水平长 2.86m，加立面墙两垂直边平均高＝[（矮边 1.65＋高边 3.18)/2＋扶手 0.9]×2＝6.63m。抹灰宽度按 0.12m。

（2）遮阳板 ZYB 上表面和檐口侧面为水泥砂浆抹灰，抹灰长度＝轴线（3）×4－两端垛身（0.12)×2＝11.76m。依图 3.1-16 中 ZYB5302，1-1 剖面抹灰宽度＝0.25＋0.04＝0.29m。

（3）平房檐口板上表面和檐口侧面为水泥砂浆抹灰，抹灰长度＝19.5×2＋6.6＋1.5＋转角（0.48)×3＝48.54m。抹灰宽度＝（0.60－0.12)＋檐口侧（0.12）＝0.29m。

（4）雨篷板（YP-1、YP-2）上表面和檐口侧面为水泥砂浆抹灰，按图 3.1-12 所示尺寸填写。

3. 水泥砂浆装饰线条抹灰

《定额基价表》规定，抹灰宽度＜300mm 按装饰线条以延长米计算。根据图 3.1-2 和图 3.1-6 所示，列出项目见表 3.1-22 中"水泥砂浆装饰线条"所示。其中：

（1）女儿墙顶是指楼房屋顶砖砌女儿墙，横向长 15m，纵向长（8.4)×2＝16.80m。

（2）圆洞周边和圆洞内壁是指门厅正面墙门洞，其内壁长＝$2×3.1416×1.05^2$＝6.60m；周边长＝$2×3.1416×(1.05＋0.03)^2$＝6.79m。

（3）梯形洞周边和内壁是指图 3.1-6、图 3.1-7 中之①处所示洞口，按图示尺寸列入。

（4）窗洞上下和周边的装饰线条，是指Ⓐ墙面、Ⓑ墙面、⑫墙面的窗洞，按图示尺寸列入。

（5）楼廊板檐边是指楼房走廊板的外边沿，按图示尺寸列入。

小结：本节所示 22 份"数据表"都列在光盘的 Sheet1 内，打开光盘后，单击右边上下移动键，就可找到相关表格。它们分别与其下面的相应工程量计算表是相辅相成的，因此，要求这些表格都必须处在同一编辑框内，这样，无论那份表格数据有所修改，与其相关的表格均会自动进行更正。

第二节 项目工程量计算

按照幼儿园建筑工程的工程图纸尺寸，对土方工程、砌筑工程、钢筋混凝土工程、门窗工程、楼地面工程、屋面防水工程、墙柱面抹灰工程、天棚面抹灰工程、油漆工程、金属栏杆、措施项目等的工程量计算，是相当烦琐的计算工作。不过在前面完成了约 22 份资料"数据表"后，其工程量计算就会简单多了，大部分计算工作都能做到，不需手工操作就可以完成，下面逐项加以叙述。

一、土方工程的工程量计算

本例土方工程按《规范》附录表 A.1，选择"项目名称"有：平整场地、挖地槽、挖地坑。按"表 A.3"选择的有：回填土、余（取）土外（内）运等。将这些项目名称、项目编码、计量单位等，填写到"土方工程工程量计算表"，见表 3.2-1 颜色格所示，这是本表所要做的唯一手工操作，其他内容表格会自动跟踪相关数据表进行显示。该表与第一章表 1.3-1 基本相同，只是"计算基数"多一些。

土方工程工程量计算表 表 3.2-1

项目编码	项目名称		项目数量		计算基数（单位：m，m², m³）						
		单位	工程量	基数1	基数2	基数3	基数4	基数5	基数6	基数7
A	土方工程									
010101001001	平整场地	m²	242.18	单层房间	楼层房间					
				131.08	111.10					
010101003001	挖地槽	m³	56.07	1-1剖面	2-2剖面	3-3剖面	4-4剖面	5-5剖面		
				2.99	25.84	13.17	14.08	2.57		
010101004001	挖地坑	m³	2.57	5-5剖面	圆形槽					
				2.57						
010103001001	回填土 槽坑回填土	m³	17.54	槽坑挖方	基础垫层	1-1剖面	2-2剖面	3-3剖面	4-4剖面	5-5剖面
				58.65	27.27	0.53	7.13	2.85	2.76	0.56
010103001002	室内回填土	m³	52.37	单层房间	楼层房间	填土厚度				
				120.68	117.39	0.22				
010103002001	取土内运	m³	11.27	全部挖土	全部填土					
				58.65	69.92					
			0.00							
				0.00						

（一）"平整场地"工程量计算

平整场地是指对建筑场地挖、填土方厚度在±30cm以内及其场地找平工作，其工程量"按设计图示尺寸以建筑物首层建筑面积计算"。

由于我们前面已编制了"房间组合平面尺寸表"，可按表3.1-2中所示单层"建筑面积"（131.08m²），表3.1-3所示底层"建筑面积"（222.20/2＝111.10m²）进行填写，本例会自动跟踪进行显示和计算，不需另行手工操作。

（二）"挖地槽"工程量计算

挖地槽是指开挖槽沟底宽小于3m，槽长大于3倍槽宽的条形挖土。房屋墙基挖土都属此类。挖地槽工程量"按设计图示尺寸以基础垫层底面积乘以挖土深度计算"。

因前面已编制了表3.1-10"基础土方与砖基础数据表"，可按其中"挖土体积"填写出1-1剖面（2.99m³）、2-2剖面（25.84m³）、3-3剖面（13.17m³）、4-4剖面（14.08m³）等数据，本例会自动跟踪进行显示和计算，不需另行手工操作。

（三）挖地坑工程量计算

挖地坑是指开挖坑底面积小于20m²，且坑的长边小于3倍坑短边的挖方。房屋的柱基挖土即属于此类。其工程量"按设计图示尺寸以基础垫层底面积乘以挖土深度计算"。可按表3.1-10所示"挖土体积"5-5剖面（2.57m³）进行填写，本例会自动跟踪表3.1-10进行显示和计算，不需另行手工操作。

（四）回填土工程量计算

回填土项目分为：基础槽坑回填土、室内地坪回填土、余（取）土运输。

1. 基础槽坑回填土

基础槽坑回填土工程量"按挖方清单项目工程量减去自然地坪以下埋设的基础体积（包括基础垫层及其他构筑物)"。其中挖方工程量，本表会自动按挖地槽（56.07）＋挖地坑（2.57）＝58.65m³ 进行自动计算显示。

其中基础垫层可按表 3.1-10 所示"地下砖基体积"1-1 剖面（0.53m³)、2-2 剖面（7.13m³)、3-3 剖面（2.85m³)、4-4 剖面（2.76m³)、5-5 剖面（0.56m³）等数据填写，本例会自动跟踪表 3.1-10 进行自动计算和显示。

2. 室内地坪回填土

室内地坪回填土工程量"按主墙间面积乘回填厚度计算，不扣除间隔墙"。其中面积可按表 3.1-2 所示"室内净面积"（120.68m²)、表 3.1-3"室内净面积"（234.78÷2＝117.39m²）进行填写，本例会自动跟踪表 3.1-2 进行自动计算和显示。

而填土厚度需要按设计说明进行手工填写。

3. 余（取）土运输

余（取）土运输工程量"按挖方清单项目工程量减利用回填方体积（正数）计算"。其中挖方工程量本表会自动按"槽坑挖方"58.65m³，回填体积会自动按槽坑室内回填土＝17.58＋52.37＝69.92m³，进行自动计算和显示，不需另行手工操作。

二、砌筑工程的工程量计算

依本例图示，砌筑工程按《规范》附录表 D.1，选择的"项目名称"有：砖基础、1/2 砖墙、1 砖墙、砖柱、零星砌体、砖砌台阶等。将其填写到如表 3.2-2 颜色格所示。该表较第一章表 1.3-2 项目多一些。

（一）砖基础工程量计算

砖基础是指以室内地坪±0.00 为准，与墙、柱身进行分界的砖砌体，其上为砖墙柱身，其下为砖基础。

砖基础工程量"按设计图示尺寸以体积计算"。该体积可按表 3.1-10"基础土方与砖基础数据表"所示"正负零下整个砖基体积"中 1-1 剖面（0.96m³)、2-2 剖面（12.92m³)、3-3 剖面（5.16m³)、4-4 剖面（4.22m³)、5-5 剖面（0.80m³）等数据进行填写，本例该表会自动跟踪进行计算和显示，不需另行手工操作。

砖石工程工程量计算表　　　　　　　表 3.2-2

项目编码	项目名称	项目数量		计算基数（单位：m，m²，m³)				
		单位	工程量	基数 1	基数 2	基数 3	基数 4	基数 5
D	砌筑工程			1-1 剖面	2-2 剖面	3-3 剖面	4-4 剖面	5-5 剖面
010401001001	砖基础	m³	23.26	0.96	12.92	5.16	4.22	0.80
	砖实心墙			半砖内墙	一砖外墙	一砖内墙	走廊砖柱	
010401003001	1/2 砖墙	m³	6.18	6.18				
010401003002	1 砖墙	m³	118.52		58.37	60.14		
010401009001	砖柱	m³	1.96				1.96	
	其他砖砌体			零星砖砌体	砖台阶			

续表

项目编码	项目名称	项目数量		计算基数（单位：m，m² ，m³ ）				
		单位	工程量	基数1	基数2	基数3	基数4	基数5
010401012001	零星砌体	m³	22.08	22.08				
010401012002	砖台阶踏步	砖阶踏	m²	7.38		7.38			
		C10混凝土垫层	m³	0.44	0.44				
		水泥砂浆面	m²	7.88	7.88				

（二）砖实心墙体工程量计算

砖实心墙体按图示分为：1/2砖墙和1砖墙两种。其工程量"按设计图示尺寸以体积计算。扣除门窗洞口，嵌入墙内的钢筋混凝土柱、梁……所占体积。不扣除梁头、板头……及单个面积≤0.3m² 的孔洞所占的体积。凸出墙面的腰线、挑檐、压顶、窗台线、虎头砖、门窗套的体积亦不增加"。该体积可按表3.1-7"砖砌外墙体数据表"中"砖墙体积"（58.37m³ ），表3.1-8"砖砌内墙体数据表"中半砖墙"砖墙体积"（6.18m³ ），一砖墙"砖墙体积"（60.14m³ ）等数据填写，本例会自动跟踪进行显示。

（三）砖柱体工程量计算

该砖柱按图3.1-1所示单层房间走廊处的砖柱。其工程量"按设计图示尺寸以体积计算。扣除混凝土及钢筋混凝土梁垫、梁头、板头所占体积"。其体积按表3.1-7"砖砌外墙体数据表"中砖柱"体积"（1.96m³ ）填写，本例会自动跟踪进行显示。

（四）零星砌砖工程量计算

根据本例图3.1-1、图3.1-5、图3.1-8所示，将单层屋顶上的栏板砖墙、浴厕盥洗间的砖砌池槽、地面砖墩、屋顶隔热板下砖座、走廊挡土墙等都列为零星砖砌体。砖砌台阶因考虑要做垫层和抹灰，则单独列项。但它们的工程量，均按表3.1-19"零星砌体数据表"中相应内容进行填写，但本例会自动跟踪进行显示。

三、混凝土及模板工程量计算

混凝土及其模板项目分为：现浇构件和预制构件两大类。现浇构件由图3.1-11、图3.1-12所示，包括：基础混凝土垫层、矩形梁、门窗过梁、有梁板、平板等。预制构件如图3.1-13～图3.1-16所示，包括：预制过梁、预制平板、预制空心板、预制槽形板、其他预制构件等。按《规范》附录E选择将这些项目"项目编码"、"项目名称"、"计量单位"等列入表3.2-3颜色格所示。该表与第一章表1.3-3基本相同。

混凝土及其模板支撑工程量计算表　　　　　　　　　表3.2-3

项目编码	项目名称	混凝土工程		模板接触面积		计算基数（单位：m² ，m³ ）					
		单位	工程量	单位	工程量	基数1	基数2	基数3	基数4	基数5	基数6
E	钢筋混凝土工程										
	现浇构件										
010501001001	混凝土垫层	m³	27.27	m²	0.00	基础垫层 27.27					

续表

项目编码	项目名称	混凝土工程		模板接触面积		计算基数（单位：m²，m³）					
		单位	工程量	单位	工程量	基数1	基数2	基数3	基数4	基数5	基数6
010503002001	现浇矩形梁	m³	5.63	m²	73.22	承重梁 5.63					
010503005001	现浇过梁	m³	0.33	m²	4.37	现浇过梁 0.33					
010505005001	现浇有梁板	m³	1.66	m²	22.79	有梁板 1.66					
010505003001	现浇平板	m³	0.60	m²	4.54	现浇平板 0.60					
	预制构件										
010510003001	预制门窗过梁	m³	1.03	m²	25.67	预制过梁 1.03					
010512001001	预制平板	m³	1.11	m²	25.46	预制平板 1.11					
010512002001	预制空心板	m³	25.69	m²	360.82	空心板 25.69					
010512003001	预制槽形板	m³	0.96	m²	41.67	槽形板 0.96					
010514002001	其他小型构件	m³	8.16	m²	373.10	其他构件 8.16					
			0.00		0.00						

（一）混凝土垫层工程量计算

混凝土垫层是指图 3.1-9 所示的 1-1 剖面～5-5 剖面的 C10 混凝土基础垫层。其工程量"按设计图示尺寸以体积计算。不扣除伸入承台基础的桩头所占体积"。该体积可按表 3.1-11"混凝土基础垫层数据表"中"混凝土数量"（27.27m³）进行填写，本例会自动跟踪进行显示。

（二）现浇矩形梁工程量

现浇矩形梁是指图 3.1-11 所示 L-1 梁、L-3 梁、L-6 梁、L-14 梁、WL-1 梁、WL-3 梁、WL-5 梁、WL-6 梁等。其工程量"按设计图示尺寸以体积计算。伸入墙内的梁头、梁垫并入梁体积内"。该体积可按表 3.1-12"现浇钢筋混凝土矩形梁数据表"中"混凝土数量"和"模板接触面积"数据填写，本例会自动跟踪进行显示。

（三）现浇过梁工程量

现浇过梁是指图 3.1-12 所示 YP-1 梁和 YP-2 梁。其工程量可按表 3.1-13"现浇钢筋混凝土过梁数据表"中"混凝土数量"和"模板接触面积"数据填写，本例会自动跟踪进行显示。

（四）现浇有梁板工程量

现浇有梁板是指图 3.1-12 所示楼板 B-1 和 L-10。工程量"按设计图示尺寸以体积计算。不扣除单个面积≤0.3m² 的柱、垛以及孔洞所占体积。有梁板（包括主、次梁与板）按梁、板体积之和计算"。该体积可按表 3.1-14"现浇钢筋混凝土有梁板数据表"中"混凝土数量"和"模板面积"数据填写，本例会自动跟踪进行显示。

（五）现浇平板工程量

现浇平板是指图 3.1-9 所示 YP-1、YP-2 雨篷板；图 3.1-5（b）所示单层屋顶砖栏板上的扶手混凝土。其工程量"按设计图示尺寸以体积计算。不扣除单个面积≤0.3m² 的柱、垛以及孔洞所占体积"。该体积可按表 3.1-15"现浇钢筋混凝土平板数据表"中"混凝土数量"和"模板面积"数据填写，本例会自动跟踪进行显示。

（六）预制过梁工程量

预制门窗过梁是指图 3.1-13 所示，GL15-10、GL15-8、GL15-6、GL10-1、GL10-6、GL10-10、GL08-6、GL12-7 等。其工程量"按设计图示尺寸以体积计算"。该体积可按表 3.1-16"预制钢筋混凝土过梁数据表"中"混凝土数量"和"模板面积"数据填写，本例会自动跟踪进行显示。

（七）预制平板工程量

预制平板是指图 3.1-16 中所示：储藏室搁板 B7152、盥洗搁板、遮阳板 ZYB5302 等。其工程量"按设计图示尺寸以体积计算。不扣除单个面积≤300mm×300mm 的孔洞所占体积"。该体积可按表 3.1-17"预制钢筋混凝土平板数据表"中"混凝土数量"和"模板面积"数据填写，本例会自动跟踪进行显示。

（八）预制空心板工程量

预制空心板是指图 3.1-14 中所示：KBS7334、KB7334、KBS5334、KB5334、KBS7304、KB7304、KB7302、KB5302、KB5304 等。其工程量"按设计图示尺寸以体积计算。不扣除单个面积≤300mm×300mm 的孔洞所占体积，扣除空心板空洞体积"。该体积可按表 3.1-18"预制钢筋混凝土空心板数据表"中"混凝土数量"和"模板面积"数据填写，本例会自动跟踪进行显示。

（九）预制槽形板工程量

预制槽形板是指图 3.1-15 中所示：WB7301、TGB3063、盥洗槽板。工程量"按设计图示尺寸以体积计算。不扣除单个面积≤300mm×300mm 的孔洞所占体积，扣除空心板空洞体积"。该体积可按表 3.1-19"预制钢筋混凝土槽形板数据表"中"混凝土数量"和"模板面积"数据填写，本例会自动跟踪进行显示。

（十）其他预制构件工程量

其他预制构件是指图 3.1-16 中所示：踏步板 TB1、墙上漏花块、漏栏板花块、架空隔热板等。工程量"按设计图示尺寸以体积计算。不扣除单个面积≤300mm×300mm 的孔洞所占体积，扣除烟道、垃圾道、通风道的孔洞体所占积"。该体积可按表 3.1-20"其他预制钢筋混凝土构件数据表"中"混凝土数量"和"模板面积"数据填写，本例自动会跟踪进行显示。

四、钢筋工程的工程量计算

钢筋分为：现浇构件钢筋、预制构件钢筋、箍筋三部分。其钢筋种类见表 3.2-4 所示，表中"基数"栏单位为 kg，"工程量"栏单位已换算为 t。

（一）现浇构件钢筋工程量计算

现浇构件钢筋工程是指由图 3.1-11、图 3.1-12 所示。承重梁、门窗过梁、有梁板、平板等所配置的钢筋，其规格为 φ4、φ6、φ8、φ10、φ14 等，见表 3.2-4 中颜色格所示。该表与第一章表 1.3-4 基本相同。

<table>
<tr><td colspan="11" style="text-align:center">钢筋工程工程量计算表　　　　　表 3.2-4</td></tr>
<tr><td rowspan="2">项目编号</td><td colspan="3">项目名称及数量</td><td colspan="8">钢筋用量计算基数（单位：kg）</td></tr>
<tr><td>规格</td><td>单位</td><td>工程量</td><td>基数 1</td><td>基数 2</td><td>基数 3</td><td>基数 4</td><td>基数 5</td><td>基数 6</td><td>基数 7</td><td>基数 8</td></tr>
<tr><td>E.15</td><td colspan="3">现浇构件圆钢筋</td><td>承重梁</td><td>现浇过梁</td><td>有梁板</td><td>现浇平板</td><td></td><td></td><td></td><td></td></tr>
<tr><td>010515001001</td><td>φ4 圆钢</td><td>t</td><td>0.008</td><td></td><td></td><td></td><td>7.63</td><td></td><td></td><td></td><td></td></tr>
<tr><td>010515001002</td><td>φ6 圆钢</td><td>t</td><td>0.047</td><td></td><td>2.60</td><td>16.90</td><td>27.71</td><td></td><td></td><td></td><td></td></tr>
<tr><td>010515001003</td><td>φ8 圆钢</td><td>t</td><td>0.100</td><td>34.34</td><td></td><td>36.43</td><td>29.25</td><td></td><td></td><td></td><td></td></tr>
<tr><td>010515001004</td><td>φ10 圆钢</td><td>t</td><td>0.077</td><td>69.37</td><td>7.34</td><td></td><td></td><td></td><td></td><td></td><td></td></tr>
<tr><td>010515001005</td><td>φ14 圆钢</td><td>t</td><td>0.212</td><td>212.45</td><td></td><td></td><td></td><td></td><td></td><td></td><td></td></tr>
<tr><td></td><td></td><td>t</td><td>0.000</td><td></td><td>0.00</td><td></td><td></td><td></td><td></td><td></td><td></td></tr>
<tr><td></td><td colspan="3">预制构件圆钢筋</td><td>预制过梁</td><td>预制平板</td><td>空心板</td><td>槽形板</td><td>其他构件</td><td></td><td></td><td></td></tr>
<tr><td>010515002001</td><td>φ4 圆钢</td><td>t</td><td>0.502</td><td>7.37</td><td>16.33</td><td>109.30</td><td></td><td>369.45</td><td></td><td></td><td></td></tr>
<tr><td>010515002002</td><td>φ6 圆钢</td><td>t</td><td>0.069</td><td>6.13</td><td>15.70</td><td></td><td>18.99</td><td>28.50</td><td></td><td></td><td></td></tr>
<tr><td>010515002003</td><td>φ8 圆钢</td><td>t</td><td>1.517</td><td></td><td>43.61</td><td>1473.21</td><td></td><td></td><td></td><td></td><td></td></tr>
<tr><td>010515002004</td><td>φ10 圆钢</td><td>t</td><td>0.066</td><td>65.53</td><td></td><td></td><td></td><td></td><td></td><td></td><td></td></tr>
<tr><td>010515002005</td><td>φ14 圆钢</td><td>t</td><td>0.045</td><td></td><td></td><td></td><td>45.30</td><td></td><td></td><td></td><td></td></tr>
<tr><td></td><td></td><td></td><td>0.000</td><td>0.00001</td><td></td><td></td><td></td><td></td><td></td><td></td><td></td></tr>
<tr><td></td><td colspan="3">构件箍筋</td><td>承重梁</td><td>现浇过梁</td><td>有梁板</td><td>预制过梁</td><td>空心板</td><td>槽形板</td><td>其他构件</td><td></td></tr>
<tr><td>010515003001</td><td>φ4 圆钢</td><td>t</td><td>1.305</td><td></td><td></td><td>2.41</td><td></td><td>9.52</td><td>1261.10</td><td>12.03</td><td>20.28</td></tr>
<tr><td>010515003002</td><td>φ6 圆钢</td><td>t</td><td>0.075</td><td>73.26</td><td></td><td>2.14</td><td></td><td></td><td></td><td></td><td></td></tr>
<tr><td></td><td></td><td></td><td>0.000</td><td>0.00</td><td></td><td></td><td></td><td></td><td></td><td></td><td></td></tr>
</table>

1. 现浇构件 φ4 钢筋

现浇构件 φ4 为图 3.1-5（b）所示，单层屋顶栏板上扶手所用钢筋，它可按表 3.1-15 "现浇钢筋混凝土平板数据表"中"φ4 钢筋数量"填写，本例会自动跟踪进行显示。

2. 现浇构件 φ6 钢筋

现浇构件 φ6 钢筋，用于下列构件：

（1）图 3.1-12 所示 YP-1 梁和 YP-2 梁，按表 3.1-13"现浇钢筋混凝土过梁数据表"填写。

（2）图 3.1-12 所示楼板 B-1 和 L-10，按表 3.1-14"现浇钢筋混凝土有梁板数据表"填写。

（3）图 3.1-5（b）所示栏板扶手，按表 3.1-15"现浇钢筋混凝土平板数据表"填写。

本例对以上所述，均会自动跟踪进行显示，不需另行手工操作。

3. 现浇 ϕ8 钢筋

现浇构件 ϕ8 钢筋，用于下列构件：

（1）图 3.1-11 所示 L-1 梁、L-3 梁、L-6 梁、L-14 梁、WL-1 梁、WL-5 梁、WL-6 梁等，按表 3.1-12"现浇钢筋混凝土矩形梁数据表"填写。

（2）图 3.1-12 所示楼板 B-1 和 L-10，按表 3.1-14"现浇钢筋混凝土有梁板数据表"填写。

（3）图 3.1-12 所示 YP-1 和 YP-2 板，按表 3.1-13"现浇钢筋混凝土过梁数据表"填写。

本例对以上所述，均会自动跟踪进行显示，不需另行手工操作。

4. 现浇 ϕ10 钢筋

现浇构件 ϕ10 钢筋，用于下列构件：

（1）图 3.1-11 所示 L-1 梁、L-6 梁、L-14 梁、WL-1 梁、WL-3 梁等，按表 3.1-12"现浇钢筋混凝土矩形梁数据表"填写。

（2）图 3.1-12 所示 YP-1 梁和 YP-2 梁，按表 3.1-13"现浇钢筋混凝土过梁数据表"填写。

本例对以上所述，均会自动跟踪显示，不需另行手工操作。

5. 现浇 ϕ14 钢筋

现浇构件 ϕ14 钢筋用于图 3.1-11 所示 L-1 梁、L-3 梁、WL-1 梁、WL-3 梁、WL-6等，其钢筋量会跟踪表 3.1-12"现浇钢筋混凝土矩形梁数据表"进行自动显示。

（二）预制构件钢筋工程量计算

预制构件钢筋工程是指由图 3.1-13～图 3.1-16 中包括：预制过梁、预制平板、预制空心板、预制槽形板、其他预制构件等所配置的钢筋，其规格有：ϕ4、ϕ6、ϕ8、ϕ10、ϕ14等，见表 3.2-4 中颜色格所示。

1. 预制构件 ϕ4 钢筋

预制构件 ϕ4 钢筋，用于下列构件：

（1）图 3.1-13 所示，GL15-10、GL15-6、GL10-1、GL10-6、GL08-6 等。按表 3.1-16"预制钢筋混凝土过梁数据表"填写。

（2）图 3.1-16 所示，盥洗搁板、遮阳板 ZYB5302 等。按表 3.1-17"预制钢筋混凝土平板数据表"填写。

（3）指图 3.1-14 中所示，KBS7334、KB7334、KBS5334、KB5334、KBS7304、KB7304、KB7302、KB5302、KB5304 等。按表 3.1-18"预制钢筋混凝土空心板数据表"填写。

（4）图 3.1-16 中所示，架空隔热板。按表 3.1-20"其他预制钢筋混凝土构件数据表"填写。

本例对以上所述，均会自动跟踪显示，不需另行手工操作。

2. 预制构件 φ6 钢筋

预制构件 φ6 钢筋，用于下列构件：

（1）图 3.1-13 所示，GL10-1、GL15-8、GL12-7、GL10-10 等。按表 3.1-16"预制钢筋混凝土过梁数据表"填写。

（2）图 3.1-16 所示，储藏室搁板 B7152、盥洗搁板、遮阳板 ZYB5302 等。按表 3.1-17"预制钢筋混凝土平板数据表"填写。

（3）图 3.1-15 中所示：WB7301、TGB3063、盥洗槽板。按表 3.1-19"预制钢筋混凝土槽形板数据表"填写。

（4）图 3.1-16 中所示，踏步板 TB1。按表 3.1-20"其他预制钢筋混凝土构件数据表"填写。

本例对以上所述，均会自动跟踪显示，不需另行手工操作。

3. 预制构件 φ8 钢筋

预制构件 φ8 钢筋，用于下列构件：

（1）图 3.1-16 所示，储藏室搁板 B7152、遮阳板 ZYB5302 等。按表 3.1-17"预制钢筋混凝土平板数据表"填写。

（2）指图 3.1-14 中所示，KBS7334、KB7334、KBS5334、KB5334、KBS7304、KB7304、KB7302、KB5302、KB5304 等。按表 3.1-18"预制钢筋混凝土空心板数据表"填写。

本例上以上所述，均会自动跟踪显示，不需另行手工操作。

4. 预制构件 φ10 钢筋

预制构件 φ10 钢筋，用于图 3.1-13 中的 GL10-1、GL15-8、GL12-7、GL10-10 等。其用量按表 3.1-16"预制钢筋混凝土过梁数据表"进行填写，本例会自动跟踪进行显示。

5. 预制 φ14 钢筋

预制构件 φ14 钢筋，用于图 3.1-15 中的 WB7301、TGB3063。其用量按表 3.1-19"预制钢筋混凝土槽形板数据表"进行填写，本例会自动跟踪进行显示。

（三）箍筋工程量计算

箍筋是指包括现浇构件的承重梁、门窗过梁、有梁板和预制构件的过梁、空心板、槽形板、其他预制构件等所配置的箍筋。其规格只有 φ4 和 φ6。

1. φ4 箍筋

φ4 箍筋，用于下列构件：

（1）图 3.1-12 所示 YP-1 梁和 YP-2 梁，其用量按表 3.1-13 所示。

（2）图 3.1-13 所示，GL15-8、GL12-7、GL10-10 等。其用量按表 3.1-16 中所示。

（3）指图 3.1-14 中所示，KBS7334、KB7334、KBS5334、KB5334、KBS7304、KB7304、KB7302、KB5302、KB5304 等。其用量按表 4.1-18 中所示。

（4）图 4.1-15 中所示：WB7301、TGB3063、盥洗槽板。其用量按表 3.1-19 中所示。

（5）图 4.1-16 中所示，踏步板 TB1、墙上花块、栏板花块。其用量按表 3.1-20 中所示。

本例对以上所述，均会自动跟踪显示，不需另行手工操作。

2. φ6 箍筋

φ6 箍筋，用于下列构件：

（1）图 3.1-11 中的 L-1 梁、L-3 梁、L-6 梁、L-14 梁、WL-1 梁、WL-3 梁、WL-5 梁、WL-6 梁等，其用量见表 3.1-11 中所示。

（2）图 3.1-12 中的 L-10，其用量见表 3.1-14 中所示。

本例对以上所述，均会自动跟踪显示，不需另行手工操作。

五、木门窗工程的工程量计算

根据本例设计说明中表 3.1-1 所示，按《规范》附录中"附录 H 门窗工程"分为：H.1 木门和 H.6 木窗。其中木门和木窗各有三种类型，将其填写到"门窗工程工程量计算表"中，见表 3.2-5 中颜色格所示。该表结构形式与第一章表 1.3-9 基本相同，只是"基数"少些而已。

门窗工程工程量计算表　　　　　　　　表 3.2-5

项目编码	项目名称	项目数量		计算基数（洞口面积×樘数）（单位：m²）					
		单位	工程量	基数1	基数2	基数3	基数4	基数5	基数6
H	门窗工程								
	木门			M-1	M-2	M-3	M-4	M-5	
010801001001	无纱双扇镶板门带亮	m²	3.75	3.75					
010801001002	无纱单扇镶板门带亮	m²	31.95		10.80	12.15	9.00		
010802001003	无纱单扇镶板门无亮	m²	11.34					11.34	
			0.00	0.00					
	木窗			C-1	C-2	C-3	C-5		
010807001001	木玻璃窗三扇带亮	m²	46.20	30.00	16.20				
010807001002	木玻璃窗双扇带亮	m²	4.32			4.32			
010807001003	木玻璃窗单扇无亮	m²	2.25			2.25			
			0.00	0.00					

（一）木门工程量计算

依《规范》附录表 H.1，木门工程量"按设计图示洞口尺寸以面积计算"。该面积可按表 3.1-6"门窗洞口尺寸数据表"中"合计面积"填写，而本例会自动跟踪进行显示。

（二）木窗工程量计算

依《规范》附录表 H.6，工程量"按设计图示洞口尺寸以面积计算"。该面积可按前面表 3.1-6"门窗洞口尺寸数据表"中"合计面积"填写，本例会自动跟踪进行显示。

六、屋面及防水工程的工程量计算

根据本例设计说明和图 3.1-5 所示，屋面及防水项目有二毡三油卷材防水、刚性屋面、屋面落水管、墙基防水层等，按《规范》附录中"附录J屋面及防水工程"所述，填写如表3.2-6颜色格所示。该表与第一章表1.3-10基本相同，只是"基数"多一些。

屋面及防水工程量计算表　　　　　　　　　　　　　表3.2-6

项目编码	项目名称	项目数量		计算基数（单位：m²）						
		单位	工程量	基数1	基数2	基数3	基数4	基数5	基数6	基数7
J	屋面及防水工程			平屋面防水	平屋面泛水	楼屋面防水	楼屋面泛水	刚性屋面	水管长度	水管根数
010902001001	二毡三油卷材防水	m²	306.30	142.53	15.26	139.04	9.47			
010902003001	刚性屋面	m²	6.19					6.19		
010902004001	屋面落水管	m	6.50						6.50	1.00
				1-1剖面	2-2剖面	3-3剖面	4-4剖面	5-5剖面		
010903003001	砖墙基防潮层	m²	34.14	1.50	19.28	7.70	4.87	0.80		
			0.00	0.00						

（一）二毡三油卷材防水工程量计算

二毡三油卷材防水工程量"按设计图示尺寸以面积计算：1.斜屋面（不包括平屋顶找坡）按斜面积计算；平屋顶按水平投影面积计算。2.不扣除房上烟囱、风帽底座、风道、屋面小气窗和斜沟所占面积。3.屋面的女儿墙、伸缩缝和天窗等处的弯起部分，并入屋面工程量内"。该面积按表3.1-21"屋面防水工程数据表"中"卷材屋面"面积（142.53、139.04m²）和"砖墙泛水"面积（15.26、9.47m²）填写，本例会自动跟踪进行显示。

（二）刚性屋面工程量计算

刚性屋面工程量也按面积计算，该面积按表3.1-21"屋面防水工程数据表"中"刚性屋面"面积（6.19m²）填写，本例会自动跟踪进行显示。

（三）屋面落水管工程量计算

屋面落水管工程量"按设计图示尺寸以长度计算。如设计未标注尺寸，以檐口至设计室外散水上表面垂直距离计算"。该长度＝屋面天沟标高为（6.25）＋室外地表（0.30）＝6.55m，可取定为6.50m用手工填写。

（四）墙基防潮层工程量计算

墙基防潮层工程量"按设计图示尺寸以面积计算"。该面积按表3.1-9"基础土方与砖基础数据表"中"墙基长"×"墙基厚"的数据填写，本例会自动跟踪进行计算显示。

七、楼地面工程的工程量计算

根据本例设计说明和图3.1-1、图3.1-3、图3.1-8所示，楼地面项目有：地面混凝土垫层、地面水泥砂浆抹灰、楼面水泥砂浆抹灰、室内水泥踢脚线、楼梯水泥砂浆抹灰、台阶面层抹灰等，按《规范》附录中"附录 L 楼地面装饰工程"所述，填写如表 3.2-7 中颜色格所示。该表与第一章表 1.3-12 基本相同。

（一）水泥砂浆地面工程量计算

按本例设计：室内地面为 60mm 厚 C10 混凝土垫层，20mm 厚 1：2 水泥砂浆面层，因此该地面分为水泥砂浆面层和混凝土垫层两项。

楼地面工程工程量计算表 表 3.2-7

项目编号	项目名称		项目数量		计算基数（单位：m²）				
			单位	工程量	基数 1	基数 2	基数 3	基数 4	基数 5
L	楼地面工程				单层房间	楼层房间	浴厕间砌体	垫层厚度	
011101001001	水泥砂浆地面	抹水泥砂浆	m²	232.40	120.68	117.39	−5.67		
		混凝土垫层	m³	13.94	120.68	117.39	−5.67	0.06	
011101001002	水泥砂浆楼面		m²	111.72		117.39	−5.67		
					单层房间	楼层房间	楼梯间面积	砖台阶	
011105003001	水泥砂浆踢脚线		m	309.04	127.84	181.20			
011106002001	楼梯水泥砂浆面层		m²	25.17			25.17		
011107004001	台阶水泥砂浆面层		m²	7.88				7.88	

（1）地面水泥砂浆面层，包括单层平房地面和楼房底层地面。其工程量"按设计图示尺寸以面积计算。扣除凸出地面构筑物、设备基础、室内铁道、地沟等所占面积，不扣除间壁墙及≤0.3m² 柱、垛、附墙烟囱及孔洞所占面积。门洞、空圈、暖气包槽、壁龛的开口部分不增加面积"。该面积可按表 3.1-2 "首层房间组合平面尺寸表"中"室内净面积"（120.68m²）、表 3.1-3 "楼层房间组合剖面尺寸表" "室内净面积" （234.78/2＝117.39m²）、表 3.1-9 "零星砖砌体数据表"中浴厕间砖砌体所占面积（5.67m²）等数据填写，本例会自动跟踪进行计算和显示。

（2）地面混凝土垫层，其工程量应按体积计算，其基数可按上述数据填写，其中垫层厚度按设计说明（0.06m）填写，本例会自动计算出相应工程量。

（二）水泥砂浆楼面工程量计算

水泥砂浆楼面工程量，可按在上述水泥砂浆地面面积的基础上，除去单层房间地面后进行填写，本例会自动跟踪进行显示。

（三）水泥砂浆踢脚线工程量计算

本例水泥砂浆踢脚线，结合《定额基价表》，采用"以米计量，按延长米计算"。该延长米按表 3.1-4 和表 3.1-5 "内墙面、墙裙、勒脚数据表"中"内墙净长" （127.84、181.20m）填写，本例会自动跟踪进行显示。

（四）楼梯面层工程量计算

本例楼梯可按楼梯间计算，其工程量"按设计图示尺寸以楼梯（包括踏步、休息平台及≤500mm 的楼梯井）水平投影面积计算"。该面积按表 3.1-3"楼层房间组合平面尺寸表"中楼梯间"室内净面积"（25.17m²）填写，本例会自动跟踪进行显示。

（五）台阶水泥砂浆面层工程量计算

台阶水泥砂浆面层，工程量"按设计图示尺寸以台阶（包括最上层踏步边沿加 300mm）水平投影面积计算"。该面积按表 3.1-9"零星砖砌体数据表"中砖台阶"水泥砂浆抹灰面积"（7.88m²）填写，本例会自动跟踪进行显示。

八、墙柱面工程的工程量计算

根据本例设计说明和图 3.1-2、图 3.1-4、图 3.1-6 所示，墙柱面装饰项目有：外墙混合砂浆搓平、内墙石灰砂浆抹灰、浴厕水泥砂浆墙裙、外墙水泥砂浆勒脚、外墙水刷石抹灰、柱梁面水泥砂浆抹灰、零星水泥砂浆抹灰、水泥砂浆抹装饰线等，依《规范》附录表 M.1～表 M.3 所述填写，见表 3.2-8 颜色格所示，该表与第一章表 1.3-14 项目要多一些。

墙柱面装饰工程工程量计算表　　　　　　　　　　　　表 3.2-8

项目编码	项目名称	项目数量		计算基数					
		单位	工程量	基数 1	基数 2	基数 3	基数 4	基数 5	基数 6
M	墙柱面装饰工程			一砖外墙	外墙背面	半砖内墙	一砖内墙	浴厕墙裙	外墙勒脚
011201001001	外墙混合砂浆搓平	m²	264.44	264.44					
011201001002	内墙石灰砂浆抹灰	m²	837.79		175.15	113.25	549.39		
011201001003	浴厕墙裙水泥砂浆	m²	55.89					55.89	
011201001004	外勒脚抹水泥砂浆	m²	21.16						21.16
011201002001	外墙水刷石装饰	m²	36.17	水刷石	走廊砖柱				
				36.17					
011202001001	柱面抹水泥砂浆	m²	21.46		21.46				
011203001001	零星砌体水泥砂浆抹灰	m²	231.97	零星砖砌体		楼屋面泛水	零星抹灰		
				27.51	137.79	9.47	57.20		
011203001002	水泥砂浆抹装饰线	m	252.11	装饰线条					
				252.11					
			0.00						

（一）外墙混合砂浆搓平工程量计算

外墙混合砂浆搓平工程量"按设计图示尺寸以面积计算。扣除墙裙、门窗洞口及单个＞0.3m² 是孔洞面积，不扣除踢脚线、挂镜线和墙与构件交接处的面积，门窗洞口和孔洞的侧壁及顶面不增加面积。附墙柱、梁、垛、烟囱侧壁并入相应的墙面面积内"。该面积可按表 3.1-7"砖砌外墙体数据表"中"外墙墙面面积"（264.44m²）填写，本例会自动跟踪进行显示。

（二）内墙石灰砂浆抹灰工程量计算

内墙石灰砂浆抹灰工程量"按主墙间的净长乘以高度计算"。内墙面牵涉三部分面积，即：外墙朝内的一面面积、半砖内墙的两面面积、一砖内墙的两面面积。

（1）外墙朝内的一面面积，按表 3.1-5 "内墙面、墙裙、勒脚数据表（二）"中"外墙背面面积"（175.15m²）填写，本例会自动跟踪进行显示。

（2）半砖内墙的两面面积，按表 3.1-8 "砖砌内墙体数据表"半砖内墙"内墙墙面面积"（113.25m²）填写，本例会自动跟踪进行显示。

（3）一砖内墙的两面面积，按表 3.1-8 "砖砌内墙体数据表"一砖内墙"内墙墙面面积"（549.39m²）填写，本例会自动跟踪进行显示。

（三）浴厕水泥砂浆墙裙抹灰工程量计算

浴厕水泥砂浆墙裙抹灰工程量"按内墙净长乘以高度计算"。其面积按表 3.1-5 "内墙面、墙裙、勒脚数据表（二）"中浴厕间和盥洗间的"内墙裙面积"之和进行填写，本例会自动跟踪进行计算显示。

（四）外勒脚水泥砂浆抹灰工程量计算

外勒脚水泥砂浆抹灰工程量，"外墙裙抹灰面积按其长乘以高度计算"。其面积按表 3.1-4 "内墙面、墙裙、勒脚数据表（一）"中"外勒脚面积"（21.26m²）填写，本例会自动跟踪进行显示。

（五）外墙水刷石装饰抹灰工程量计算

外墙水刷石抹灰工程量"按外墙垂直投影面积计算"。其面积按表 3.1-22 "其他抹灰工程数据表"中外墙水刷石"抹灰面积"（21.26m²）填写，本例会自动跟踪进行显示。

（六）柱面水泥砂浆抹灰工程量计算

柱面抹灰工程量"按设计图示柱断面周长乘高度以面积计算"。其面积按表 3.1-7 "砖砌外墙体数据表"中"柱面面积"（21.46m²）填写，本例会自动跟踪显示。

（七）零星水泥砂浆抹灰工程量计算

零星水泥砂浆抹灰包括：砖栏板墙、楼顶女儿墙、浴厕盥洗间砖砌体、室外地面砖墩、门厅屋顶砖栏和其他零星抹灰（遮阳板、平房檐口板、YP 雨篷板、储藏搁板）等抹灰。其工程量"按设计图示尺寸以面积计算"。

（1）对砖栏板墙、楼顶女儿墙、浴厕盥洗间砖砌体、室外地面砖墩、门厅屋顶砖栏等抹灰，按表 3.1-9 "零星砖砌体数据表"中"水泥砂浆抹灰面积"（27.51、137.79m²）进行填写，本例会自动跟踪进行显示。

（2）其他零星抹灰，按表 3.1-22 "其他抹灰数据表"中"水泥砂浆零星抹灰面积"（57.20m²）填写，本例会自动跟踪进行显示。

（八）水泥砂浆抹装饰线工程量计算

水泥砂浆抹装饰线抹灰工程量"按设计图示尺寸以延长米计算"。其长度按表 3.1-22 "其他抹灰数据表"中"水泥砂浆装饰线条抹灰面积"（252.11m²）填写，本例会自动跟踪进行显示。

九、天棚面工程的工程量计算

根据本例设计说明，天棚面装饰项目只有抹灰一项，按《定额基价表》中对天棚抹灰项目的划分，分为：现浇基层和预制基层，依《规范》附录表 N.1 所述填写，项目如表 3.2-9 中颜色格所示，与第一章表 1.3-17 基本相同。

天棚面装饰工程工程量计算表　　　　　　　　表 3.2-9

项目编码	项目名称	项目数量		计算基数（单位：m²）						
		单位	工程量	基数 1	基数 2	基数 3	基数 4	基数 5	基数 6	基数 7
N	天棚面装饰工程			浴厕间	YP-1 底面	YP-2 底面				
011301001001	现浇构件天棚抹灰	m²	38.22	34.44	2.70	1.08				
				单层房间	楼层房间	檐口板底	ZYB 板底	WL-6 侧面	L-1,WL-1	L-3,WL-3
011301001002	预制构件天棚抹灰	m²	383.31	120.68	200.33	23.30	6.88	2.14	28.46	1.51

（一）现浇基层抹灰工程量计算

现浇基层天棚有：浴厕盥洗间天棚、YP 雨篷板天棚。其工程量"按设计图示尺寸以水平投影面积计算。不扣除间壁墙、垛、柱、附墙烟囱、检查口和管道所占的面积，带梁天棚的梁两侧抹灰面积并入天棚面积内，板式楼梯底面抹灰按斜面积计算，锯齿形楼梯底板抹灰按展开面积计算"。

（1）浴厕盥洗间天棚按表 3.1-3 "楼层房间组合平面尺寸表"中"浴厕盥洗间""室内净面积"（34.44m²）进行填写，本例会自动跟踪进行计算显示。

（2）YP 雨篷板天棚按表 3.1-15 "现浇钢筋混凝土平板数据表"中长宽尺寸之乘积（3×0.90＝2.70m²、1.8×0.60＝1.08m²）进行填写，本例会自动跟踪进行计算显示。

（二）预制构件基层抹灰工程量计算

预制构件天棚项目有：单层房间天棚、平房檐口板天棚及 WL-6 梁的侧面；楼层房间天棚、L-1 及 WL-1 梁侧面、L-3 及 WL-3 梁侧面、ZYB 遮阳板天棚等。其工程量计算规则同上所述。其中除单层房间和楼层房间天棚可以按表 3.1-2、表 3.1-3 "房间组合平面尺寸表"中"室内净面积"（120.68、200.33m²）填写外，其他梁板构件面积，需要进行下述计算后填写。

（1）对平房檐口板底天棚，按下述计算值填写：

檐口天棚面积＝檐口板长（19.5×2＋6.6＋1.5＋0.48×3）×檐口底板宽（0.60－0.12）＝48.54×0.48＝23.30m²。

（2）对楼房檐口 ZYB 板天棚，按下述计算值填写：

ZYB 板底面积＝板长（13.76）×底宽（0.25）×2 层＝6.88m²。

（3）对平房走廊梁 WL-6 侧面，按下述计算值填写：

WL-6 侧面积＝梁长（1.5）×梁高（0.12）＋梁头长（0.38）×平均高（0.09）×2 面×5 根＝2.14m²。

（4）对楼房梁 L-1、WL-1、L-3、WL-3 等侧面，按下述计算值填写：

L-1、WL-1 侧面积＝梁长（6.36）×梁高（0.5）＋梁头长（1.8）×平均高（0.21）×2 面×2 根＝28.46m²。

L-3、WL-3 侧面积＝梁长（1.8）×平均高（0.21）×2 面＝1.52m²。

十、油漆涂料工程的工程量计算

根据本例设计说明，油漆工程有木门油漆、木窗油漆和墙裙抹灰面油漆。涂料工程有内墙天棚刷大白浆、外墙刷色浆和装饰线刷白水泥浆。填写见表 3.2-10 中颜色格所示，该表与第一章表 1.3-19 基本相同。

油漆涂料工程工程量计算表　　　　　　　　　　　　表 3.2-10

项目编码	项目名称	项目数量		计算基数（单位：m²）						
		单位	工程量	基数 1	基数 2	基数 3	基数 4	基数 5	基数 6	基数 7
P	油漆涂料工程			双扇木门	单扇带亮门	单扇无亮门	三扇木窗	两扇木窗	单扇木窗	内墙裙
011401001001	木门油漆	m²	47.04	3.75	31.95	11.34				
011402001001	木窗油漆	m²	52.77				46.20	4.32	2.25	
011406001001	内墙裙油漆	m²	374.67							374.67
				内墙面	扣减墙裙	现浇天棚	预制天棚	外墙面		
011407001001	内墙面刷大白浆	m²	463.11	837.79	−374.67					
011407001002	天棚面刷大白浆		421.53			38.22	383.31			
011407001003	外墙面刷色浆	m²	264.44					264.44		
				装饰线	⑥墙花块	⑫墙花块				
011407004001	装饰线刷白水泥浆	m²	25.80	17.85	3.15	4.80				

（一）木门油漆工程量计算

木门油漆工程量"以平方米计量，按设计图示洞口尺寸以面积计算"。其面积按表 3.2-5"门窗工程工程量计算表"中"木门工程量"填写，本例会自动跟踪进行计算显示。

（二）木窗油漆工程量计算

木窗油漆工程量计算规则同上，按表 3.2-5"门窗工程工程量计算表"中"木窗工程量"填写，本例会自动跟踪进行计算显示。

（三）墙裙抹灰面油漆工程量计算

墙裙抹灰面油漆工程量"按设计图示尺寸以面积计算"。按表 3.1-5"内墙面、墙裙、勒脚数据表（二）"中"内墙裙面积"（374.67m²）填写，本例会自动跟踪进行显示。

（四）墙面抹灰面刷浆工程量计算

墙面抹灰面刷浆分为：内墙抹灰面刷大白浆、天棚抹灰面刷大白浆、外墙抹灰面刷色浆。

（1）内墙抹灰面刷大白浆，工程量"按设计图示尺寸以面积计算"。该面积按表 3.2-8"墙柱面工程工程量计算表"中"内墙面工程量"（837.79m²）填写，但要扣减上述墙裙面积。本例会自动跟踪进行计算显示。

（2）天棚抹灰面刷大白浆，工程量"按设计图示尺寸以面积计算"。其面积按表3.2-9"天棚面工程工程量计算表"中"现浇和预制构件工程量"（38.22、383.31m²）填写。本例会自动跟踪进行计算显示。

（3）外墙抹灰面刷色浆，工程量"按设计图示尺寸以面积计算"。其面积按表3.2-8"墙柱面工程工程量计算表"中"外墙水泥砂浆搓平工程量"（264.44m²）填写，本例会自动跟踪进行计算显示。

（五）装饰刷白水泥浆工程量计算

刷白水泥浆包括：装饰线条刷白水泥浆、花块墙洞刷白水泥浆。

（1）装饰线条刷白水泥浆，工程量"按设计图示尺寸以面积计算"。按表3.1-22"其他抹灰项目数据表"中"水泥砂浆装饰线条"面积（17.85m²）填写，本例会自动跟踪进行计算显示。

（2）花块墙洞刷白水泥浆，工程量"按设计图示尺寸以面积计算"。按表3.1-6"门窗洞口尺寸数据表"中"⑥墙花块、⑫墙花块"面积（3.15、4.80m²）填写，本例会自动跟踪进行计算显示。

十一、栏杆扶手项目的工程量计算

本例中只有楼房走廊栏杆和楼梯靠墙扶手，均采用不锈钢，项目填写见表3.2-11颜色格所示。其工程量"按设计图示以扶手中心线长度（包括弯头长度）计算"。其长度按图3.1-1、图3.1-2所示长度，楼廊长为15m。楼梯靠墙扶手长＝水平长（3.3）×斜率（1.15)×2根＝7.59m，进行填写。

扶手栏杆装饰工程量计算表　　　　　　　　　　　表3.2-11

项目编码	项目名称	项目数量		计算基数（m）				
		单位	工程量	基数1	基数2	基数3	基数4	基数5
Q	扶手栏杆装饰							
011503001001	楼廊不锈钢栏杆	m	15.00	15.00				
011503001002	楼梯不锈钢扶手	m	7.59		7.59			
			0.00	0.00				

十二、措施项目的工程量计算

本例措施项目包括外墙脚手架、满堂脚手架、垂直运输等，如表3.2-12所示。

措施项目工程量计算表　　　　　　　　　　　表3.2-12

项目编码	项目名称	项目数量		计算基数（m²）				
		单位	工程量	基数1	基数2	基数3	基数4	基数5
S.1	脚手架工程			外墙面	天棚面积			
011701002001	外墙脚手架	m²	264.44	264.44				
011701006001	满堂脚手架	m²	421.53		421.53			
			0.00	0.00				
S.3	垂直运输			单层房间	楼层房间			
011703001001	垂直运输	m²	353.28	131.08	222.20			
			0.00	0.00				

（一）外墙脚手架工程量计算

外墙脚手架工程量"按所服务对象的垂直投影面积计算"。其垂直投影面积即外墙面积，按表 3.2-8"墙柱面工程工程量计算表"外墙面（264.44m²）填写，本例会自动跟踪进行计算显示。

（二）满堂脚手架工程量计算

满堂脚手架工程量"按搭设的水平投影面积计算"。其水平投影面积按表 3.2-10"油漆涂料工程工程量计算表"中天棚面刷浆工程量（421.53m²）填写，本例会自动跟踪进行计算显示。

（三）垂直运输工程量计算

垂直运输工程量"按建筑面积计算"。其建筑面积可按表 3.1-2、表 3.1-3"房间组合平面尺寸表"中"建筑面积"（131.08m²、222.20m²）填写，本例会自动跟踪进行计算显示。

第三节 填写工程量清单项目表

工程量计算工作完成之后，就可填写工程量清单中的各个表格，在第一章中，图 1.1-1（a）已对"编制工程量清单"流程的操作作了具体描述。根据本例情况，所应填写的表格内容如图 3.3-1 所示。这六大表格都列在光盘内，在打开上节任何一份表格的情况下，单击表格下框线上 Sheet2 符号即可找到。

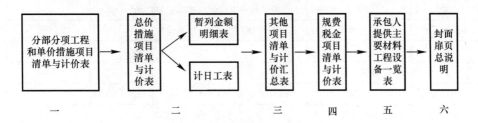

图 3.3-1 填写工程量清单的表格

一、分部分项工程和单价措施项目清单与计价表

"分部分项工程和单价措施项目清单与计价表"是清单编制与清单计价共用一个表格，是编制工程量清单的第一份大表格，也是清单计价的最基本依据，见表 3.3-1 所示，它与第一章表 1.4-1 格式相同。

（一）清单表格的填写

"分部分项工程和单价措施项目清单与计价表"是将第二节所述内容进行汇编组合而成，其中："项目编码"、"项目名称"、"计量单位"、"工程数量"四栏内容，应按表 3.2-1～表 3.2-12 相应"工程量计算表"所述内容填写，本表会自动跟踪相应表格，进行自动显示。在该表中唯一要做的就是填写"项目特征描述",如表 3.3-1 中颜色格所示。

"项目特征描述"是计算"综合单价"的基本依据,由于表内空间有限,在描述"项目特征"时,应根据《规范》附录表内相应"项目特征"栏所作说明,再结合《定额基价表》对该项目所标注的条件,作出精准扼要的描述,如表 3.3-1 中颜色格内容描述所示。

(二)表中内容变动的处理

本例所示表 3.3-1 中各行内容,是根据第二节各相应"工程量计算表"进行配套设置的,只要不改变原"工程量计算表"所含行数和格数,各行格的文字和数字无论如何修改,都不会影响到表 3.3-1 中四栏内容的正常显示,因为此表具有自动跟踪功能。

但如果要增加项目,必须先要在相应"工程量计算表"内进行增加。本例所编"工程量计算表"都在其中留有一个空行,以便供给增加项目使用。如果要增加多个项目,可按第四章所述增加行列内容进行操作。

分部分项工程和单价措施项目清单与计价表　　　　　　　　表 3.3-1

工程名称:幼儿园建筑工程

序号	项目编码	项目名称		项目特征描述	计量单位	工程数量	金额(元)		
							综合单价	合价	其中暂估价
	A	土方工程							
1	010101001001	平整场地		表层土±30cm 内挖填找平	m²	242.18			
2	010101003001	挖地槽		三类土,挖土深 0.78m,弃土运距 20m 内	m³	56.07			
3	010101004001	挖地坑		同上	m³	2.57			
4	010103001001	回填土		槽基和室内回填,夯填	m³	69.92			
5	010103002001	取土内运		三类土,运距 50m 内,推车运输	m³	11.27			
	0	0			0	0.00			
	D	砌筑工程							
1	010401001001	砖基础		M5 水泥砂浆,标准砖大放脚	m³	23.26			
2	010401003001	1/2 砖墙		M2.5 水泥石灰砂浆,混水砖墙	m³	6.18			
3	010401003002	1 砖墙		M2.6 水泥石灰砂浆,混水砖墙	m³	118.52			
4	010401009001	砖柱		M10 水泥石灰砂浆,混水 1.5 砖柱	m³	1.96			
5	010401012001	零星砌体		M5 水泥石灰砂浆,混水砖	m³	22.08			
6	010401012002	砖台阶踏步		C10 混凝土垫层,1:2.5 水泥砂浆面	m²	7.38			
	E	钢筋混凝土工程							
	0.00	现浇构件							
1	010501001001	混凝土垫层	混凝土	碎石 40mmC20 混凝土	m³	27.27			
			模板	组合钢模板木支撑	m²	0.00			
2	010503002001	现浇矩形梁	混凝土	碎石 40mmC20 混凝土	m³	5.63			
			模板	组合钢模板木支撑	m²	73.22			
3	010503005001	现浇过梁	混凝土	碎石 40mmC20 混凝土	m³	0.33			
			模板	组合钢模板木支撑	m²	4.37			

续表

序号	项目编码	项目名称		项目特征描述	计量单位	工程数量	金额（元）		
							综合单价	合价	其中暂估价
4	010505005001	现浇有梁板	混凝土	碎石 40mmC20 混凝土	m³	1.66			
			模板	组合钢模板木支撑	m²	22.79			
5	010505003001	现浇平板	混凝土	碎石 40mmC20 混凝土	m³	0.60			
			模板	组合钢模板木支撑	m²	4.54			
	0.00	预制构件							
6	010510003001	预制门窗过梁	混凝土	碎石 40mmC20 混凝土	m³	1.03			
			模板	组合钢模板木支撑	m²	25.67			
			安装	卷扬机吊装	m³	1.03			
7	010512001001	预制平板	混凝土	碎石 20mmC21 混凝土	m³	1.11			
			模板	组合钢模板木支撑	m²	25.46			
			安装	卷扬机吊装	m³	1.11			
8	010512002001	预制空心板	混凝土	碎石 20mmC20 混凝土	m³	25.69			
			模板	组合钢模板木支撑	m²	360.82			
			安装	卷扬机吊装	m³	25.69			
9	010512003001	预制槽形板	混凝土	碎石 20mmC20 混凝土	m²	0.96			
			模板	组合钢模板木支撑	m³	41.67			
			安装	卷扬机吊装	m²	0.96			
10	010514002001	其他小型构件	混凝土	碎石 20mmC20 混凝土	m³	8.16			
			模板	组合钢模板木支撑	m²	373.10			
			安装	卷扬机吊装	m³	8.16			
	E.15	现浇构件圆钢筋							
11	010515001001	$\phi 4$ 圆钢		普通圆钢筋	t	0.008			
12	010515001002	$\phi 6$ 圆钢		普通圆钢筋	t	0.047			
13	010515001003	$\phi 8$ 圆钢		普通圆钢筋	t	0.100			
14	010515001004	$\phi 10$ 圆钢		普通圆钢筋	t	0.077			
15	010515001005	$\phi 14$ 圆钢		普通圆钢筋	t	0.212			
	0.00	0.00		普通圆钢筋	t	0.000			
		预制构件圆钢筋							
16	010515002001	$\phi 4$ 圆钢		普通圆钢筋，绑扎	t	0.502			
17	010515002002	$\phi 6$ 圆钢		普通圆钢筋，绑扎	t	0.069			
18	010515002003	$\phi 8$ 圆钢		普通圆钢筋，绑扎	t	1.517			
19	010515002004	$\phi 10$ 圆钢		普通圆钢筋，绑扎	t	0.066			
20	010515002005	$\phi 14$ 圆钢		普通圆钢筋，绑扎	t	0.045			
	0.00	0.00			0	0.000			
	0.00	构件箍筋							
21	010515003001	$\phi 4$ 圆钢		普通圆钢筋	t	1.305			
	H	门窗工程							
1	010801001001	无纱双扇镶板门带亮		框 55mm×95mm，扇 40mm×95mm，玻璃 3mm	m²	3.75			

续表

序号	项目编码	项目名称		项目特征描述	计量单位	工程数量	金额（元）		
							综合单价	合价	其中 暂估价
2	010801001002	无纱单扇镶板门带亮		同上	m²	31.95			
3	010802001003	无纱单扇镶板门无亮		同上	m²	11.34			
	0.00	0.00			0	0.00			
4	010807001001	木玻璃窗三扇带亮		框55mm×85mm，扇40mm×55mm，玻璃3mm	m²	46.20			
5	010807001002	木玻璃窗双扇带亮		同上	m²	4.32			
6	010807001003	木玻璃窗单扇无亮		同上	m²	2.25			
	0.00	0.00			0	0.00			
	J	屋面及防水工程							
1	010902001001	二毡三油卷材防水		20mm厚1：3水泥砂浆找平	m²	306.30			
2	010902003001	刚性屋面		刷冷底子油一道，C20混凝土，双向φ4@200钢筋量6.74kg	m²	6.19			
3	010902004001	屋面落水管		φ100铸铁水斗，水口，铸铁弯头各1个	m	6.50			
4	010903003001	砖墙基防潮层		1：2水泥砂浆掺5%防水粉	m²	34.14			
						0.00			
	L	楼地面工程							
1	011101001001	水泥砂浆地面	C10混凝土垫层	60mm厚C10混凝土垫层	m³	13.94			
			水泥砂浆	1：2.5水泥砂浆面	m²	232.40			
2	011101001002	水泥砂浆楼面	水泥砂浆	1：2.5水泥砂浆面	m²	111.72			
			砂浆找平层	20mm厚1：5水泥砂浆找平	m²	111.72			
3	011105003001	水泥砂浆踢脚线		1：2.5水泥砂浆	m	309.04			
4	011106002001	楼梯水泥砂浆面层		1：2.5水泥砂浆	m²	25.17			
5	011107004001	台阶水泥砂浆面层		1：2.5水泥砂浆	m²	7.88			
						0.00			
	M	墙柱面装饰工程							
1	011201001001	外墙混合砂浆搓平		底1：1：6混合砂浆厚14mm，面1：1：4混合砂浆厚6mm	m²	264.44			
2	011201001002	内墙石灰砂浆抹灰面		底1：3石灰砂浆厚16mm，面纸筋石灰浆厚2mm	m²	837.79			
3	011202001001	柱面抹水泥砂浆		底1：3水泥砂浆厚14mm，面1：2.5水泥砂浆厚6mm	m²	21.46			
4	011201001003	浴厕墙裙水泥砂浆		底1：3水泥砂浆厚14mm，面1：2.5水泥砂浆厚6mm	m²	55.89			
5	011201001004	外勒脚抹水泥砂浆		底1：3水泥砂浆厚14mm，面1：2.5水泥砂浆厚6mm	m²	21.16			
6	011203001001	零星砌体水泥砂浆抹灰		底1：3水泥砂浆厚14mm，面1：2.5水泥砂浆厚6mm	m²	231.97			
7	011203001002	水泥砂浆抹装饰线		底1：3水泥砂浆厚14mm，面1：2.5水泥砂浆厚6mm	m	252.11			
8	011201002001	外墙水刷石装饰		底1：3水泥砂浆厚14mm，面1：2.5水刷石厚12mm	m²	36.17			

续表

序号	项目编码	项目名称	项目特征描述	计量单位	工程数量	金额（元）		
						综合单价	合价	其中 暂估价
	0.00	0.00		0.00	0.00			
	N	天棚面装饰工程						
1	011301001001	现浇构件天棚抹灰	底1：0.5：1混合砂浆厚6mm，中1：3：9混合砂浆厚6mm	m²	38.22			
2	011301001002	预制构件天棚抹灰	底1：0.5：1混合砂浆厚6mm，中1：3：9混合砂浆厚6mm	m²	383.31			
	0.00				0.00			
	P	油漆涂料工程						
1	011401001001	木门油漆	底油、腻子、调和漆二遍	m²	47.04			
2	011402001001	木窗油漆	底油、腻子、调和漆二遍	m²	52.77			
3	011406001001	内墙裙油漆	底油一遍、刮腻子、调和漆二遍	m²	374.67			
4	011407001001	内墙面刷大白浆	石灰大白浆三遍	m²	463.11			
5	011407001003	外墙面刷色浆	石灰色粉油浆二遍	m²	264.44			
6	011407004001	装饰线刷白水泥浆	白水泥浆二遍	m²	25.80			
	0.00				0.00			
	Q	扶手栏杆装饰						
1	011503001001	楼廊不锈钢栏杆	不锈钢管 φ89×2.5，φ32×1.5	m	15.00			
2	011503001002	楼梯不锈钢扶手	不锈钢管 φ89×2.5，φ32×1.5	m	7.59			
	0.00				0.00			
	S	措施项目						
	S.1	脚手架工程						
1	011701002001	外墙脚手架	高度6.7m，双排钢管脚手架	m²	264.44			
2	011701006001	满堂脚手架	最大层高3.3m，钢管脚手架	m²	421.53			
	0.00				0.00			
	S.3	垂直运输						
3	011703001001	垂直运输	混合结构二层，采用卷扬机	m²	353.28			
	0.00				0.00			
	本页小计							
	合计							

二、总价措施项目清单与计价表

"总价措施项目清单与计价表"也是清单编制与清单计价共用一个表格，是编制工程量清单的第二份大表格。在上表打开情况下，单击编辑框右边下翻滚键（▼），即可找出，见表3.3-2所示。它与第一章表1.4-2完全相同。

总价措施项目清单与计价表　　　　　　　　　　表 3.3-2

工程名称：幼儿园建筑工程　　　　　　标段：　　　　　　　　　第　页　共　页

序号	项目编码	项目名称	计算基数		费率（%）	金额（元）	调整费率（%）	调整后金额（元）	备注
			直接费						
1	011707001	安全文明施工费	定额基价		0.75%				
2	011707002	夜间施工增加费							
3	011707003	非夜间施工照明							
4	011707004	二次搬运							
5	011707005	冬雨期施工增加费							
6	011707007	已完工程及设备保护费							
	按湖北省规定	工具用具使用费	定额基价		0.50%				
	按湖北省规定	工程定位费	定额基价		0.10%				
合　计									

编制人（造价人员）：　　　　　　　复核人（造价工程师）：

注：1. "计算基数"中安全文明施工费可为"定额基价"、"定额人工费"或"定额人工费＋定额机械费"，其他项目可为"定额人工费"或"定额人工费＋定额机械费"。

　　2. 按施工方案计算的措施费，若无"计算基数"和"费率"的数值，也可只填"金额"数值，但应在备注栏说明施工方案出处或计算方法。

（一）总价措施项目的列项

该表的措施项目，新《规范》在表格中已列有 6 项，本例幼儿园工程根据湖北省原规定又增加了两项，即：工具用具使用费、工程定位费。

（二）表格填写

本例幼儿园工程是一个比较小的工程，工期也不紧急，对周围环境没有特殊要求，故不需考虑夜间施工和非夜间施工照明；对建筑材料也不需二次搬运，没有地下设施的保护工作，对已完工程不需要特殊保护。因此，幼儿园工程的措施项目清单列项，按湖北省原规定为：安全文明施工费、工具用具使用费、工程定位费等，填写其费率如表 3.3-2 中颜色格所示。

三、其他项目清单与计价汇总表

"其他项目清单与计价表"也是清单编制与清单计价共用一个表格，是编制工程量清单的第三份大表格。它分为汇总表和分表。

（一）汇总表

汇总表为"其他项目清单与计价汇总表"，见表 3.3-3 所示。它与第一章表 1.4-3 完全相同，该表不需要填写，它会自动跟踪下属分表进行显示。

其他项目清单与计价汇总表　　　　　　　　　表 3.3-3

工程名称：幼儿园建筑工程　　　　　　　标段：　　　　　　　第 页 共 页

序号	项目名称	金额（元）	结算金额（元）	备注
1	暂列金额	0.00		见暂列金额明细表
2	暂估价	0.00		
2.1	材料（工程设备）暂估价/结算价			
2.2	专业工程暂估价/结算价	0.00		见专业工程暂估价表
3	计日工	0.00		见计日工表
4	总承包服务费	0.00		见总承包服务费计价表
5	索赔与现场签证			
	合计	0.00		

注：材料（工程设备）暂估单价进入清单项目综合单价，此处不汇总。

（二）下属分表

根据本例幼儿园工程情况，没有特殊材料（工程设备）和专业工程，更没有分包项目，所以只需填写"暂列金额明细表"和"计日工表"。

1. 暂列金额明细表

根据幼儿园工程情况，由于在图 3.1-1 中没有明确房屋四周的散水做法和通道连接内容，因此对其后续遗漏补缺，暂列金额按直接费 5％列项，填写如表 3.3-4 中颜色格所示。

暂列金额明细表　　　　　　　　　　表 3.3-4

工程名称：幼儿园建筑工程　　　　　　　标段：　　　　　　　第 页 共 页

序号	项目名称	计量单位	暂列金额（元）	备注	
1	按直接费 5％预留金额作为小型遗漏项目	1项	0.00	5.00％	0.00
2					
3					
	合计		0.00		

注：此表由招标人填写，如不能详列、也可只列暂定金额总额，投标人应将上述暂列金额计入投标总价中

2. 计日工表

在本例幼儿园工程中，为防止一些扫尾工程的调剂性，可考虑预留零星用工 50 工日，填写如表 3.3-5 颜色格所示。

计日工表　　　　　　　　　　　　　　　　　　　　表 3.3-5

工程名称：幼儿园建筑工程　　　　　　　　　　标段：　　　　　　　　　第　页　共　页

编号	项目名称	单位	暂定数量	实际数量	综合单价（元）	合价（元）	
						暂定	实际
一	人工						
1	扫尾工程中零星用工	工日	50				
2							
3							
	人工小计						
二	材料						
1							
2							
3							
	材料小计						
三	施工机械						
1							
2							
3							
	施工机械小计						
	合计						

注：此表项目名称，暂定数量由招标人填写，编制招标控制价时，单价由招标人按有关计价规定确定；投标时，单价由投标人自主报价，按暂定数量计算合价计入投标总价中。结算时，按发承包双方确认的实际数量计算合价。

四、规费、税金项目计价表

"规费、税金项目计价表"也是清单编制与清单计价共用一个表格，是编制工程量清单的第四份大表格，见表 3.3-6。它与第一章表 1.4-6 完全相同，新《规范》表中已填写有 3 项规费，1 项税金，按原湖北省规定增添 1 项规费。"计算基础"采用"定额基价"，即为湖北省原规定的"直接费"。

规费、税金项目计价表　　　　　　　　　　　　　表 3.3-6

工程名称：幼儿园建筑工程　　　　　　　　　　标段：　　　　　　　　　第　页　共　页

序号	工程名称	计算基础	计算基数			计算费率（%）	金额（元）
			直接费	措施费	其他费		
1	规费					6.00%	
1.1	社会保险费	定额基价				5.80%	
(1)	养老保险费	定额基价				3.50%	
(2)	失业保险费	定额基价				0.50%	
(3)	医疗保险费	定额基价				1.80%	
(4)	工伤保险费						
(5)	生育保险费						
1.2	住房公积金						
1.3	工程排污费	定额基价				0.05%	
1.4	工程定额测定费	定额基价				0.15%	
2	税金	直接费+措施费+其他费+规费				3.41%	
	合计						0.00

编制人（造价人员）：　　　　复核人（造价工程师）：

（一）规费填写

本例按原湖北省规定，社会保险费中的工伤保险费和生育保险费并入医疗保险费内，住房公积金未单独列入，所以社会保险费按5.8％，排污费按0.05％，另增加工程定额测定费0.15％，则规费按合计6％进行填写，见表3.3-6中颜色格所示。

（二）税金填写

在地方新规定还未出台前，按原湖北省规定，税金费率按纳税人所在地规定，定为：城市市区为3.41％、县城镇为3.35％、不在市区县城镇为3.22％。本例按城市市区3.41％进行填写，见表3.3-6中颜色格所示。

五、主要材料、工程设备一览表

在本例幼儿园工程施工所用的材料和设备，均由承包人提供，按规定，发包人提出主要材料和工程设备的数量及基准价格，这项计算操作比较费时，况且在此阶段很少接触到所选用的《定额基价表》，所以该表委托招标计价或投标计价的编制人员进行编制。

六、填写封面、扉页和总说明

这是编制工程量清单的最后一道工序。

（一）封面、扉页填写

在封面和扉页上填写的内容有：招标单位的责任人、工程建设单位的法定代表人、清单编制人等的签字盖章，以及编制年、月、日，如图3.3-2（a）（b）所示。

（二）总说明填写

总说明根据所建工程的基本概况和工程施工要求，如图3.3-2（c）所示。

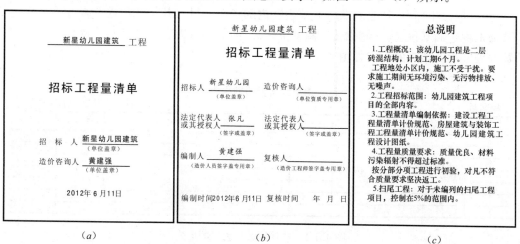

图3.3-2　工程量清单封面、扉页、总说明
（a）封面；（b）扉页；（c）总说明

第四章 幼儿园建筑工程"清单计价"

幼儿园建筑工程"清单计价",是在第三章"工程量清单"基础上,根据地方省市《房屋建筑与装饰工程定额基价表》的基价和当地主管部门规定的计价文件,对其各个项目清单表格内的金额部分进行计算的一系列操作过程。

第一节 编制清单计价资料数据表

"清单计价"工作就是一项烦琐的计算工作,编制"清单计价资料数据表"(以下简称"计价数据表")目的,就是为了减少繁重的手工计算,简化计算操作的工作量。在清单计价工作中,求算各个项目的"综合单价",是一项最为烦琐而麻烦的事情,但在编制好"计价数据表"后,对求算"综合单价"和所有清单计价工作,就会显得特别轻松而简捷。另外,还要编制一份"主要施工材料数据表",以便为填写"承包人提供主要材料和工程设备一览表"提供依据。这两份表格列在光盘 Sheet3 内,在打开光盘情况下单击该符号即可找到。

一、编制"计价数据表"

编制"计价数据表"的基本工作,就是做一些清单项目转抄和翻查摘录工作,没有烦琐的计算任务。

"清单项目转抄",就是将第三章表 3.3-1"分部分项工程和单价措施项目清单与计价表"(简称"清单表")内的内容,转抄到"计价数据表"内。

"翻查摘录工作",就是对照"清单表"内的各个项目及其特征,逐一查寻《房屋建筑与装饰工程定额基价表》(简称《定额基价表》)内的相关内容,将其基价资料摘录到"计价数据表"内。该表的形式如图 4.1-1 所示。

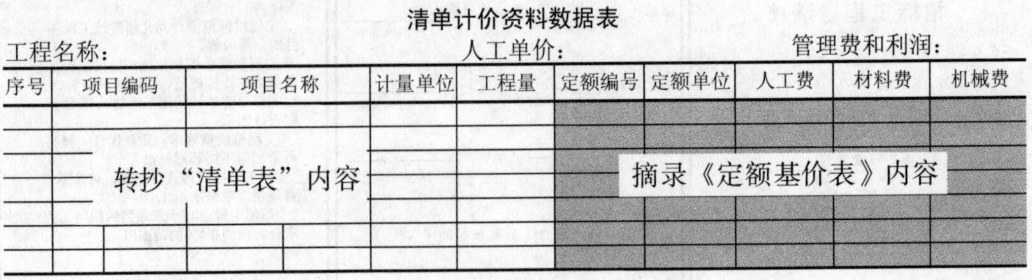

清单计价资料数据表

工程名称:					人工单价:		管理费和利润:		
序号	项目编码	项目名称	计量单位	工程量	定额编号	定额单位	人工费	材料费	机械费
	转抄"清单表"内容				摘录《定额基价表》内容				

图 4.1-1 "计价数据表"的形式

只要将"转抄"和"摘录"工作做好了,就等于完成清单计价工作的 80％工作量,更重要的是,可以大大避免计算工作中的误算和错算,使清单计价工作,能够轻松快速地完成。

（一）转抄"清单表"内容

它是指转抄第三章表 3.3-1"清单表"内：序号、项目编码、项目名称、计量单位、工程量等数据，如图 4.1-2 中颜色格所示。在本例中，这些转抄工作，表格会自动跟踪第三章"清单表"进行显示，无需另行手工操作。

分部分项工程和单价措施项目清单与计价表

工程名称：幼儿园建筑工程

序号	项目编码	项目名称	项目特征描述	计量单位	工程数量	金额（元）		
						综合单价	合价	其中暂估价
	A	土方工程						
1	010101001001	平整场地	表层土±30cm 内挖填找平	m²	353.28			
2	010101003001	挖地槽	三类土，挖土深 0.78m，弃土运距 20m 内	m³	56.07			
3	010101004001	挖地坑	同上	m³	2.57			
4	010103001001	回填土	槽基和室内回填，夯填	m³	69.92			
5	010103002001	取土内运	三类土，运距 50m 内，推车运输	m³	11.27			
	0	0			0	0.00		
	D	砌筑工程						
1	010401001001	砖基础	M5 水泥砂浆，标准砖大放脚	m³	23.26			
2	010401003001	1/2 砖墙	M2.5 水泥石灰砂浆，混水砖墙	m³	6.18			
3	010401003002	1 砖墙	M2.6 水泥石灰砂浆，混水砖墙	m³	118.52			
4	010401009001	砖柱	M10 水泥石灰砂浆，混水 1.5 砖柱	m³	1.96			
5	010401012001	零星砌体	M5 水泥石灰砂浆，混水砖	m³	22.08			
6	010401012002	砖砌台阶踏步	C10 混凝土垫层，1：2.5 水泥砂浆面	m²	7.38			
						0.00		

图 4.1-2　"清单表"（摘录表 3.3-1）

根据本例特点，要对以下内容增添"项目行"进行手工补充填写。

（1）在土方工程中，总挖土量与总回填土量之间，总会有一个差值（称为余土或取土），如果是余土，只需要运出弃置即可；但如果是取土，除了运土外，还有挖土，在表 3.3-1"清单表"中是以"取土内运"列项，而在编制"计价数据表"时，要按《定额基价表》应列为运土和取土两个项目，见表 4.1-1 土方工程"项目名称"栏颜色格所示。

（2）在砌筑工程中，砖砌台阶踏步的结构，在表 3.3-1"清单表"中是用项目特征描述加以说明，而在编制"计价数据表"时，要按：砖砌台阶踏步、C10 混凝土垫层、水泥砂浆抹面三个列项，以便套用《定额基价表》。

（3）在木门窗工程中，《定额基价表》是按门框制作、门框安装、门扇制作、门扇安装等分开编制的，这时应将这些分项添加到相应项目栏内，见表 4.1-1 中"项目名称"栏中门窗工程的颜色格所示。

（4）在屋面及防水工程的列项中，按《定额基价表》应作如下调整列项：

1）"二毡三油卷材防水"应分为卷材防水、砂浆找平。

2）"刚性屋面"应分为 C10 混凝土、ϕ4 钢筋网、冷底子油。

3）屋面落水管应分为 ϕ100 铸铁水管、铸铁水口、铸铁水斗、铸铁弯头。

（5）在墙柱面装饰工程中，外墙水刷石装饰，按《定额基价表》应分为水刷石、分格缝两项。

（二）摘录《定额基价表》内容

它是对照"清单表"中的"项目名称"和"项目特征描述"，逐项查阅《定额基价表》内相应项目，并将其"定额编号"、"定额单位"、"人工费"、"材料费"、"机械费"等摘录过来，如图 4.1-1 中右半边所示。

1. 项目名称和项目特征要对位

查阅《定额基价表》中的内容要与"清单表"所述相同，如图 2.1-2 中土方工程的挖地槽，"清单表"特征描述是"三类土，挖深 0.78m"，依此，翻查出《定额基价表》如图 4.1-3 所示的相应项目"2. 人工挖沟槽、基坑"。其中定额编号 1-8，即是挖沟槽三类土，深度在 2m 内，对位后就可将其：定额编号 1-8、定额单位 1m³、人工费＝43.42 元、材料费＝0、机械费＝0.07 元，摘录到"计价数据表"内。

2. 人工挖沟槽、基坑

工作内容：人工挖沟槽、基坑土方，将土置于槽、坑边 1m 以外自然堆 放，沟槽、基坑底夯实。　　　计量单位：1m³

定额编号			1—5	1—6	1—7	1—8	1—9	1—10	1—11	1—12	1—13
项目			挖沟槽一，二类土深度在（m以内）			挖沟槽三类土深度在（m以内）			挖沟槽四类土深度在（m以内）		
			2	4	6	2	4	6	2	4	6
名称	单位	单价（元）	定额耗用量								
人工　综合工日	工日	77.05	0.3368	0.4578	0.5612	0.5635	0.6611	0.7619	0.8134	0.8744	0.9680
机械　电动打夯机	台班	37.92	0.0018	0.0008	0.0005	0.0018	0.0008	0.0005	0.0018	0.0008	0.0005
基价表	人工费（元）		25.95	35.27	43.24	43.42	50.94	58.70	62.67	67.37	74.58
	材料费（元）										
	机械费（元）		0.07	0.03	0.02	0.07	0.03	0.02	0.07	0.03	0.02
	基价（元）		26.02	35.30	43.26	43.49	50.97	58.72	62.74	67.40	74.60

图 4.1-3　"定额基价表"摘录

2. 查寻摘录要细心

查寻摘录工作是一项耗费时间较长，且因《定额基价表》大同小异，稍不注意很容易看错而造成"摘录"偏差，如砌筑工程中的 1/2 砖墙、1 砖墙，经查寻的《定额基价表》如图 4.1-4 所示。其摘录的内容应是：定额编号 4-8，人工费 155.18 元，材料费 202.62元，机械费 2.65 元和定额编号 4-10，人工费 123.90 元，材料费 189.97 元，机械费 3.06元。但该项相邻左右数字都差不多，如果注意力不集中，就容易出错。

工作内容：同上。 计量单位：1m³

定额编号			4—7	4—8	4—9	4—10	4—11	4—12	4—13	4—14
项目			混水砖墙						弧形单面清水砖墙	
			1/4砖	1/2砖	3/4砖	1砖	1砖半	2砖及其以上	1砖	1砖半
名称	单位	单价（元）	定额耗用量							
人工	综合工日	工日	77.05	2.8170	2.0140	1.9640	1.6080	1.5630	1.5460	2.0360	1.9330
材料	水泥砂浆 M10	m³	241.56	0.1180							
	水泥砂浆 M5	m³	193.80		0.1950	0.2130					
	水泥混合砂浆 M2.5	m³	154.20				0.2250	0.2400	0.2450		
	水泥混合砂浆 M5	m³	191.64							0.2250	0.2400
	普通黏土砖	千块	291.60	0.6158	0.5641	0.5510	0.5314	0.5350	0.5309	0.5418	0.5450
	水	m³	3.00	0.1230	0.1130	0.1100	0.1060	0.1070	0.1060	0.1080	0.1090
机械	灰浆搅拌机 200L	台班	80.40	0.0200	0.0330	0.0350	0.0380	0.0400	0.0410	0.0380	0.0400
基价表	人工费（元）			217.05	155.18	151.33	123.90	120.43	119.12	156.87	148.94
	材料费（元）			208.44	202.62	202.28	189.97	193.34	192.91	201.43	205.24
	机械费（元）			1.61	2.65	2.81	3.06	3.22	3.30	3.06	3.22
	基价（元）			427.10	360.45	356.42	316.92	316.98	315.32	361.36	357.40

图 4.1-4 "定额基价表"摘录

（三）表格顶部填写

表格顶部的填写内容有：工程名称、人工单价、管理费和利润费率。

根据以上所述，按其方法编制的"计价数据表"见表4.1-1。

清单计价资料数据表 表 4.1-1

工程名称：幼儿园建筑工程 人工单价：77.05元/工日 管理费和利润：12%

序号	项目编码	项目名称		计量单位	工程量	定额编号	定额单位	人工费	材料费	机械费
	A	土方工程								
1	010101001001	平整场地		m²	353.28	套1-48	1m²	2.43	0.00	0.00
2	010101003001	挖地槽		m³	56.07	套1-8	1m³	43.42	0.00	0.07
3	010101004001	挖地坑		m³	2.57	套1-17	1m³	48.76	0.00	0.33
4	010103001001	回填土		m³	69.92	套1-46	1m³	22.65	0.00	3.03
5	010103002001	取土内运	运土	m³	11.27	套1-53	1m³	12.67	0.00	0.00
			取土	m³	11.27	套1-2	1m³	25.15	0.00	0.00
	D	砌筑工程		单位	工程量	定额编号	单位	人工费	材料费	机械费
1	010401001001	砖基础		m³	23.26	套4-1	1m³	93.85	198.73	3.14
2	010401003001	1/2砖墙		m³	6.18	套4-8	1m³	155.18	202.62	2.65
3	010401003002	1砖墙		m³	118.52	套4-10	1m³	123.90	189.97	3.06
4	010401009001	砖柱		m³	1.96	套4-42	1m³	187.85	213.51	2.89
5	010401012001	零星砌体		m³	22.08	套4-60	1m³	177.22	201.55	2.81

续表

序号	项目编码	项目名称		计量单位	工程量	定额编号	定额单位	人工费	材料费	机械费
6	010401012002	砖砌台阶踏步	砖砌阶踏	m²	7.38	套4-54	1m²	37.45	45.49	0.72
			C10混凝土垫层	m³	0.44	套8-16	1m³	94.39	241.23	19.55
			水泥砂浆面	m²	7.88	套8-25	1m²	21.64	11.84	0.40
E		钢筋混凝土工程		单位	工程量	定额编号	单位	人工费	材料费	机械费
		现浇构件								
1	010501001001	混凝土垫层	混凝土	m³	27.27	套5-394	1m³	73.66	279.48	20.39
			模板	m²	0.00	套5-6	1m²	20.95	23.22	46.01
2	010503002001	现浇矩形梁	混凝土	m³	5.63	套5-401	1m³	166.74	281.68	13.64
			模板	m²	73.22	套5-59	1m²	31.59	22.26	2.08
3	010503005001	现浇过梁	混凝土	m³	0.33	套5-409	1m³	201.10	283.76	13.51
			模板	m²	4.37	套5-77	1m²	45.16	33.15	2.30
4	010505005001	现浇有梁板	混凝土	m³	1.66	套5-417	1m³	100.70	296.34	13.71
			模板	m²	22.79	套5-101	1m²	33.93	32.24	2.45
5	010505003001	现浇平板	混凝土	m³	0.60	套5-423	1m³	19.11	31.57	2.01
			模板	m²	4.54	套5-109	1m²	28.01	31.48	2.43
		预制构件								
6	010510003001	预制门窗过梁	混凝土	m³	1.03	套5-441	1m³	104.17	306.46	39.46
			模板	m²	25.67	套5-150	1m²	149.09	150.38	0.45
			安装	m³	1.03	套6-222	1m³	139.23	19.57	
7	010512001001	预制平板	混凝土	m³	1.11	套5-452	1m³	117.12	293.16	35.81
			模板	m²	25.46	套5-172	1m²	48.00	73.48	0.27
			安装	m³	1.11	套6-336	1m³	76.74	7.94	
8	010512002001	预制空心板	混凝土	m³	25.69	套5-453	1m³	118.12	294.00	35.81
			模板	m²	360.82	套5-164	1m²	228.61	27.70	25.04
			安装	m³	25.69	套6-332	1m³	71.73	7.50	
9	010512003001	预制槽形板	混凝土	m²	0.96	套5-454	1m³	110.95	290.46	35.81
			模板	m³	41.67	套5-174	1m²	121.66	23.53	10.76
			安装	m²	0.96	套6-305	1m³	84.83	10.77	15.19
10	010514002001	其他小型构件	混凝土	m³	8.16	套5-481	1m³	172.98	590.31	39.46
			模板	m²	373.10	套5-214	1m²	383.79	557.64	4.90
			安装	m³	8.16	套6-371	1m³	36.52	2.26	
0	E.15	现浇构件圆钢筋		单位	工程量	定额编号	单位	人工费	材料费	机械费
11	010515001001	φ4 圆钢		t	0.008	套5-294	1t	1743.64	3922.27	58.04
12	010515001002	φ6 圆钢		t	0.047	套5-294	1t	1743.64	3922.27	58.04
13	010515001003	φ8 圆钢		t	0.100	套5-295	1t	1136.49	3866.21	65.18
14	010515001004	φ10 圆钢		t	0.077	套5-296	1t	839.85	3840.42	59.25
15	010515001005	φ14 圆钢		t	0.212	套5-298	1t	635.66	3973.40	137.67
		预制构件圆钢筋								
16	010515002001	φ4 圆钢		t	0.502	套5-320	1t	3156.55	5072.11	73.94
17	010515002002	φ6 圆钢		t	0.069	套5-322	1t	1655.12	3903.67	51.96

序号	项目编码	项目名称		计量单位	工程量	定额编号	定额单位	人工费	材料费	机械费
18	010515002003	φ8 圆钢		t	1.517	套5-324	1t	1080.50	3847.61	58.27
19	010515002004	φ10 圆钢		t	0.066	套5-326	1t	797.83	3821.82	52.97
20	010515002005	φ14 圆钢		t	0.045	套5-330	1t	602.53	3936.20	130.04
		构件箍筋								
21	010515003001	φ4 圆钢		t	1.305	套5-354	1t	3149.03	3922.27	73.94
22	010515003002	φ6 圆钢		t	0.075	套5-355	1t	2225.20	3922.27	62.50
					0.000					
H		门窗工程		单位	工程量	定额编号	单位	人工费	材料费	机械费
1	010801001001	无纱双扇镶板门带亮	门框制作	m²	3.75	套7-21	1m²	4.84	39.13	0.75
			门框安装	m²	3.75	套7-22	1m²	8.06	8.94	0.02
			门扇制作	m²	3.75	套7-23	1m²	21.74	95.68	3.45
			门扇安装	m²	3.75	套7-24	1m²	10.56	3.44	0.00
2	010801001002	无纱单扇镶板门带亮	门框制作	m²	31.95	套7-17	1m²	6.70	56.43	1.12
			门框安装	m²	31.95	套7-18	1m²	11.31	14.84	0.03
			门扇制作	m²	31.95	套7-19	1m²	20.08	91.58	3.28
			门扇安装	m²	31.95	套7-20	1m²	11.77	2.93	0.00
3	010802001003	无纱单扇镶板门无亮	门框制作	m²	11.34	套7-25	1m²	6.62	58.58	1.07
			门框安装	m²	11.34	套7-26	1m²	13.21	15.71	0.03
			门扇制作	m²	11.34	套7-27	1m²	22.19	96.09	3.54
			门扇安装	m²	11.34	套7-28	1m²	7.44	0.00	0.00
4	010807001001	木玻璃窗三扇带亮	窗框制作	m²	46.20	套7-174	1m²	14.20	68.94	1.72
			窗框安装	m²	46.20	套7-175	1m²	10.79	9.42	0.02
			窗扇制作	m²	46.20	套7-176	1m²	11.27	62.84	2.33
			窗扇安装	m²	46.20	套7-177	1m²	21.41	14.07	0.00
5	010807001002	木玻璃窗双扇带亮	窗框制作	m²	4.32	套7-170	1m²	8.98	64.07	1.54
			窗框安装	m²	4.32	套7-171	1m²	11.97	10.58	0.03
			窗扇制作	m²	4.32	套7-172	1m²	9.71	47.97	2.12
			窗扇安装	m²	4.32	套7-173	1m²	18.58	14.84	0.00
6	010807001003	木玻璃窗单扇无亮	窗框制作	m²	2.25	套7-166	1m²	20.20	107.69	3.10
			窗框安装	m²	2.25	套7-167	1m²	28.45	19.07	0.04
			窗扇制作	m²	2.25	套7-168	1m²	9.04	44.78	2.09
			窗扇安装	m²	2.25	套7-169	1m²	16.42	12.76	0.00
J		屋面及防水工程		单位	工程量	定额编号	单位	人工费	材料费	机械费
1	010902001001	二毡三油卷材防水	卷材防水	m²	306.30	套9-14	1m²	3.94	30.59	0.00
			砂浆找平	m²	306.30	套8-18	1m²	6.01	6.03	0.27
2	010902003001	刚性屋面	C10 混凝土	m²	6.19	套8-21	1m²	6.26	9.94	0.58
			φ4 钢筋网	t	0.007	套5-294	1t	1743.64	3922.27	58.04
			冷底子油	m²	6.19	套9-94	1m²	1.21	2.21	0.00

续表

序号	项目编码	项目名称		计量单位	工程量	定额编号	定额单位	人工费	材料费	机械费
3	010902004001	屋面落水管	φ100铸铁	m	6.50	套9-57	1m	21.73	64.45	0.00
			铸铁水口	个	1.00	套9-59	个	24.89	71.49	0.00
			铸铁水斗	个	1.00	套9-61	个	2.06	46.11	0.00
			铸铁弯头	个	1.00	套9-63	个	2.76	62.14	0.00
4	010903003001	砖墙基防潮层		m²	34.14	套9-112	1m²	7.10	8.12	0.27
L		楼地面工程		单位	工程量	定额编号	单位	人工费	材料费	机械费
1	011101001001	水泥砂浆地面	C10混凝土垫层	m³	13.94	套8-16	1m³	94.39	241.23	19.55
			水泥砂浆	m²	232.40	套8-23	1m²	7.86	7.99	0.27
2	011101001002	水泥砂浆楼面	砂浆找平层	m²	111.72	套8-18	1m²	6.01	6.03	0.27
			水泥砂浆	m²	111.72	套8-23	1m²	7.86	7.99	0.27
3	011105003001	水泥砂浆踢脚线		m	309.04	套8-27	1m	3.85	0.90	0.04
4	011106002001	楼梯水泥砂浆面层		m²	25.17	套8-24	1m²	30.49	10.92	0.37
5	011107004001	台阶水泥砂浆面层		m²	7.88	套8-25	1m²	21.64	11.84	0.40
M		墙柱面装饰工程		单位	工程量	定额编号	单位	人工费	材料费	机械费
1	011201001001	外墙混合砂浆搓平		m²	264.44	套11-36	1m²	10.58	4.93	0.31
2	011201001001	内墙石灰砂浆抹灰		m²	837.79	套11-1	1m²	9.94	2.80	0.23
3	011202001001	柱面抹水泥砂浆		m²	21.46	套11-34	1m²	14.71	6.25	0.30
4	011201001003	浴厕墙裙水泥砂浆		m²	55.89	套11-25	1m²	11.16	3.08	0.31
5	011201001004	外勒脚抹水泥砂浆		m²	21.16	套11-25	1m²	11.16	3.08	0.31
6	011203001001	零星砌体水泥砂浆抹灰		m²	231.97	套11-30	1m²	50.56	3.61	0.30
7	011203001002	水泥砂浆抹装饰线		m	252.11	套11-31	1m	12.10	1.46	0.06
8	011201002001	外墙水刷石装饰	水刷石	m²	36.17	套11-68	1m²	28.19	12.49	0.37
			分格缝	m²	36.17	套11-108	1m²	0.00	4.43	0.00
N		天棚面装饰工程		单位	工程量	定额编号	单位	人工费	材料费	机械费
1	011301001001	现浇构件天棚抹灰		m²	38.22	套11-286	1m²	10.72	5.54	0.23
2	011302001002	预制构件天棚抹灰		m²	383.31	套11-287	1m²	11.70	6.48	0.27
0	0.00	0.00			0.00					
P		油漆涂料工程		单位	工程量	定额编号	单位	人工费	材料费	机械费
1	011401001001	木门油漆		m²	47.04	套11-409	1m²	13.63	8.71	0.00
2	011402001001	木窗油漆		m²	52.77	套11-410	1m²	13.63	7.26	0.00
3	011406001001	内墙裙油漆		m²	374.67	套11-602	1m²	4.62	4.67	0.00
4	011407001001	内墙面刷大白浆		m²	463.11	套11-651	1m²	1.52	0.30	0.00
5	011407001003	外墙面刷色浆		m²	264.44	套11-647	1m²	1.86	0.60	0.00
6	011407004001	装饰线刷白水泥浆		m²	25.80	套11-644	1m²	5.57	1.70	0.00
Q		扶手栏杆装饰		单位	工程量	定额编号	单位	人工费	材料费	机械费
1	011503001001	楼廊不锈钢栏杆		m	15.00	套8-149	1m	35.13	709.02	16.37
2	011503001002	楼梯不锈钢扶手		m	7.59	套8-149	1m	35.13	709.02	16.37

续表

序号	项目编码	项目名称	计量单位	工程量	定额编号	定额单位	人工费	材料费	机械费
0	0.00	0.00		0.00					
	S	措施项目	计量单位	工程量	定额编号	定额单位	人工费	材料费	机械费
	S.1	脚手架工程							
1	011701002001	外墙脚手架	m²	264.44	套3-6	1m²	5.54	5.15	0.87
2	011701006001	满堂脚手架	m²	421.53	套3-20	1m²	7.21	3.56	0.25
	S.3	垂直运输							
3	011703001001	垂直运输	m²	353.28	套13-3	1m²	0.00	0.00	18.52

二、编制"主要施工材料数据表"

"主要施工材料数据表"是为填写"承包人提供主要材料和工程设备一览表"而提供材料数量的数据表格，其形式如图4.1-5所示。该表内容分为两大部分，即：项目名称及工程量和材料数据部分。

主要施工材料数据表

砌筑工程	单位	工程量	定额编号	水泥砂浆 M5		普通黏土砖		混合砂浆 M2.5		混合砂浆 M10		混合砂浆 M5	
				定额	m³	定额	千块	定额	m³	定额	m³	定额	m³
砖基础	m³	23.26	套4-1	0.236	5.49	0.524	12.18						
1/2砖墙	m³	6.18	套4-8	0.195	1.21	0.564	3.49						
1砖墙	m³	118.52	套4-10			0.531	62.98	0.225	26.67				
砖柱	m³	1.96	套4-42			0.552	1.08			0.218	0.43		
零星砌体	m³	22.08	套4-60			0.551	12.17					0.211	4.66
砖阶踏	m²	7.38	套4-54	0.055		0.119	0.88						
小计					6.69		92.78		26.67		0.43		4.66
混凝土工程	单位	工程量	定额编号	现混凝土C20碎石40		现混凝土C20碎石20		预拌(制)混凝土C30碎石40		二等板方材		预拌(制)混凝土C20碎石20	
				定额	m³	定额	m³	定额	m³	定额	m³	定额	m³
混凝土垫层	m³	27.27	套5-394	1.015	27.68								
现浇矩形梁	m³	5.63	套5-401	0.986	5.55								
现浇过梁	m³	0.33	套5-409	1.015	0.33								

← 转抄"计价数据表"内容（项目名称） → ← 摘录《定额基价表》内容（材料数据） →

图4.1-5 "主要施工材料数据表"的形式

(一) 项目名称及工程量

该部分包括表格左半边的所列内容：项目名称、工程量、计量单位、定额编号等，它是选择"计价数据表"中，耗材量较大的项目加以转抄而来，在本表中，除因土方工程分部没有材料耗用量未予转抄外，其他各分部工程项目都进行了转抄，在本例中，表格会自动跟踪表4.1-1进行显示。

(二) 材料数据

该部分包括表格右半边所列有部分，它主要是利用摘录《定额基价表》的材料耗用量，来计算出材料所需使用量。在"材料名称"栏下设有：定额耗用量和材料使用量。

1. 定额耗用量

即指《定额基价表》内材料消耗标准，一般称为"材料耗用量"，在表中简写为"定额"，在其下数字是按照"定额编号"查询《定额基价表》，将其相应项目的材料耗用量标准进行转抄填写的数据（如表中颜色格所示）。

2. 材料使用量

材料使用量即指根据项目工程量的多少，所需要使用的材料数量，在表中简写为相应计量单位（如"m³"、"m²"、"t"、"千块"等），其下的数字，表格会按"工程量×定额"进行自动计算显示。

编制该表的关键是要按"定额编号"进行逐项查询《定额基价表》，然后将其材料名称、单位、耗用量等进行摘录。但由于表格本身容纳填写材料名称的空间有限，再加之"计价数据表"中的项目比较多，而每个项目在《定额基价表》内所需要使用的材料也比较多，因此在选择材料名称时，只需选择其中主要的耗用量大的材料名称填写于该表内，其他辅助性、耗用量小的材料可以忽略。

根据以上所述，通过摘录填写编制而成的"主要施工材料数据表"如表 4.1-2 所示，表中颜色格所示内容，为手工填写内容，它因各个工程的具体而有所不同，应按实际需要进行填写。

主要施工材料数据表　　　　　　　　　　　　　　表 4.1-2

砌筑工程	单位	工程量	定额编号	水泥砂浆 M5		普通黏土砖		混合砂浆 M2.5		混合砂浆 M10		混合砂浆 M5	
				定额	m³	定额	千块	定额	m³	定额	m³	定额	m³
砖基础	m³	23.26	套 4-1	0.236	5.49	0.524	12.18						
1/2 砖墙	m³	6.18	套 4-8	0.195	1.21	0.564	3.49						
1 砖墙	m³	118.52	套 4-10			0.531	62.98	0.225	26.67				
砖柱	m³	1.96	套 4-42			0.552	1.08			0.218	0.43		
零星砌体	m³	22.08	套 4-60			0.551	12.17					0.211	4.66
砖阶踏	m²	7.38	套 4-54	0.055		0.119	0.88						
小计					6.69		92.78		26.67		0.43		4.66
混凝土工程	单位	工程量	定额编号	现浇混凝土 C20 碎石 40		现浇混凝土 C20 碎石 20		预制(拌)混凝土 C30 碎石 40		二等板方材		预制(拌)混凝土 C20 碎石 20	
				定额	m³	定额	m³	定额	m³	定额	m³	定额	m³
混凝土垫层	m³	27.27	套 5-394	1.015	27.68								
现浇矩形梁	m³	5.63	套 5-401	0.986	5.55								
现浇过梁	m³	0.33	套 5-409	1.015	0.33								
现浇有梁板	m³	1.66	套 5-411			1.015	1.68						
现浇平板	m³	0.60	套 5-413			1.015	0.61						
预制门窗过梁	m³	1.03	套 5-441					1.015	1.05	0.0015	0.00		
预制平板	m³	1.11	套 5-452							0.0055	0.01	1.015	1.13

续表

混凝土工程	单位	工程量	定额编号	现浇混凝土 C20 碎石 40		现浇混凝土 C20 碎石 20		预制（拌）混凝土 C30 碎石 40		二等板方材		预制（拌）混凝土 C20 碎石 20	
				定额	m³	定额	m³	定额	m³	定额	m³	定额	m³
预制空心板	m³	25.69	套 5-453							0.0034	0.09	1.015	26.08
预制槽形板	m²	0.96	套 5-454							0.0014	0.00	1.015	0.97
其他小型构件	m³	8.16	套 5-481							0.1398	1.14	1.015	8.28
屋面 C20 混凝土	m²	6.19	套 8-21			0.030	0.19						
小计				33.57		2.29		1.05		1.24		36.46	

钢筋工程	单位	工程量	定额编号	φ10 以内圆钢		镀锌钢丝 22#		φ10 以上圆钢		定额		定额	
				定额	t	定额	kg	定额	t				
φ4 圆钢	t	0.01	套 5-294	1.020	0.01	15.670	0.13						
φ6 圆钢	t	0.05	套 5-294	1.020	0.05	15.670	0.74						
φ8 圆钢	t	0.10	套 5-295	1.020	0.10	8.800	0.88						
φ10 圆钢	t	0.08	套 5-296	1.020	0.08	5.640	0.43						
φ14 圆钢	t	0.21	套 5-298			4.620	0.98	1.045	0.22				
屋面φ4 钢筋网	t	0.01	套 5-294	1.020	0.01	15.670	0.11						
φ4 圆钢	t	0.50	套 5-320	1.015	0.51	15.670	7.87						
φ6 圆钢	t	0.07	套 5-322	1.015	0.07	15.670	1.08						
φ8 圆钢	t	1.52	套 5-324	1.015	1.54	8.800	13.35						
φ10 圆钢	t	0.07	套 5-326	1.015	0.07	5.640	0.37						
φ14 圆钢	t	0.05	套 5-330			3.390	0.15	1.035	0.05				
φ4 圆钢	t	1.31	套 5-354	1.020	1.33	15.670	20.45						
φ6 圆钢	t	0.08	套 5-355	1.020	0.08	15.670	1.18						
屋面φ4 钢筋网	t	0.01	套 5-294	1.020	0.01	15.670	0.11						
小计				3.60		44.56		0.05		0.00		0.00	

门窗工程	单位	工程量	定额编号	一等木方		一等木板		玻璃 3mm		定额		定额	
				定额	m³	定额	m³	定额	m²				
无纱双扇镶板门带亮	m²	3.75	套 7-21	0.0141	0.053								
门框安装	m²	3.75	套 7-22	0.0023	0.009								
门扇制作	m²	3.75	套 7-23	0.02245	0.084	0.01181	0.044						
门扇安装	m²	3.75	套 7-24					0.1775	0.67				
无纱单扇镶板门带亮	m²	31.95	套 7-17	0.02037	0.651								
门框安装	m²	31.95	套 7-18	0.00383	0.122								
门扇制作	m²	31.95	套 7-19	0.02128	0.680	0.0114	0.364						
门扇安装	m²	31.95	套 7-20					0.1496	4.78				
无纱单扇镶板门无亮	m²	11.34	套 7-25	0.02114	0.240								
门框安装	m²	11.34	套 7-26	0.00369	0.042								
门扇制作	m²	11.34	套 7-27	0.02038	0.231	0.01403	0.159						
木玻璃窗三扇带亮	m²	46.20	套 7-174	0.02436	1.125	0.00042	0.019						

续表

门窗工程	单位	工程量	定额编号	一等木方		一等木板		玻璃 3mm		定额		定额	
				定额	m³	定额	m³	定额	m²				
窗框安装	m²	46.20	套 7-175	0.00259	0.120								
窗扇制作	m²	46.20	套 7-176	0.01881	0.869								
窗扇安装	m²	46.20	套 7-177					0.718	33.17				
木玻璃窗双扇带亮	m²	4.32	套 7-170	0.02249	0.097	0.00052	0.002						
窗框安装	m²	4.32	套 7-171	0.00323	0.014								
窗扇制作	m²	4.32	套 7-172	0.01588	0.069								
窗扇安装	m²	4.32	套 7-173					0.651	2.81				
木玻璃窗单扇无亮	m²	2.25	套 7-166	0.03694	0.083	0.00185	0.004						
窗框安装	m²	2.25	套 7-167	0.00575	0.013								
窗扇制作	m²	2.25	套 7-168	0.01588	0.036								
窗扇安装	m²	2.25	套 7-169					0.651	1.46				
0.00			小计		4.54		0.59		42.89		0.00		

屋面工程	单位	工程量	定额编号	石油沥青玛琋脂		石油沥青油毡		冷底子油		水泥砂浆 1：2		石灰砂浆 1：3	
				定额	m³	定额	m²	定额	kg	定额	m³	定额	m³
二毡三油卷材防水	m²	306.30	套 9-14	0.0061	1.868	2.3794	729	0.4896	149.96				
冷底子油	m²	6.19	套 9-94					0.4848	3.00				
砖墙基防潮层	m²	34.14	套 9-112							0.0204	0.70		
内墙石灰砂浆抹灰	m²	837.79	套 11-1							0.0003	0.25	0.018	15.08
水泥砂浆抹装饰线	m	252.11	套 11-31							0.0013	0.33		
小计					1.87		729		153		1.28		15.08

楼地面工程		单位	工程量	定额编号	现浇 C10 混凝土碎石 40		水泥砂浆 1：2.5		现浇 C20 混凝土碎石 20		水泥砂浆 1：3		素水泥浆	
					定额	m³	定额	m³	定额	m²	定额	m³	定额	m³
屋面	砂浆找平	m²	306.30	套 8-18							0.0202	6.19	0.0010	0.31
	C10 混凝土	m²	6.19	套 8-21					0.0303	0.19	0.00		0.0010	0.01
水泥砂浆地面		m³	13.94	套 8-16	1.0100	14.08					0.00		0.00	
0.00		m²	232.40	套 8-23			0.0202	4.69			0.00		0.0010	0.23
水泥砂浆楼面		m²	111.72	套 8-18			0.00				0.0202	2.26	0.0010	0.11
0.00		m²	111.72	套 8-23			0.0202	2.26			0.00		0.0010	0.11
水泥砂浆踢脚线		m	309.04	套 8-27	0.0012	0.37					0.0018	0.56	0.00	
楼梯水泥砂浆面层		m²	25.17	套 8-24	0.0276	0.69					0.00		0.0014	0.04

续表

楼地面工程	单位	工程量	定额编号	现浇C10混凝土碎石40		水泥砂浆1:2.5		现浇C20混凝土碎石20		水泥砂浆1:3		素水泥浆	
				定额	m³	定额	m³	定额	m²	定额	m³	定额	m³
台阶水泥砂浆面层	m²	7.88	套8-25			0.0299	0.24			0.00		0.0015	0.01
小计					14.08		8.25		0.19		9.00		0.82

墙柱面工程	单位	工程量	定额编号	水泥砂浆1:3		水泥砂浆1:2.5		混合砂浆1:1:6		混合砂浆1:1:4		水泥石子浆1:1.25	
				定额	m³	定额	m³	定额	m²	定额	m³	定额	m³
外墙混合砂浆搓平	m²	264.44	套11-36					0.0162	4.28	0.0069	1.82		
柱面抹水泥砂浆	m²	21.46	套11-34	0.0155	0.33	0.0067	0.14						
浴厕墙裙水泥砂浆	m²	55.89	套11-25	0.0162	0.91	0.0069	0.39						
外勒脚抹水泥砂浆	m²	21.16	套11-25	0.0162	0.34	0.0069	0.15						
零星砌体水泥砂浆抹灰	m²	231.97	套11-30	0.0155	3.60	0.0067	1.55						
水泥砂浆抹装饰线	m	252.11	套11-31	0.0018	0.45	0.0018	0.45						
外墙水刷石装饰	m²	36.17	套11-68	0.0139	0.50	0.0018	0.07					0.0139	0.50
小计					6.13		2.75		4.28		1.82		0.50

天棚面工程	单位	工程量	定额编号	混合砂浆1:3:9		混合砂浆1:0.5:1				纸筋石灰浆		素水泥浆	
				定额	m³	定额	m³	定额		定额	m³	定额	m³
现浇构件天棚抹灰	m²	38.22	套11-286	0.0062	0.24	0.0090	0.34			0.0021	0.08	0.0010	0.04
预制构件天棚抹灰	m²	383.31	套11-287	0.0072	2.76	0.0113	4.33			0.0021	0.80	0.0010	0.38
小计					3.00		4.68		0.00		0.89		0.42

油漆工程	单位	工程量	定额编号	熟桐油		油漆溶剂油		调和漆		清油			
				定额	kg	定额	kg	定额	kg	定额	kg	定额	
木门油漆	m²	47.04	套11-409	0.0425	2.00	0.1114	5.24	0.4697	22.09	0.0175	0.82	0	
木窗油漆	m²	52.77	套11-410	0.0354	1.87	0.0928	4.90	0.3914	20.65	0.0146	0.77	0	
内墙裙油漆	m²	374.67	套11-602	0.0218	8.17	0.0751	28.14	0.1854	69.46	0.0155	5.81	0	
小计					12		38		112		7		0

栏杆扶手	单位	工程量	定额编号	不锈钢管φ89×2.5		不锈钢管φ32×1.5							
				定额	m	定额	m	定额		定额		定额	
楼廊不锈钢栏杆	m	15.00	套8-149	1.06	15.90	5.693	85.40						
楼梯不锈钢扶手	m	7.59	套8-149	1.06	8.05	5.693	43.21						
小计					23.95		128.60		0.00		0.00		0.00

混凝土项目		用量需 m³	中粗砂		40碎石		20碎石		水泥32.5		水泥42.5	
			配量	m³	配量	m³	配量	m³	配量	t	配量	t
混凝土配合比分析表	现浇 C10 混凝土碎石 40mm	14.08	0.62	8.73	0.85	11.97		0.00	0.338	4.76		0.00
	现浇 C20 混凝土碎石 40mm	33.57	0.51	17.12	0.91	30.54		0.00		0.00	0.344	11.55
	现浇 C20 混凝土碎石 20mm	2.48	0.53	1.32	0.00	0.00	0.88	2.18		0.00	0.373	0.93
	预制 C30 混凝土碎石 40mm	1.05	0.42	0.44	0.96	1.00		0.00		0.00	0.396	0.41
	预制 C20 混凝土碎石 20mm	36.46	0.56	20.42	0.00	0.00	0.89	32.45		0.00	0.339	12.36
小计				48.0		43.5		34.6		4.8		25.2

砂浆项目		需用量 m³	中粗砂		石灰膏		绿豆砂		水泥32.5		水泥42.5	
			配量	m³	配量	m³	配量	m³	配量	t	配量	t
砂浆配合比分析表	M5 水泥砂浆	6.69	1.18	7.90		0.00		0.00	0.24	1.61		
	M2.5 混合砂浆	26.67	1.18	31.47	0.07	1.87		0.00	0.13	3.55		
	M5 混合砂浆	4.66	1.18	5.50	0.06	0.28			0.22	1.03		
	M10 混合砂浆	0.43	1.18	0.50	0.05	0.02				0.00	0.31	0.13
	1:2 水泥砂浆	1.28	1.12	1.43		0.00		0.00	0.58	0.74		
	1:2.5 水泥砂浆	11.00	1.18	12.98		0.00		0.00	0.49	5.34		
	1:3 水泥砂浆	15.13	1.18	17.86		0.00		0.00	0.40	6.11		
	1:1.25 水泥豆石子浆	0.50		0.00		0.00	0.76	0.38	0.72	0.36		
	1:1:6 混合砂浆	4.28	1.18	5.06	0.17	0.73		0.00	0.20	0.87		
	1:1:4 混合砂浆	1.82	1.12	2.04	0.24	0.44		0.00	0.29	0.53		
	1:0.5:1 混合砂浆	4.68	0.58	2.71	0.25	1.17		0.00	0.59	2.77		
	素水泥浆	1.24		0.00		0.00			1.50	1.86		
	纸筋石灰浆	0.89		0.00	1.01	0.89						
	石灰砂浆 1:3	15.08	1.18	17.79	0.34	5.13						

第二节 填写清单计价表

本节所填写的清单计价表，是在第三章所填表格基础上，增加了一份开头"综合单价分析表"和结尾"单位工程招标控制价/投标报价汇总表"。而第三章所填表格为：分部分项工程和单价措施项目清单与计价表、总价措施项目清单与计价表、其他项目清单与计价汇总表、暂列金额明细表、计日工表、规费税金项目计价表、主要材料工程设备一览表、封面、扉页、总说明等，这些表格都是列入本章的计价范围。

一、综合单价分析表

本例幼儿园工程，根据表 4.1-1"清单计价资料数据表"，共列有 11 个分部工程计 69

个项目，即：土方工程 5 项、砌筑工程 6 项、钢筋混凝土工程 22 项、门窗工程 6 项、屋面及防水工程 4 项、楼地面工程 5 项、墙柱面装饰工程 8 项、天棚面装饰工程 2 项、油漆涂料工程 6 项、扶手栏杆装饰 2 项、措施项目 3 项等，也就是说共有 69 份"综合单价分析表"。这些"综合单价分析表"均列在光盘 Sheet4 内，在上述表格打开情况下，点击该符号即可看到。

"综合单价分析表"的结构总的可分为三大部分，即：1）转抄填写部分；2）数据计算部分；3）"材料费明细"栏部分。在没有特殊材料的情况下，最后部分一般不操作运转。因此，"综合单价分析表"的主体内容就是由"转抄填写部分"和"数据计算部分"所组成。

（一）"综合单价分析表"的转抄填写

表 4.1-1"计价数据表"其功用之一就是为"综合单价分析表"服务。对"综合单价分析表"中所转抄内容，一般情况下为手工填写，但因前面编制有"计价数据表"，则该表的转抄内容，就会自动跟踪表 4.1-1 内的相应项目，进行自动显示，无需另行手工操作。

在这里我们将表 4.1-1 部分摘录于下，对照该表内颜色格所示内容，转抄到"综合单价分析表"内，见表 4.2-1 颜色格所示，将两者一对照就可知道这两表的相互关系。

清单计价资料数据表　　　　　　　（表 4.1-1 摘录）

工程名称：　幼儿园建筑工程　　　　　人工单价：　77.05 元/工日　　　　管理费和利润：　12%

序号	项目编码	项目名称		计量单位	工程量	定额编号	定额单位	人工费	材料费	机械费
	A	土方工程								
1	010101001001	平整场地		m²	353.28	套 1-48	1m²	2.43	0.00	0.00
2	010101003001	挖地槽		m³	56.07	套 1-8	1m³	43.42	0.00	0.07
3	010101004001	挖地坑		m³	2.57	套 1-17	1m³	48.76	0.00	0.33
4	010103001001	回填土		m³	69.92	套 1-46	1m³	22.65	0.00	3.03
5	010103002001	取土内运	运土	m³	11.27	套 1-53	1m³	12.67	0.00	0.00
			取土	m³	11.27	套 1-2	1m³	25.15	0.00	0.00
	D	砌筑工程		单位	工程量	定额编号	单位	人工费	材料费	机械费

综合单价分析表　　　　　　　　　　表 4.2-1

工程名称：　幼儿园建筑工程　　　　　标段：　土方工程　　　　　第　页　共　页

项目编码	010101001001	项目名称	平整场地	计量单位	m²	工程量	353.28

清单综合单价组成明细

定额编号	定额名称	定额单位	数量	单价			12%	合价			
				人工费	材料费	机械费	管理费和利润	人工费	材料费	机械费	管理费和利润
套 1-48	平整场地	1m²	1	2.43	0.00	0.00	0.29	858.47	0.00	0.00	103.02
								0.00	0.00	0.00	0.00
								0.00	0.00	0.00	0.00
人工单价			小计					858.47	0.00	0.00	103.02
77.05			未计价材料费					0.00			

续表

	清单项目综合单价				2.72			
材料费明细	主要材料名称、规格、型号	单位	数量	单价（元）	合价（元）	暂估单价（元）	暂估合价（元）	
					0.00		0.00	
					0.00		0.00	
	其他材料费				0.00		0.00	
	材料费小计				0.00		0.00	

前面我们已提到，本例工程共有 67 个项目，则"综合单价分析表"就有 67 份，如果是手工转抄填写，其工作量之大可想而知。因此通过"计价数据表"就可以有很大的改观，也就是说，每当我们在"计价数据表"中填写一项内容，就会立刻反映到"综合单价分析表"内，直到表中所示内容填写完成，则该项"综合单价分析表"也随即填写完成。

（二）"综合单价分析表"的数据计算

对"综合单价分析表"的数据计算，我们还是以上述平整场地为示例，如表 4.2-2 内的颜色格所示，就是该项表格的计算内容，即：计算单价栏管理费和利润，计算合价栏人、材、机三费、管理费和利润。具体计算如下。

综合单价分析表　　　　　　　　　　表 4.2-2

| 工程名称： | | 幼儿园建筑工程 | | | 标段： | | 土方工程 | | 第　页　共　页 | | |

| 项目编码 | | 010101001001 | | 项目名称 | | 平整场地 | 计量单位 | m² | 工程量 | 353.28 | |

清单综合单价组成明细

定额编号	定额名称	定额单位	数量	单价			12%	合价			
				人工费	材料费	机械费	管理费和利润	人工费	材料费	机械费	管理费和利润
套 1-48	平整场地	1m²	1	2.43	0.00	0.00	0.29	858.47	0.00	0.00	103.02
								0.00	0.00	0.00	0.00
								0.00	0.00	0.00	0.00
人工单价		小计						858.47	0.00	0.00	103.02
77.05		未计价材料费						0.00			
清单项目综合单价								2.72			

材料费明细	主要材料名称、规格、型号	单位	数量	单价（元）	合价（元）	暂估单价（元）	暂估合价（元）	
					0.00		0.00	
					0.00		0.00	
	其他材料费				0.00		0.00	
	材料费小计				0.00		0.00	

1. 单价栏内"管理费和利润"

计算式为：管理费和利润＝（人工费＋材料费＋机械费）×费率。

如表 4.2-2 中单价管理费和利润＝（2.43＋0.00＋0.00）×0.12＝0.29 元/m²。

2. 合价栏内"人、材、机、管费"

计算式为：合价人工费＝数量×单价人工费×工程量。

合价管理费和利润＝数量×单价管理费和利润×工程量。

如表 4.2-2 中合价人工费＝$1 \times 2.43 \times 353.28 = 858.47$ 元。合价管理费和利润＝$1 \times 0.29 \times 353.28 = 103.02$ 元。

3. 清单项目综合单价

计算式为：清单项目综合单价＝（合价人工费＋合价材料费＋合价机械费＋合价管理费和利润）÷工程量。

如表 4.2-2 中清单项目综合单价＝$(858.47 + 103.02) \div 353.28 = 2.72$ 元/m²。

对以上所述计算内容，在"综合单价分析表"中均已按计算式进行了设置，只要表中所需转抄的数字填写完毕，则表中的计算内容就立即完成，无需另行手工操作。

通过以上所述的转抄填写与数据计算，我们可以得出的答案就是，"综合单价分析表"是与"计价数据表"相依而成的智能表，不需手工干预，不必担心计算错误。

（三）"综合单价分析表"的特殊显示

根据以上所述，"综合单价分析表"是一份随表而生、伴表而立的表格，但有时会遇上当表格（包括"计价数据表"和"综合单价分析表"）中的"工程量"之值为 0.00 时的情况，这时表格中的综合单价不是显示为"0.00"，而是显示为"♯DIV/0!"，如表 4.2-3 中颜色格所示，这是一种不科学表示法的特殊情况。因为：综合单价＝合价费用÷工程量，即当一个费用值用 0.00 来除时是无法用数字表示的。如果表中出现有"♯DIV/0!"时，就会影响下一步计算。

工程量清单综合单价分析表　　　　表 4.2-3

工程名称：		单体式住宅建筑工程		标段：		砌筑工程			第　页共　页		
项目编码		010401001001		项目名称		砖基础	计量单位	m³	工程量		0.00
清单综合单价组成明细											
定额编号	定额名称	定额单位	数量	单价			12%	合价			
				人工费	材料费	机械费	管理费和利润	人工费	材料费	机械费	管理费和利润
套 4-1	砖基础	1m³	1	93.85	198.73	3.14	35.49	0.00	0.00	0.00	0.00
							0.00	0.00	0.00	0.00	0.00
人工单价			小计					0.00	0.00	0.00	0.00
77.05 元/工日			未计价材料费				0.00				
清单项目综合单价							♯DIV/0!				

材料费明细	主要材料名称、规格、型号			单位	数量	单价（元）	合价（元）	暂估单价（元）	暂估合价（元）
							0.00		0.00
							0.00		0.00
	其他材料费						0.00		0.00
	材料费小计						0.00		0.00

若遇这种情况，应将"工程量"值（最好是将第三章中相应"工程量计算表"内的工程量数据）设成四位小数点以下的数字（如0.0001或0.00001），越小越好，这时"综合单价"才会显示为"0.00"，才能进行下一步的金额计算而不受影响。

二、分部分项工程和单价措施项目清单与计价表

该表是对第三章表3.3-1的延续表格，它是将上面所计算的"综合单价"填写到该表内，并计算出"金额合价"得出所需的相应金额，见表4.2-4中"金额（元）"栏的颜色格所示。

该表的具体操作有两大项，即：填写操作和计算操作。

（一）填写操作

该表填写有两大项，即：填写"清单表"内容、填写"综合单价"。

1. 填写"清单表"内容

由于清单计价与工程量清单编制是采用相同表格，所以"清单表"所编制项目在清单计价时要全部转抄过来，以便逐项计价。在本例中会自动跟踪"清单表"进行显示，无需另行手工转抄。

分部分项工程量清单表
表4.2-4

工程名称： 幼儿园建筑工程

序号	项目编码	项目名称	项目特征描述	计量单位	工程数量	金额（元）		其中
						综合单价	合价	暂估价
	A	土方工程					6019.91	
1	010101001001	平整场地	表层土±30cm内挖填找平	m²	242.18	2.72	659.12	
2	010101003001	挖地槽	三类土，挖土深0.78m，弃土运距20m内	m³	56.07	48.71	2731.10	
3	010101004001	挖地坑	同上	m³	2.57	54.98	141.30	
4	010103001001	回填土	槽基和室内回填，夯填	m³	69.92	28.76	2011.02	
5	010103002001	取土内运	三类土，运距50m内，推车运输	m³	11.27	42.36	477.37	
	D	砌筑工程					63759.12	
1	010401001001	砖基础	M5水泥砂浆，标准砖大放脚	m³	23.26	331.21	7703.86	
2	010401003001	1/2砖墙	M2.5水泥石灰砂浆，混水砖墙	m³	6.18	403.70	2494.89	
3	010401003002	1砖墙	M2.6水泥石灰砂浆，混水砖墙	m³	118.52	354.96	42070.05	
4	010401009001	砖柱	M10水泥石灰砂浆，混水1.5砖柱。	m³	1.96	452.76	887.41	
5	010401012001	零星砌体	M5水泥石灰砂浆，混水砖。	m³	22.08	427.37	9436.31	
6	010401012002	砖台阶踏步	C10混凝土垫层，1：2.5水泥砂浆面	m²	7.38	158.08	1166.60	

续表

序号	项目编码	项目名称	项目特征描述	计量单位	工程数量	金额（元）		其中
						综合单价	合价	暂估价
	E	钢筋混凝土工程					603498.55	
	0	现浇构件						
1	010501001001	混凝土垫层	碎石 40mmC20 混凝土	m³	27.27	418.35	11408.51	
2	010503002001	现浇矩形梁	碎石 40mmC20 混凝土	m³	5.63	1332.18	7500.19	
3	010503005001	现浇过梁	碎石 40mmC20 混凝土	m³	0.33	1753.74	578.74	
4	010505005001	现浇有梁板	碎石 40mmC20 混凝土	m³	1.66	1515.16	2515.17	
5	010505003001	现浇平板	碎石 40mmC20 混凝土	m³	0.60	989.57	593.74	
		预制构件					0.00	
6	010510003001	预制门窗过梁	碎石 40mmC20 混凝土	m³	1.03	9053.62	9325.23	
7	010512001001	预制平板	碎石 20mmC21 混凝土	m³	1.11	3722.14	4131.57	
8	010512002001	预制空心板	碎石 20mmC20 混凝土	m³	25.69	5016.22	128866.57	
9	010512003001	预制槽形板	碎石 20mmC20 混凝土	m²	0.96	8195.28	7867.47	
10	010514002001	其他小型构件	碎石 20mmC20 混凝土	m³	8.16	49403.90	403135.83	
	E.15	现浇构件圆钢筋					0.00	
11	010515001001	φ4 圆钢	普通圆钢筋	t	0.008	6410.82	51.29	
12	010515001002	φ6 圆钢	普通圆钢筋	t	0.047	6410.82	301.31	
13	010515001003	φ8 圆钢	普通圆钢筋	t	0.100	5676.03	567.60	
14	010515001004	φ10 圆钢	普通圆钢筋	t	0.077	5308.26	408.74	
15	010515001005	φ14 圆钢	普通圆钢筋	t	0.212	5316.34	1127.06	
		预制构件圆钢筋					0.00	
16	010515002001	φ4 圆钢	普通圆钢筋，绑扎	t	0.502	9298.91	4668.05	
17	010515002002	φ6 圆钢	普通圆钢筋，绑扎	t	0.069	6284.04	433.60	
18	010515002003	φ8 圆钢	普通圆钢筋，绑扎	t	1.517	5584.75	8472.06	
19	010515002004	φ10 圆钢	普通圆钢筋，绑扎	t	0.066	5233.33	345.40	
20	010515002005	φ14 圆钢	普通圆钢筋，绑扎	t	0.045	5229.02	235.31	
		构件箍筋					0.00	
21	010515003001	φ4 圆钢	普通圆钢筋	t	1.305	8002.67	10443.48	
22	010515003002	φ6 圆钢	普通圆钢筋	t	0.075	6955.17	521.64	
	H	门窗工程					24366.00	
1	010801001001	无纱双扇镶板门带亮	框 55mm×95mm，扇 40mm×95mm，玻璃厚 3mm	m²	3.75	220.20	825.75	
2	010801001002	无纱单扇镶板门带亮	同上	m²	31.95	246.47	7874.72	
3	010802001003	无纱单扇镶板门无亮	同上	m²	11.34	251.41	2850.99	
4	010807001001	木玻璃窗三扇带亮	框 55mm×85mm，扇 40mm×55mm，玻璃厚 3mm	m²	46.20	243.05	11228.97	
5	010807001002	木玻璃窗双扇带亮	同上	m²	4.32	213.24	921.19	

续表

| 序号 | 项目编码 | 项目名称 | 项目特征描述 | 计量单位 | 工程数量 | 金额（元） | | 其中 |
						综合单价	合价	暂估价
6	010807001003	木玻璃窗单扇无亮	同上	m²	2.25	295.28	664.39	
	J	屋面及防水工程					17707.91	
1	010902001001	二毡三油卷材防水	20mm厚1：3水泥砂浆找平	m²	306.30	52.46	16068.74	
2	010902003001	刚性屋面	刷冷底子油一道，C20混凝土，双向φ4@200钢筋量	m²	6.19	29.87	184.89	
3	010902004001	屋面落水管	φ100铸铁水斗、水口，铸铁弯头各1个	m	6.50	132.61	861.99	
4	010903003001	砖墙基防潮层	1：2水泥砂浆掺5%防水粉	m²	34.14	17.35	592.29	
0	0	0	0	0	0.00	0.00	0.00	
	L	楼地面工程					16433.12	
1	011101001001	水泥砂浆地面	60mm厚C10混凝土垫层，1：2.5水泥砂浆面	m³	13.94	698.78	9741.05	
2	011101001002	水泥砂浆楼面	20mm厚1：5水泥砂浆找平，1：2.5水泥砂浆面	m²	111.72	31.84	3557.33	
3	011105003001	水泥砂浆踢脚线	1：2.5水泥砂浆面	m	309.04	5.36	1657.94	
4	011106002001	楼梯水泥砂浆面层	1：2.6水泥砂浆面	m²	25.17	46.79	1177.79	
5	011107004001	台阶水泥砂浆面层	1：2.5水泥砂浆	m²	7.88	37.95	299.01	
0	0	0	0	0	0.00	0.00	0.00	
	M	墙柱面装饰工程					38459.16	
1	011201001001	外墙混合砂浆搓平	底1：1：6混合砂浆厚14mm，面1：1：4混合砂浆厚6mm	m²	264.44	17.72	4685.46	
2	011201001002	内墙石灰砂浆抹灰	底1：3石灰砂浆厚16mm，面纸筋石灰浆厚2mm	m²	837.79	14.52	12167.25	
3	011202001001	柱面抹水泥砂浆	底1：3水泥砂浆厚14mm，面1：2.5水泥砂浆厚6mm	m²	21.46	23.81	511.00	
4	011201001003	浴厕墙裙水泥砂浆	底1：3水泥砂浆厚14mm，面1：2.5水泥砂浆厚6mm	m²	55.89	16.30	910.78	
5	011201001004	外勒脚抹水泥砂浆	底1：3水泥砂浆厚14mm，面1：2.5水泥砂浆厚6mm	m²	21.16	16.30	344.83	

续表

序号	项目编码	项目名称	项目特征描述	计量单位	工程数量	金额（元）		其中
						综合单价	合价	暂估价
6	011203001001	零星砌体水泥砂浆抹灰	底1：3水泥砂浆厚14mm，面1：2.5水泥砂浆厚6mm	m²	231.97	61.01	14151.65	
7	011203001002	水泥砂浆抹装饰线	底1：3水泥砂浆厚14mm，面1：2.5水泥砂浆厚6mm	m	252.11	15.25	3845.79	
8	011201002001	外墙水刷石装饰	底1：3水泥砂浆厚14mm，面1：2.5水刷石厚12mm	m²	36.17	50.94	1842.40	
0	0	0	0	0	0.00	0.00	0.00	
	N	天棚面装饰工程					8626.60	
1	011301001001	现浇构件天棚抹灰	底1：0.5：1混合砂浆厚6mm，中1：3：9混合砂浆厚6mm	m²	38.22	18.47	705.88	
2	011302001002	预制构件天棚抹灰	底1：0.5：1混合砂浆厚6mm，中1：3：9混合砂浆厚6mm	m²	383.31	20.66	7920.72	
0	0	0	0	0	0.00	0.00	0.00	
	P	油漆涂料工程					8192.66	
1	011401001001	木门油漆	底油、腻子、调和漆二遍	m²	47.04	25.02	1176.98	
2	011402001001	木窗油漆	底油、腻子、调和漆二遍	m²	52.77	23.40	1234.65	
3	011406001001	内墙裙油漆	底油一遍、刮腻子、调和漆二遍	m²	374.67	10.40	3898.37	
4	011407001001	内墙面刷大白浆	石灰大白浆三遍	m²	463.11	2.04	944.00	
5	011407001003	外墙面刷色浆	石灰色粉油浆二遍	m²	264.44	2.76	728.58	
6	011407004001	装饰线刷白水泥浆	白水泥浆二遍	m²	25.80	8.14	210.08	
	Q	扶手栏杆装饰					19241.77	
1	011503001001	楼廊不锈钢栏杆	不锈钢管ϕ89×2.5，ϕ32×1.5	m	15.00	851.78	12776.74	
2	011503001002	楼梯不锈钢扶手	不锈钢管ϕ89×2.5，ϕ32×1.5	m	7.59	851.78	6465.03	
0	0	0	0	0	0.00	0.00	0.00	
	S	措施项目					15954.33	
	S.1	脚手架工程		0	0	0.00		
1	011701002001	外墙脚手架	高度6.7m，双排钢管脚手架	m²	264.44	12.95	3423.76	

续表

序号	项目编码	项目名称	项目特征描述	计量单位	工程数量	金额（元）		其中
						综合单价	合价	暂估价
2	011701006001	满堂脚手架	最大层高 3.3m，钢管脚手架	m²	421.53	12.34	5202.69	
0	0	0	0	0	0	0.00	0.00	0.00
0	S.3	垂直运输		0		0.00		
3	011703001001	垂直运输	混合结构二层，采用卷扬机	m²	353.28	20.74	7327.88	
0	0	0	0	0	0	0.00	0.00	0.00
			本页小计					
			合计				822259.14	

2. 填写"综合单价"

按照表中每个项目名称，将相应"综合单价分析表"内的"清单项目综合单价"数字逐项填写到相应"综合单价"栏内，见表 4.2-4 中颜色格所示。在本例中，表格会自动跟踪相应"综合单价分析表"进行自动显示，无需另行手工操作。

（二）计算操作

该表中计算内容有：各个项目的合价金额、小计金额与合计金额。

1. 计算"合价"金额

表中各个项目的合价金额，按"工程量×综合单价"进行计算，将其计算值填入表内，如表 4.2-4 中合价栏颜色格所示。

在本例中，只要当"综合单价"填入后，表格会自动进行计算显示，无需另行手工操作。

2. 小计及合计金额

"小计"是指对每个分部工程（如土方工程、砌筑工程等）的合价金额进行小计。

"合计"是指对本表格中各个分部工程的小计金额，进行总的合计。

在本例中，只要当"综合单价"填入后，表格会自动紧随合价金额进行小计及合计，无需另行手工操作。

（三）对表格的操作

表 4.2-4 是一个具有完全自动填写和计算的表格，一旦"计价数据表"编制完成后，该表的金额就伴随"综合单价分析表"生成而相继生成，既快速又准确。

1. 该表的位置

由于该表是伴随"计价数据表"之后，所以要找出该表就需要打开"计价数据表"，然后在编辑框最底边的横条上，用鼠标指针点击 sheet5，即可出现。

2. 表格的分页显示

该表也是一个较长的表格，需要分页才能显示出全部内容，其分页方法为：

用鼠标双击该表格打开，再将鼠标指针移到底部下编辑框外线小方点"■"处，随即按下鼠标左键，即可上下拖动外框线，将下外框线拖到最底边位置，松手即可定型第一页显示范围，之后将鼠标指针移出框外单击一下确定。

然后，将第一页表格复制一份，用鼠标指针双击该复制表格打开，再单击编辑框右边的下翻滚键"▼"，使表格上移动，当移到表顶的项目内容与前页表底项目内容，能相互衔接即可停止。

最后，将鼠标指针移到底部下编辑框外线小方点"■"处，按下鼠标左键上下拖动，将下框线调整到合适位置即可。

三、总价措施项目清单与计价表

该表是对第三章表 3.3-2 的延续表，为加以对照，特将其摘录如下。

总价措施项目清单与计价表 （表 3.3-2 摘录）

工程名称：幼儿园建筑工程 标段： 第 页 共 页

序号	项目编码	项目名称	计算基数		费率（%）	金额（元）	调整费率（%）	调整后金额（元）	备注
			直接费						
1	011707001	安全文明施工费	定额基价		0.75%				
2	011707002	夜间施工增加费							
3	011707003	非夜间施工照明							
4	011707004	二次搬运							
5	011707005	冬雨期施工增加费							
6	011707007	已完工程及设备保护费							
	按湖北省规定	工具用具使用费	定额基价		0.50%				
	按湖北省规定	工程定位费	定额基价		0.10%				
		合 计							

编制人（造价人员）： 复核人（造价工程师）：

本章该表是将表 4.2-4 中的合计金额，填写到该表"计算基数"栏，并按第三章所提供的"费率"计算出相应"金额"即可，如表 4.2-5 中颜色格所示。

总价措施项目清单与计价表 表 4.2-5

工程名称：幼儿园建筑工程 标段： 第 页 共 页

序号	项目编码	项目名称	计算基数		费率（%）	金额（元）	调整费率（%）	调整后金额（元）	备注
			直接费						
1	011707001	安全文明施工费	822259.14		0.75%	6166.94		0.00	
2	011707002	夜间施工增加费			0.00%	0.00		0.00	
3	011707003	非夜间施工照明			0.00%	0.00		0.00	
4	011707004	二次搬运			0.00%	0.00		0.00	
5	011707005	冬雨期施工增加费			0.00%	0.00		0.00	
6	011707007	已完工程及设备保护费			0.00%	0.00		0.00	
	按湖北省规定	工具用具使用费	822259.14		0.50%	4111.30		0.00	
	按湖北省规定	工程定位费	822259.14		0.10%	822.26		0.00	
						0.00		0.00	
		合 计				11100.50		0.00	

编制人（造价人员）： 复核人（造价工程师）：

注：1. "计算基数"中安全文明施工费可为"定额基价"、"定额人工费"或"定额人工费＋定额机械费"，其他项目可为"定额人工费"或"定额人工费＋定额机械费"。

2. 按施工方案计算的措施费，若无"计算基数"和"费率"的数值，也可只填"金额"数值，但应在备注栏说明施工方案出处或计算方法。

(一) 表格的自动功能

本表具有自动跟踪功能，不需另行手工操作。其自动功能表现在以下三个方面。

(1) 该表能与表4.2-4伴随生成，当表4.2-4中的总合计金额得出后，该金额数就立刻显示在本表的"计算基数"栏内。

(2) 该表能与第三章表3.3-2对应，当表3.3-2按要求填写完成后，其相应费率（％）就会立刻自动显示在表4.2-5内。

(3) 该表金额会按"计算基数×费率（％）"进行自动计算，并将金额值显示在相应栏格内。

(二) 表格的位置

该表既然是伴随前面一些表格相继生成，所以要找出该表，就需要打开本表之前的表4.2-4，然后在编辑框最底边的横条上，用鼠标指针点击sheet6，并单击编辑框右边的上下翻滚键（▲、▼），即可找出。

四、其他项目清单与计价汇总表

(一) 汇总表

该表是对第三章表3.3-3的延续表，它是其下所属分表的汇总表，它将相应分表的合计金额填写到该表内，见表4.2-6中颜色格所示。在本例中该表"金额"会自动跟踪下述分表进行显示，无需另行手工操作。该表所处位置与上表同页，打开上表即可找到。

其他项目清单与计价汇总表　　　　　　　　　表4.2-6

工程名称：幼儿园建筑工程　　　　　　　　标段：　　　　　　　第　页　共　页

序号	项目名称	金额（元）	结算金额（元）	备注
1	暂列金额	41112.96		见暂列金额明细表
2	暂估价	0.00		0
2.1	材料（工程设备）暂估价/结算价	0.00		0
2.2	专业工程暂估价/结算价	0.00		见专业工程暂估价表
3	计日工	4314.80		见计日工表
4	总承包服务费	0.00		见总承包服务费计价表
5	索赔与现场签证			0
	合计	45427.76		

注：材料（工程设备）暂估单价进入清单项目综合单价，此处不汇总。

(二) 分表

根据第三章"工程量清单"，只填写有"暂列金额明细表"和"计日工表"。

1. "暂列金额明细表"

该表是按第三章表 3.3-4 所提 5‰ 预留金，将表 4.2-4 中的合计金额，填写到备注栏内，并计算出金额，填写到本表内而成，见表 4.2-7 中颜色格所示。本例该表会自动跟踪所述相应表格，进行显示和计算，无需另行手工操作。该表所处位置与上表同页，打开上表即可找到。

暂列金额明细表　　　　　　　　　　　　表 4.2-7

工程名称：　幼儿园建筑工程　　　　　　标段：　　　　　　第　页　共　页

序号	项目名称	计量单位	暂列金额（元）		备注
1	按直接费 5‰ 预留金额作为小型遗漏项目	1 项	41112.96	5.00‰	822259.14
2	0				
3	0				
0					
	合　计		41112.96		

注：此表由招标人填写，如不能详列、也可只列暂定金额总额，投标人应将上述暂列金额计入投标总价中。

2. "计日工表"

该表是第三章表 3.3-5 的延续表格，按其所提 50 工日，在该表内填写人工单价 77.05 元，加 12% 管理费利润，便可计算出金额填写到 "暂定" 栏内，见表 4.2-8 颜色格所示。本例该表会自动跟踪所述相应表格，进行显示和计算，无需另行手工操作。该表所处位置与上表同页，打开上表即可找到。

计日工表　　　　　　　　　　　　表 4.2-8

工程名称：　幼儿园建筑工程　　　　　　标段：　　　　　　第　页　共　页

编号	项目名称	单位	暂定数量	实际数量	综合单价（元）	合价（元）	
						暂定	实际
一	人工				12%		
1	扫尾工程中零星用工	工日	50	0	77.05	4314.80	
2	0		0	0	0		
3	0		0	0	0		
	人工小计					4314.80	
二	材料		0	0	0		
1	0		0	0	0		
2	0		0	0	0		
3	0		0	0	0		
	材料小计					0.00	
三	施工机械		0	0	0		
1	0		0	0	0		
2	0		0	0	0		
3	0		0	0	0		
	施工机械小计					0.00	
合　计						4314.80	

注：此表项目名称，暂定数量由招标人填写，编制招标控制价时，单价由招标人按有关计价规定确定；投标时，单价由投标人自主报价，按暂定数量计算合价计入投标总价中。结算时，按发承包双方确认的实际数量计算合价。

五、规费、税金项目计价表

规费、税金项目计价表是第三章表 3.3-6 的延续表格，为对照说明，将其摘录如下。

规费、税金项目计价表 （表 3.3-6 摘录）

工程名称：幼儿园建筑工程　　　　　　　　　　标段：　　　　　　　　　第　页　共　页

序号	工程名称	计算基础	计算基数			计算费率（%）	金额（元）
			直接费	措施费	其他费		
1	规费					6.00%	
1.1	社会保险费	定额基价				5.80%	
(1)	养老保险费	定额基价				3.50%	
(2)	失业保险费	定额基价				0.50%	
(3)	医疗保险费	定额基价				1.80%	
(4)	工伤保险费						
(5)	生育保险费						
1.2	住房公积金						
1.3	工程排污费	定额基价				0.05%	
1.4	工程定额测定费	定额基价				0.15%	
2	税金	直接费＋措施费＋其他费＋规费				3.41%	
合计							0.00

编制人（造价人员）：　　　　　　复核人（造价工程师）：

根据表 3.3-6 所提供"计算费率"，在该表内按表 4.2-4 的合计金额填写"计算基数"，并计算出相应金额，填写到"金额（元）"内，见表 4.2-9 中颜色格所示。

规费、税金项目计价表 表 4.2-9

工程名称：幼儿园建筑工程　　　　　　　　　　标段：　　　　　　　　　第　页　共　页

序号	工程名称	计算基础	计算基数			计算费率（%）	金额（元）
			直接费	措施费	其他费		
1	规费					6.00%	97026.58
1.1	社会保险费	定额基价	822259.14			5.80%	47691.03
(1)	养老保险费	定额基价	822259.14			3.50%	28779.07
(2)	失业保险费	定额基价	822259.14			0.50%	411.30
(3)	医疗保险费	定额基价	822259.14			1.80%	0.00
(4)	工伤保险费					0.00%	0.00
(5)	生育保险费					0.00%	0.00
1.2	住房公积金					0.00%	0.00
1.3	工程排污费	定额基价	822259.14			0.05%	411.13
1.4	工程定额测定费	定额基价	822259.14			0.15%	1233.39
0	0					0.00%	0.00
2	税金	直接费＋措施费＋其他费＋规费	822259.14	11100.50	45427.76	3.41%	33275.26
合计							1300301.83

编制人（造价人员）：　　　　　　复核人（造价工程师）：

本例该表会自动跟踪表 3.3-6 的费率和表 4.2-4、表 4.2-5、表 4.2-6 的合计金额进行显示和计算，无需另行手工操作。该表所处位置与上表同页，打开上表即可找到。

六、主要材料、工程设备一览表

该表是根据表 4.1-1 "计价数据表" 中 "工程量" 和 "定额编号"，查询《定额基价表》，经计算后而填写的表格，由于前面已编制了 "主要施工材料数据表"，则本例表中的 "材料名称"、"单位"、"数量" 均会自动跟踪表 4.1-2 进行显示。表中 "风险系数" 按常规填写为≤5%，若另有商议，另行用手工填写。

承包人提供主要材料和工程设备一览表

（适用于造价信息差额调整法）　　　　　表 4.2-10

工程名称：幼儿园建筑工程　　　　　　标段：　　　　　　　第 页 共 页

序号	名称、规格、型号	单位	数量	风险系数（%）	基准单价（元）	投标单价（元）	发承包人确认单价（元）	备注
1	不锈钢管 φ89×2.5	m	23.95	≤5%	180.00			
2	不锈钢管 φ32×1.5	m	128.60	≤5%	28.50			
3	φ10 以内圆钢	t	3.60	≤5%	3720.00			
4	φ10 以上圆钢	t	0.05	≤5%	3720.00			
5	镀锌钢丝 22♯	kg	44.56	≤5%	8.50			
6	一等木方	m³	4.54	≤5%	2754.00			
7	一等木板	m³	0.59	≤5%	2754.00			
8	二等板方材	m³	1.24	≤5%	2184.00			
9	玻璃 3mm	m²	42.89	≤5%	17.50			
10	水泥 42.5	t	25.38	≤5%	480.00			
11	水泥 32.5	t	29.52	≤5%	480.00			
12	石灰膏	m³	4.50	≤5%	110.50			
13	中粗砂	m³	135.46	≤5%	75.00			
14	40 碎石	m³	43.52	≤5%	79.50			
15	20 碎石	m³	34.63	≤5%	80.50			
16	普通黏土砖	千块	92.78	≤5%	292.00			
17	石油沥青 10♯	kg	2004.46	≤5%	3.00			
18	石油沥青油毡	m²	728.81	≤5%	4.00			
19	调和漆	kg	112.21	≤5%	14.50			
20	清油	kg	7.40	≤5%	18.50			
21	熟桐油	kg	12.04	≤5%	21.00			
22	油漆溶剂油	kg	38.28	≤5%	4.10			

注：1. 此表由招标人填写除 "投标单价" 栏的内容，投标人在投标时自主确定投标单价。
　　2. 招标人应优先采用工程造价管理机构发布的单价作为基准单价，未发布的，通过市场调查确定其基准单价。

另外，若编制人是招标方，应按《定额基价表》中材料单价或市场信息价格填写 "基准单价"，见表 4.2-10 中颜色格所示。若是投标方，应按本企业的 "企业定额基价表" 填写 "投标单价"。该表所处位置与上表同页，打开上表后即可找到。

七、单位工程招标控制价/投标报价汇总表

该表是将表 4.2-4～表 4.2-9 中的计算金额数据结果进行汇总的表格，见表 4.2-11 所示。该表格的金额合计值，就是该项单位工程的基本造价，即单位工程费用＝分部分项工程费＋措施项目费＋其他项目费＋规费＋税金。在本例中，该表会自动跟踪前面相关表格，进行显示和计算，无需另行手工操作。

该表中：序号 1、分部工程的金额，是跟踪表 4.2-4 内的小计及合计金额进行显示。

序号 2、措施项目的金额，是跟踪表 4.2-5 的计算金额进行显示。

序号 3、其他项目的金额，是跟踪表 4.2-6 的计算金额进行显示。

序号 4、5 规费和税金的金额，是跟踪表 4.2-9 的计算金额进行显示。

表中招标控制价合计＝分部分项工程费＋措施项目费＋其他项目费＋规费＋税金。表格会进行自动计算显示，无需另行手工操作。

表中每平方米造价＝招标控制价合计/建筑面积，是我们为提供审查核实参考另行增加的单位工程造价指标，它不属该表的规定数据。

该表所处位置与上表同页，打开上表即可找到。

单位工程招标控制价/投标报价汇总表　　　　　表 4.2-11

工程名称：幼儿园建筑工程　　　　　标段：　　　　　第 1 页　共　页

序号	汇总内容	金额（元）	其中：暂估价（元）
1	分部工程	822259.14	
1.1	土方工程	6019.91	
1.2	砌筑工程	63759.12	
1.3	钢筋混凝土工程	603498.55	
1.4	门窗工程	24366.00	
1.5	屋面及防水工程	17707.91	
1.6	楼地面工程	16433.12	
1.7	墙柱面装饰工程	38459.16	
1.8	天棚面装饰工程	8626.60	
1.9	油漆涂料工程	8192.66	
1.10	扶手栏杆装饰	19241.77	
1.11	措施项目	15954.33	
2	措施项目	11100.50	
2.1	其中：安全文明施工费	6166.94	
2.2	其中：夜间施工增加费	0.00	
2.3	其中：非夜间施工照明	0.00	
2.4	其中：二次搬运	0.00	
2.5	其中：冬雨期施工增加费	0.00	
2.6	其中：已完工程及设备保护费	0.00	
2.7	其中：工具用具使用费	4111.30	
2.8	其中：工程定位费	822.26	
3	其他项目	45427.76	
3.1	其中：暂列金额	41112.96	

续表

序号	汇总内容	金额（元）	其中：暂估价（元）
3.2	其中：专业工程暂估价/结算价	0.00	
3.3	其中：计日工	4314.80	
3.4	其中：总承包服务费	0.00	
4	规费	97026.58	
5	税金	33275.26	
	招标控制价合计＝1＋2＋3＋4＋5	1009089.22	
	每平方米造价＝合价/建筑面积	2856.36	

注：本表适用于单位工程招标控制价或投标价的汇总，如无单位工程划分，单项工程也使用本表汇总。

八、封面、扉页、总说明的填写

清单计价的封面、扉页和总说明，分为招标控制价和投标报价分别填写。招标控制价的封面、扉页和总说明，可以在"工程量清单"封面、扉页和总说明的基础上，加以适当修改而成，如图 4.2-1 所示。

封面填写招标单位名称、盖公章。

扉页填写招标单位名称盖章、法人代表签字盖章、编制人签字盖章。

总说明要填写：工程概况、现场环境、招标范围、编制依据、质量要求及其他说明。

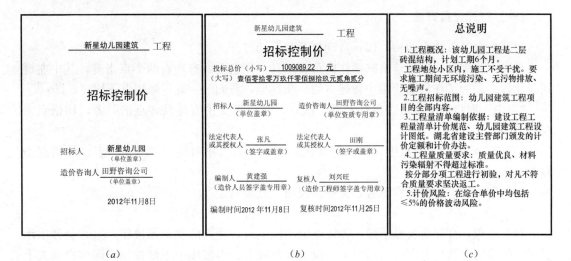

图 4.2-1 清单计价封面、扉页、总说明

（a）封面；（b）扉页；（c）总说明

第五章 光盘操作知识

通过第一章至第四章叙述可以看出，在编制清单与清单计价工作中，都是采用了具有计算功能的表格，才能获得快速的结果。

列在光盘上的表格都具有简化计算操作，减轻劳动强度，修改更新容易等特点。为此，如何利用电脑对光盘表格进行通俗易懂的熟练操作，就是本章所要介绍的内容。

第一节 光盘表格的开启

要使用光盘上的表格，首先必须要学会对光盘操作的基本知识，在这里，着重介绍"光盘及表格的开启"、"表格的移动和移植"。

一、光盘及表格开启

只有打开光盘，才能看见表格；只有打开表格，才能行使编辑操作。

（一）打开光盘方法

打开光盘的方法有两种，即：自动打开和手动打开。

手动即用鼠标，鼠标是电脑操作的重要工具，在它上面有左右两个点击键，其中左键用得比较多，为了在后面使用中叙述方便，在这里，我们统一规定采用以下称呼，即：

"点击"即指用手指点击鼠标左键 1 次，凡是以后文中有述及"点击"者，均指点击左键 1 次。

"双击"即指用手指点击鼠标左键 2 次，凡是以后文中有述及"双击"者，均指点击左键 2 次。

如果用手指点击鼠标右键者，文中会说明"点击右键"。

1. 自动打开光盘

接上电源，打开电脑显示屏，先按电脑主机上放置光盘的驱动器按钮，这时会弹出承盘屉，然后将光盘（有字的一面向上）放入承盘屉上，再揿按一下该按钮，即可自动关上承盘屉，等数秒钟后，在电脑显示屏上就会出现如图 5.1-1 所示光盘窗口。

在该窗口右边白色空旷部分，有如图标 W，在图标下面注有"第一套 住宅建筑工程快速计算表"、"第二套 幼儿园建筑工程快速计算表"等文字，这就是存放表格的文件，只要用鼠标双击打开它就可看见表格。

2. 手动操作打开光盘

打开电脑后，按上述方法放好光盘，将鼠标指针对准电脑屏幕上"我的电脑"图标，双击左键打开"我的电脑"，就会出现一个"我的电脑"窗口，如图 5.1-2 所示，

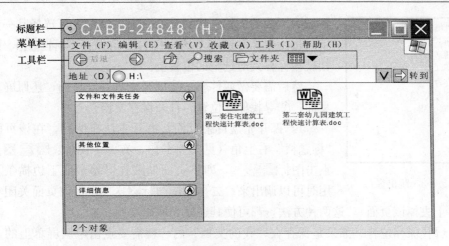

图 5.1-1　打开电脑后出现的光盘窗口

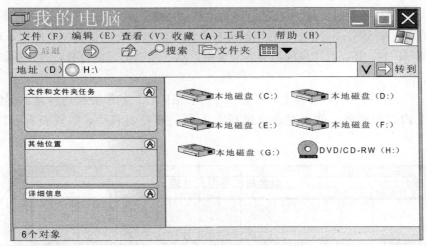

图 5.1-2　"我的电脑"窗口

在白色空旷部分中有 3～5 个"本地磁盘"图标（如 本地磁盘（F:）) 和 1 个光盘图标 DVD/CD-RW（H:），然后再对其中"DVD/CD-RW（H:）"图标 双击左键，即可打开如图 5.1-1 所示的光盘窗口，看见存放表格的文件夹。

（二）打开表格

当光盘窗口打开后，就会看见存放有表格的文件名称，如图 5.1-1 中所示的图标 。

1. 打开文件表格

（1）方法一：打开光盘窗口（如图 5.1-1 所示）后，将鼠标指针对准某文件夹图标 ，双击左键打开，这时就会在电脑屏幕上出现相应表格。

（2）方法二：光盘打开后，将鼠标指针对准某文件夹图标，单击右键，这时会跳出一菜单窗口，如图 5.1-3 所示，用鼠标指针点击其中"打开"，也可使屏幕上出现该项表格。

（3）特殊情况：有些电脑装有安全浏览器，当你点击某文件夹图标时，会跳出一个"另存为"窗口框，要求你先将该文件夹存储到窗口上指定位置，在该窗口中，多将其位

193

图 5.1-3 跳出窗口

置设为"我的文档"或"桌面"上。这两者可选择其一点击一下，再用鼠标左键点击该窗口右下角保存图标 保存(S)，则该文档就被保存到所选定的位置上。

然后需要做两件事：①挪开光盘目录页面，还原屏幕原始桌面；②寻找保存位置，打开保存文档。

1）挪开光盘目录页面。挪开方法有两种，在该页面顶部"标题栏"右上角（见图 5.1-1），有 3 个图标：▭ ▱ ☒。一是点击图标▭ 最小化，即将页面储藏在屏幕最底下边横条上，需用时可以调出来。二是点击图标☒ 关闭，将该页面关闭（即在"桌面"上去掉该页面）。这两种方法，都可使其还原为原始桌面。

2）寻找保存位置。如果是保存在"我的文档"内，就需要点击电脑屏幕上的"我的文档"图标打开，在其中找到被保存的文件夹名称，再双击即可。

如果是保存在"桌面"，就可在电脑屏幕上看到该文件夹的图标 ，双击它即可打开。

以上所述"打开文件夹"后，在电脑屏幕上出现的表格，仅仅是一个图像，还不能使用操作，要操作它，还需要用鼠标指针对准表格，双击左键则可以打开，打开后如图 5.1-4 所示框线表格。

当某文件夹被打开后，屏幕上只可看到一种表格内容，如果表格内容显示不全，或要查看另一个内容表格时，就要对表格进行上下翻动和左右移动，以便查看和行使编辑工作。

	A	B	C	D	E	F	G	H	I	J	K
1	表6-1-1				组合房间平面尺寸表						
2	工程名称：水榭建筑工程										
3	房屋平面尺寸(m)		当心间阔	1次间阔	2次间阔	3次间阔	稍间阔	廊道阔	通面阔	台明出阔	
4			4.91	3.37	0.00	0.00	0.00	1.16	13.97	0.30	
5			当心间深	1次间深	2次间深	3次间深	稍间深	廊道深	通面深	台明出深	
6			3.21	1.13	0.00	0.00	0.00	1.16	7.79	0.30	
7	前台阶(如意式)		踏步宽	踏步高	下阶长	中阶长	中阶长	中阶长	上阶长	垂带御路宽	
8			0.30	0.15	4.61	0.00	0.00	0.00	5.21	0.00	
9											
10											

上下翻滚键

左右移动键

Sheet1 / Sheet2 / Sheet3 / Sheet4

图 5.1-4 打开的表格

2. 上下翻动表格

即指翻看表格的上（下）面或前（后）面内容。在表格打开的情况下，如图 5.1-4 右侧所示，最右边条状上方有一个上翻键图标▲，下方有一个下翻键图标▼。用鼠标指针对准该上（下）图标点击一下，则表格就可随即上（下）移动一行，点击几次就移动几行。这样就可使表格上下移动，查找上下所需表格。

3. 左右移动表格

即指翻看表格的左（右）部分内容。在表格打开的情况下，如图 5.1-4 底边所示，在其下边的右半横条，列有左右移动图标◀ ▶，用鼠标分别点击它，即可以使表格左右移动，每点击一次，可使表格向左（右）移动一格，点击几次就移动几格，这样就可以增减表格左右内容。

194

（三）关闭表格

当光盘表格打开后，可以对表格进行写字、画线、计算、修改等各种各样的操作，我们将这些操作称为对表格进行"编辑"。每份表格编辑完成后，就可以结束表格工作状态，我们称此为"退出"，即关闭表格。要想退出工作状态关闭表格，其操作很简单，只需将鼠标指针移动到图 5.1-4 所示方框之外，任何地方点击一下即可，这时表格即恢复到静止图像显示状态。因此，关闭表格，即用鼠标在框外点击即可。

二、表格的移动和移植

通过上述，找到光盘上有关表格后，需要将其移动或移植到你所书写的文档页面上，这样才能方便按需使用。其移动或移植操作分为：选中复制、粘贴保存等两步。

（一）选中复制

1. 选中

在人们交谈中，我们一般用手指指一下某物，说这是我要选取的对象。同理，我们要想使用光盘上某一表格时，也要使用一种动作告诉电脑，说明这是我要选取的表格，此称为"选中"。其方法为：

用鼠标指针对准你想使用的表格，点击一下，这时，在该表图像的四周，每边会出现有 3 个小圆圈"○"，如图 5.1-5 四周所示，即表示该表被选中。

组合房间平面尺寸表

工程名称：水榭建筑工程　　　　　　　　　　　　　　　　　　　　　　单位：m

房屋平面尺寸（m）	当心间阔	1次间阔	2次间阔	3次间阔	稍间阔	廊道阔	通面阔	台明出阔
	4.91	3.37	0.00	0.00	0.00	1.16	13.97	0.30
	当心间深	次间1深	次间2深	次间3深	次间4深	廊道深	通进深	台明出深
	3.21	1.13	0.00	0.00	0.00	1.16	7.79	0.30
如意式台阶	踏步宽	踏步高	上阶长	中1阶长	中2阶长	中3阶长	下阶长	垂带御路宽
前门踏跺	0.30	0.15	4.61	0.00	0.00	0.00	5.21	0.00
后门踏跺								

图 5.1-5　表格的选中

2. 复制

光盘上的表格一般最好不要直接使用，因要长期利用它作为我们的计算工具，所以要把它作为原始档案，保持它的原状。使用时，我们要通知电脑，让它按其原状制作一份复制品供我们使用，此称为"复制"。其方法为：

（1）复制方法一：对选中的表格，点击鼠标右键，即刻跳出一个菜单窗口，如图 5.1-6 所示，再将鼠标指针对准其中"复制（C）"左击一下，则电脑会接到命令自动在后台进行复制。

（2）复制方法二：当表格选中后，在电脑屏幕顶部有三

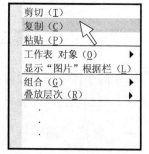

剪切（T）
复制（C）
粘贴（P）
工作表 对象（O）　▶
显示"图片"根据栏（L）
组合（G）　　　　　▶
叠放层次（R）　　　▶

图 5.1-6　复制粘贴窗口

个横条栏（即标题栏、菜单栏、工具栏），如图 5.1-7 所示，在最下"工具栏"中，有很多工具图标，鼠标移至其上会显示出名称，将鼠标指针移到"复制"图标，点击一下左键，则电脑就会接到命令，自动在后台进行复制工作。

标题栏 —— 盘-2.doc - Wicrosoft Word
菜单栏 —— 文件(F) 编辑(E) 视图(V) 插入(I) 格式(O) 工具(T) 表格(A) 窗口(W)
工具栏 ——

图 5.1-7 屏幕顶部横条栏

（二）粘贴保存

1. 粘贴

由于复制工作是在后台进行，在屏幕上看不到，需要告诉电脑，请它将复制品调出来，送到我们指定的屏幕页面上，让其显示出来，此操作称为"粘贴"。粘贴方法为：

首先要为电脑提供一个位置（即文档），供作电脑送货地址，此地址有两种：

（1）使用你原有的文档作为地址：如果你在电脑内存放有一个现成使用的文档页面，通过查找你存放文档的存储处，将它调出到屏幕上，供电脑作为送货（粘贴）地址。

（2）创建新的文档作为地址：将鼠标指针移到屏顶"工具栏"（如图 5.1-7 所示）的左角图标，这时，在鼠标指针下方就会出现 新建空白文档 文字，随即点击一下鼠标左键，即可在屏幕上弹出一个空白文档页面，此页面就可供作你撰写文章和电脑送货地址。

当你的地址页面出来以后，再将鼠标指针移到屏顶"工具行"的"粘贴"图标，点击一下（或单击鼠标右键，在跳出菜单窗口图 5.1-6 中，点击"粘贴（P）"），即可在空白文档上出现你所复制的表格。

如果粘贴的表格，其位置不合要求，可以用鼠标指针对准该表格按下左键，即可进行上下左右拖移，直到拖到适合位置后松手，则表格即可移植在此。

2. 保存

当表格移植到你的空白文档页面后，就可以按后面所述相应方法，进行编辑或修改，当编辑修改完成，或者暂停工作，就需要通知电脑将此表格保存起来，留待下次继续使用。保存方法如下：

将鼠标指针移至屏顶"工具行"（如图 5.1-7 所示）的左边图标，鼠标指针下即刻出现 保存 文字，随即点击一下鼠标左键，则电脑即可完成保存工作。

第二节 编制表格的结构形式

在实际工作中，根据不同用途，每种表格的宽窄大小、内容多少，都有不同的结构形式要求，要编制适用的表格，就要掌握一些基本操作技能。

一、表格"编辑框"

"编辑框"是编制表格的工作平台，我们已在前面图 5.1-4 见过，光盘上每份表格都是建立在一个"编辑框"内，一个"编辑框"可以编制很多表格。当我们用鼠标指针对准光盘上任何表格进行"双击"打开后，就可看到如图 5.2-1 所示的"编辑框"。正是有了这个"编辑框"，才能进行具体的编辑工作（如输入内容、编排表格等），编制出符号需要的表格。要想编制好表格，必须要对"编辑框"的结构有所认识和了解。

	A	B	C	D	E	F	G	H	I	J	K
1	表6-1-1				组合房间平面尺寸表						
2	工程名称：水榭建筑工程										
3	房屋平面尺寸（m）		当心间阔	1次间阔	2次间阔	3次间阔	稍间阔	廊道阔	通面阔	台明出阔	
4			4.91	3.37	0.00	0.00	0.00	1.16	13.97	0.30	
5			当心间深	1次间深	2次间深	3次间深	稍间深	廊道深	通面深	台明出深	
6			3.21	1.13	0.00	0.00	0.00	1.16	7.79	0.30	
7	前台阶（如意式）		踏步宽	踏步高	下阶长	中阶长	中阶长	中阶长	上阶长	垂带御路宽	
8			0.30	0.15	4.61	0.00	0.00	0.00	5.21	0.00	
9											
20											
21											
22											

Sheet1 / Sheet2 / Sheet3 / Sheet4

图 5.2-1 表格编辑框

（一）"编辑框"的外框

"编辑框"由上、下、左、右四个外边框所围成，如图 5.2-1 深色外框所示，这四个外边框各有不同的作用。

1. 上边框

上边框是用来编辑表格列宽的工具，在边框上显示有编辑项目列的列号（如：A、B、C…），用鼠标点击某个列号，该"列号格"即变成深蓝色，而该列整个变成浅灰色，表示该列被选中，如图 5.2-1 中列号 D 列所示。在两列交界处按住鼠标左键左右拉动，可以调整列宽。

2. 左边框

左边框是用来调整表格横行高的工具，在边框上显示有编辑项目行的自然序号（如：1、2、3…），用鼠标分别点击某个序号，该序号格即变成深蓝色，而该横行整个变成浅灰色，表示该行被选中，如图 5.2-1 中序号 5 行所示。在上下行交界处按住鼠标左键上下拉到，可以调整行高。

3. 右边框

右边框是用来翻动上下（前后）页面的工具，在边框上显示有编辑用的上下翻滚键（▲、▼），用鼠标分别点击符号▲、▼，可以使框中表格上下移动，以便查看表格上下内容。

4. 下边框右方

下边框右方是用来翻动左右页面的工具，在右边框上标有编辑用的左右翻滚键（◀、▶），用鼠标分别点击符号◀、▶，可以使框中表格左右移动，以便查看表格左右内容。

5. 下边框左方

下边框左方是用来储存表格的仓库间（页面），在左边框上显示有存放表格的仓库间（页面）编号（如：sheet1、sheet2、sheet3……），用鼠标分别点击这些相应编号，可以查看该页所存放的表格。在本光盘中：

sheet1 存有：编制清单用的"资料数据表"和各个项目"工程量计算表"。

sheet2 存有：编制工程量清单所用的表格，如"分部分项工程和单价措施项目清单与计价表"、"总价措施项目清单与计价表"、"其他项目清单与计价表"、"规费、税金项目计价表"、"主要材料、工程设备一览表"。

sheet3 存有：清单计价用的"清单计价资料数据表"。

sheet4 存有：清单计价用的各个项目《综合单价分析表》。

sheet5 存有：清单计价用的"分部分项工程和单价措施项目清单与计价表"。

sheet6 存有：清单计价用的"总价措施项目清单与计价表"、"其他项目清单与计价表"、"规费、税金项目计价表"、"主要材料、工程设备一览表"等。

（二）边框外线上黑点

如图 5.2-1 所示，在四个边框的外框线上，每边中间有 1 个小方黑点"■"，它拉伸扩大或缩小编辑框的工具。其中，上黑点和左黑点一般不用，下黑点和右黑点作用如下。

1. 下框线中间黑点■

下黑点是拉伸扩大或缩小编辑框上下距离的工具，当将鼠标指针移到该黑点时，鼠标指针即变成上下双箭线↕，这时按住鼠标左键，即可拉动该边框线上下移动，扩大或缩小上下距离，用以显示表格中更多或减少项目行内容。

2. 右框线中间黑点■

右黑点是拉伸扩大或缩小编辑框左右距离的工具，当将鼠标指针移到该黑点时，鼠标指针即变成横向双箭线↔，这时按住鼠标左键，即可拉动该边框线左右移动，扩大或缩小左右距离，用以显示表格更多或减少项目列内容。

（三）框内"项目格"

在"编辑框"四个外框之内，是由多个横行和纵列所组成的格子，这些格子称为"项目格"，它是用来组成表格填写文字或数据的单元，每个单元"项目格"的大小，可按下述调整。

1. 单元"项目格"的横向长

单元"项目格"的横向长，是用来容纳多个文字或数字的横扩区间，称为"列宽"，可以用上述上边框来调节。

2. 单元"项目格"的上下高

单元"项目格"的上下高，是用来重叠多个文字或数字的竖向区间，称为"行高"，可以用上述左边框来调节。

3. 单元"项目格"的合并

单元"项目格"的合并，是将多个单元"项目格"合并为一个大"项目格"，用于一个"项目名称"包含有多个因素的表格，操作方法将在后面专述。

二、表格结构操作

"编辑框"内的表格是由若干横行和竖列所组成，在每个行列中包含有若干个小横格，调整行列的多少和横格的高宽，就可得到不同结构形式的表格。用鼠标对准表格双击打开后，就可对编辑框内的小横格进行宽窄、高低、增多、减少等操作，直到编制出符合需要的表格结构形式。

（一）表格内的选项与填写

光盘中的每份表格，都划分有很多填写项目名称或数字的"项目格"，它用于填写或修改项目名称的文字和数字。要想在某一格进行填写操作，就必须首先选中该格后才能进行填写。

1. 项目格的选中

在表格打开情况下，将鼠标指针移到你需要使用的"项目格"，点击鼠标左键，则此"格"会出现双矩形外框"▭"，如图5.2-2中"4.91"格所示，表示该"格"被选中，这时，你才可以在此格内填写你所想要填写的内容。

如果要想选中多格，按下鼠标左键向后拖动，所拖之格会变成浅色，表示这些格被选中，选中完毕后松指即可。如图5.2-2中廊道阔"1.16"以后的两格全选中所示。

	A	B	C	D	E	F	G	H	I	J	K
1				组合房间平面尺寸表							
2	工程名称：										
3	房屋平面尺寸（m）		当心间阔	1次间阔	2次间阔	3次间阔	稍间阔	廊道阔	通面阔	台明出阔	
4			4.91	3.37	0.00	0.00	0.00	1.16	13.97	0.30	
5			当心间深	1次间深	2次间深	3次间深	稍间深	廊道深	通面深	台明出深	
6			3.21	1.13	0.00	0.00	0.00	1.16	7.79	0.33	
7	前台阶（如意式）		踏步宽	踏步高	下阶长	中阶长	中阶长	中阶长	上阶长	垂带御路宽	
8			0.30	0.15	4.61	0.00		0.00	5.21	0.00	
9											

Sheet1 / Sheet2 / Sheet3 / Sheet4

图5.2-2 项目格的选中

2. 项目格的填写

当选中某"项目格"后，随即用键盘敲打（称为输入）所应填写的内容（如项目名称的文字或数字），双框内即可显示出来。该"格"填写完后，然后敲打一下键盘上符号"→"（或将鼠标指针移到下一格点击一下），则表示该"格"填写完成，并进入下一格填写。

如在图5.2-2中，将"当心间阔"中的4.91改为5.20时，则在表格打开情况下，用鼠标指针对准"4.91"左击一下，表示选中；随即用键盘输入5.20，再将鼠标指针移出格外左击一下，即可完成输入工作，则该格将显示为"5.20"。

（二）项目格的列宽与行高调整

每种表格所要求的列宽和行高都可有所不同，"项目格"的宽窄可影响填写字数多少，"项目格"的高低可影响填写字体大小，如图5.2-3所示。"序号"格所占列宽过大，有浪费之嫌，而"金额（元）"格所占列宽太窄，使得金额数显示不出来，另外，序号2、3所占行高又稍高，影响整个表格美观，因此，当表格打开后，需要对有关格子作适当调整。

列宽过大　　　　　　　　　　　　　　　　　　　　　　列宽窄

序号	项目编码	项目名称	计算基数		费率（％）	金额（元）
			直接费			
1	011707001	安全文明施工费	991888.11		0.75％	＃＃＃＃＃
2	011707002	夜间施工增加费				0.00
3	011707003	非夜间施工照明				0.00
4	011707004	二次搬运费				0.00
5	011707005	冬雨期施工增加费				0.00
6	011707007	已完工程及设备保护费				0.00
合计						＃＃＃＃＃

行高　行高

图 5.2-3　表格的列宽行高

1. 调整列宽

在表格打开情况下，用鼠标指针选中需要调整列宽的列号，如图 5.2-4 上框线 D 列所示，将鼠标指针移到该列格的右分格线处，这时指针变成左右箭十字符号＋，随即按住左键，进行左右拉动，即可调整该列的宽窄，当调到合适宽度后松手即可。

2. 调整行高

在表格打开情况下，用鼠标指针选中需要调整行高的行号，如图 5.2-4 左框线 5 行所示，将鼠标指针移到该行格的下分格线处，这时指针变成上下箭十字符号＋，随即按住左键，进行上下拉动，即可调整该行的上下高度，当调到合适高度后松手即可。

图 5.2-4　调整列宽行高

（三）表格内的行列删除与增添

表格中用于横向填写的称"项目行"，用于竖向填写的称"项目列"。当表格中有多余而无用的项目行（或列），需要去掉而求得表格紧凑时，就可采取删除方法，去掉多余的项目行（或列）。

如果在表格原有项目行（或列）之间，因填写需求需要增加新行（或列）时，就可采取增添项目行（或列）方法，补充新的项目行（或列）。

1. 项目行列的删除

在表格打开情况下，只要将鼠标指针移到该项目行（或列）的序号格，点击一下选中，随即点击鼠标右键，这时会跳出一个菜单窗口，如图 5.2-5 所示，再用鼠标指针点击其中"删除（D）"，则该行（或列）即可消失。

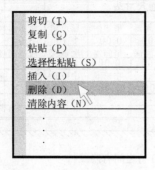

图 5.2-5 点右键跳出窗口

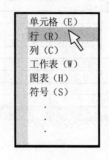

图 5.2-6 插入窗口

2. 项目行列的增添

在表格打开情况下，如果需要在某项目行（列）之后增添新行（列），则将鼠标指针移至需要增添行（列）的下面一个序号上，点击左键选中（例如在图 5.2-4 中，需要在序号 5 行或 D 列之后增添新行列，则应将鼠标应选中序号 6 或 E），再将鼠标指针移到屏顶上的"菜单栏"，对准其中"插入（I）"，点击左键，这时会跳出一个插入菜单窗口，如图 5.2-6 所示，将鼠标指针移至其中"行（R）"或"列（C）"，点击一下，此时即可在其项目行（列）之后增加一个新的行（列），再点击一次，又可增加一新行（列），如此点击几次，就可增加几个行（列），直到满足所需要的行（列）数为止。

（四）项目行列的隐藏与展开

在表格中对有些暂时不用的项目行（列），需要留着待以后使用，而又不想让它空白占据其位置，这时可采用隐藏方法，将其隐藏起来，待需用时再将其展开。这项功能常用于对已有表格的调整。

1. 项目行列隐藏

在表格打开情况下，用鼠标选中需要隐藏的项目行（列）的序号，然后再点击右键，这时会跳出一菜单窗口，如图 5.2-7 所示，将鼠标指针移至其中"隐藏（H）"点击一下，则该项目行（列）本身及其序号，即可被隐藏起来而看不见了。如图 5.2-8 中项目行号 9～20 之间的行号，是被隐藏起来的行号。

2. 展开被隐藏的项目行（列）

在表格打开情况下，被隐藏的行（或列）及其序号是看不见的，但可看见其上下（或左右）相邻的行（或列）序号，也就是说，编辑框的自然顺序号有断码时，其断号就是被隐藏的行（列）序号，如图 5.2-8 中所示的 9～20 行之间，就隐藏有 10 个行。如果需用时，可按下法展开：

图 5.2-7 点击右键窗口

按前面所述，用鼠标指针选中断码的上下序号（如图 5.2-8 中 9～20 所示），然后将鼠标指针移至其间的任何处点击右键，即可跳出如图 5.2-7 所示的菜单窗口，再将鼠标指针左击窗口中"消除隐藏（U）"点击一下，则被隐藏的项目行（列）即刻出现。

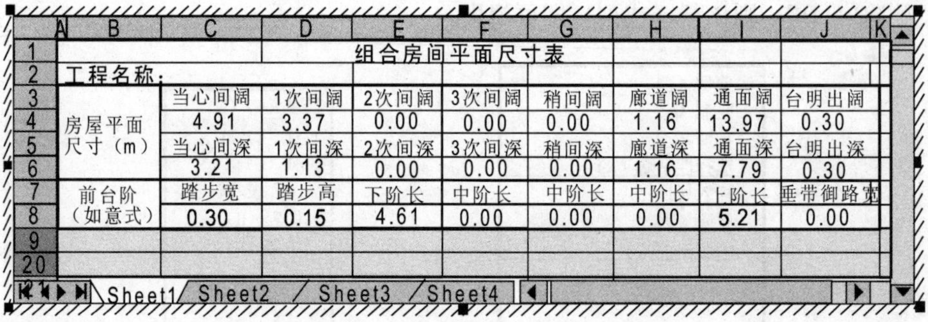

	A B	C	D	E	F	G	H	I	J
1			组合房间平面尺寸表						
2	工程名称:								
3	房屋平面尺寸（m）	当心间阔	1次间阔	2次间阔	3次间阔	稍间阔	廊道阔	通面阔	台明出阔
4		4.91	3.37	0.00	0.00	0.00	1.16	13.97	0.30
5		当心间深	1次间深	2次间深	3次间深	稍间深	廊道深	通面深	台明出深
6		3.21	1.13	0.00	0.00	0.00	1.16	7.79	0.30
7	前台阶（如意式）	踏步宽	踏步高	下阶长	中阶长	中阶长	中阶长	上阶长	垂带御路宽
8		0.30	0.15	4.61	0.00	0.00	0.00	5.21	0.00
9									
20									

图 5.2-8　表中 9～20 行之间有隐藏行

（五）项目格的合并与拆分

在一些表格中，为了其内部结构需要，常将一个项目格做成占用两行位置，如图 5.2-9 中表头“项目编码”、“项目名称”、“单位”、“工程量”等都是占用两行。有的需要在一行中占用多列位置，如图 5.2-9 中标题“挖基础土方工程量计算表”，占用 3 列位置。而“项目名称”、“土方工程”、“挖基础土方”等占用 2 行 2 列位置。这种将多格变成一格的做法称为“项目格的合并”。如果将合并的项目格还原成原状小格，称为“项目格的拆分”。

挖基础土方工程量计算表

工程名称：　　亭子建筑工程

项目编码	项目名称		单位	工程量	计算基数（m）			
					宽度	高度	中线长	平面边数
房 A	土方工程							
010101003001	挖基础土方		m^3	3.07				
010101003001	挖土方	挖地槽	m^3	2.33	0.51	0.20	2.85	8.00
010101003002		挖地槽	m^3	0.74	0.68	0.20	0.68	8.00

图 5.2-9　表格形式摘录

1. 项目格的合并

项目格的合并是指将多行（列），合并成一个大的项目格。其操作方法如下：

（1）选中需要合并的项目行（列）

在表格打开的情况下，用鼠标选中需要合并的项目格，即用鼠标指针先点击需要合并的前一格（列）选中，随即按住左键拖到后面需要合并的行（列），松指，这样就将需要合并的行（列）都选中了。

（2）点击“合并及居中”图标

合并项目格选中后，将鼠标移到屏顶“工具栏”右边有一个图标，这时立刻会出现「合并及居中」，随即点击左键，则所选中的项目格就即刻合并为一大格。

2. 项目格的拆分

项目格的拆分是指将一个大项目格，分成原型小格。其操作与合并相反，即在表格打开的情况下，选中大项目格，用鼠标左击屏顶图标一次，即可还原成原型小格。

第三节 表格的填写、画线与分页

表格填写、画线和分页，是指对表格内每个"项目格"进行书写文字、数字，绘制表格框线，以及表格过长的分页处理等，这是对表格成型的具体操作。

一、"项目格"的填写与修改

"项目格"的填写是指在其中输入需要的文字、数字、符号等内容，它是编制表格的主体。"输入"操作要使用电脑上的"汉字输入法"，一般电脑上自带的有：王码五笔型输入法、全拼输入法、智能 ABC 输入法等，有的电脑还有：搜狗拼音输入法、QQ 输入法、百度输入法等（如果没有可以在电脑网上进行下载），后三种输入法一般反映比较好用，并且它们还带有手写输入。

"项目格"的修改是指将其中原有输入的内容，修改为更新内容。

(一) 填写输入工具

对表格中的填写输入工具有：电脑键盘和汉字输入法。

1. 电脑键盘

电脑键盘由数字键、汉语拼音符号键和其他操作键所组成。键盘上的数字键，可用来直接输入数字；键盘上的汉字符号键用来输入汉字或英文。使用时直接用手指点击操作。

2. 汉字输入法

在打开文档状态下，在屏幕右下角处，有一个汉字输入法的图标 ⌨，用鼠标点击该图标，就会出现一个输入法窗口，如图 5.3-1 所示，再用鼠标点击你熟悉的输入法，如搜狗拼音输入法，则图标就变成搜狗图标 **S**，同时在其附近出现输入器图标 中彡简▦，这时，你就可在你所选项目格内输入文字或数字。

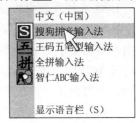

图 5.3-1 输入法窗口

若输入汉字，可直接敲打键盘上的英汉符号键，敲一个符号就会出现与该拼音字母相关的汉字，再用鼠标点击其中所需文字即可。

若要输入英汉字母，可用鼠标点击图标 中彡简▦ 上的"中"，即变成 英彡简▦，这时，就可直接敲打键盘上的字母键进行输入。

(二) 填写修改方法

1. "项目格"的填写修改

对某一个"项目格"内所填写的文字或数字进行修改时，只需在表格打开情况下，点击选中该格后，用键盘重新输入新的文字内容或数字即可，原有内容自动消失。

2. "项目格"内连句文字的部分修改

如果"项目格"内有多字组成的连句，只想修改其中部分文字，如图 5.3-2 所示表头的多字连句"工程名称：水榭建筑工程"，若只想修改其中"水榭建筑工程"，有两种方法：

(1) 鼠标修改法

在表格打开情况下，将鼠标指针移到"水"字前，点击一下，这时在"水"前有一显示光标，随即按下左键，并向右拖动，此时可发现鼠标拖过之处变成黑色，直到黑色将需要修改的字体全部罩住后（如表头阴影格水榭建筑工程所示），即可松手，再用键盘输入新的名称即可。

平整场地工程量计算表

工程名称：　水榭建筑工程

项目编码	项目名称	单位	工程量	面阔外线长	山面外线深	外伸距离
A.1.1	土方工程					
	平整场地					
010101001001	清单量	m²	113.22	14.17	7.99	
	计价量	m²	217.86	14.17	7.99	2

图 5.3-2　修改文字"水榭建筑工程"

（2）键盘修改法

将鼠标指针移到要修改字句最后，点击一下，使光标在该字句后面显示，然后点击键盘上"Backspace"键，每点击一下，就会由后向前删除一个字符，逐点将字符删除，直到将要修改的内容删除完了后，再用键盘输入新的名称即可。

（三）输入带指数的计量单位（如 m²、m³）

带指数的计量单位，是由单位符号和指数数字二者组合而成，对这种计量单位。无论在电脑键盘上或是汉字输入法中，都没有现成的组合字体可用。如何输入带指数的计量单位，分为：在文档页面上和在表格内而有所区别。

1. 在文档页面中的指数单位

在文档页面的文字叙述中，经常会遇到要叙述面积或体积的单位（m² 和 m³），它们是由小写英文字母 m 和数字 2（或 3）等组成，操作时，先采用英文输入法，用键盘输入字母 m 和数字 2 或 3（即 m² 或 m³），然后将鼠标指针移到数字左边按下左键，随即向右拖动，使黑色盖住该数字（如"2"）后松手，再用鼠标指针点击屏顶"工具栏"最右边的符号"x²"，则 m2 即可变成 m²，完成后再用鼠标指针在其后点击一下即可。

图 5.3-3　跳出窗口

如果屏顶"工具栏"右边没有符号"x²"，则需用鼠标指针点击该栏最右边的符号 工具栏选项，这时会出现一个工具窗口，将鼠标指针移到其中"添加或删除按钮（B）"处，这时立即在旁边又出现一个窗口，如图 5.3-3 所示，然后将鼠标指针移到其中"格式▶"处，旁边又会出现一个大窗口，随即将鼠标指针移到其中符号"x² 上标（S）"点击一下，则该符号"x²"即可出现在屏顶工具栏右边，供你使用。

2. 在表格内的指数单位

在表格打开情况下，于表内选中要输入单位的空格后，先分别输入小写英文字母 m 和数字如 2（即 m2），再将鼠标指针移到数字左边按下左键，随即向右拖动，使黑色盖住该数字 2 后松手，然后点击鼠标右键，随即跳出一个菜单窗口，如图 5.3-4 所示，将鼠标指针点击其中"设置单元格格式（F）"，这时又跳出另一个单元格格式菜单窗口，如图 5.3-5 所示，在窗口下半部位有一

剪切（T）
复制（C）
粘贴（P）
设置单元格格式（F）
汉字重选（V）
编辑拼音子段（E）
从下拉列表中选择（K）
查阅（L）

图 5.3-4　跳出窗口

个"特殊效果"栏，如放大图 5.3-6 所示，用鼠标指针点击其中符号"□上标（E）"，使方框中打勾☑，最后点击窗口底部"确定"键，即可完成"m²"。

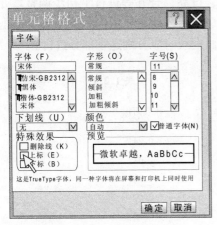

图 5.3-5 单元格格式窗口

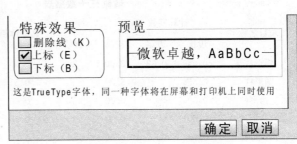

图 5.3-6 放大格式窗口截图

（四）表格字体大小

表格内填写的字体，应根据表格需要设置其大小，其操作很简单。

1. 选中设置字体的项目格

在表格中项目格内的字体，一般都是大小相同，所以在表格打开情况下，只需用鼠标点击项目格选中即可。

2. 在工具栏中选择字体规格

在屏幕顶部"工具栏"中，有设置字体的工具，如图 5.3-7 所示"样式"、"字体"、"字号"等，将鼠标移至"字号"的按键（▼）符号，点击左键，即刻跳出如图 5.3-8 所示窗口，窗口右边是上下翻动键，点击它可寻找字体规格，找出后用鼠标点击所选字号（如图中"12"），则该项目格字体大小即可确定。屏幕顶字号栏随即显示该字号。

如果是"字体"边的按键（▼）符号，即刻跳出字体窗口，可选择字体形式。

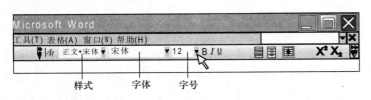

图 5.3-7 屏幕顶部字体工具栏

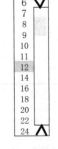

图 5.3-8 字号窗口

二、绘制表格线与文字对位

当表格中的项目行和字体定型后，只能表示已确定表格的基本内容，如图 5.3-9 所示，但还不是真正意义上的表格，还需要画出框格线，调整字体位置使相互对齐，才是完整的表格。

（一）绘制表格线

假设有一未成型表格，已经对"项目格"的列宽、行高、合并等进行了初步调整，并对各"项目格"的文字、数字也填写完成，如图 5.3-9 所示，现在要用线条画出表格的框线。一般表格大致由表题、表头、表腹三部分组成，画框线时应分别这三部分进行。

砖砌柱子数据表　　　　　　　　　　　　表 1.2.11 —— 表题
　　　　　　　　　　　　　　　　　　　　　　　　　　　　 —— 表头

项目名称	计算基数（m）				砖柱体积 m³	柱表面积 m²
	边长	边宽	柱高	根数		
矩形柱	0.05	0.03	3.00	1	0.00	0.24
圆形柱	0.35		3.20	1	0.31	7.04
五边形柱	0.00		0.00	1	0.00	0.00
六边形柱	0.00		0.00	1	0.00	0.00
八边形柱	0.00		0.00	1	0.00	0.00
砖柱合计					0.31	7.28

（表腹）

图 5.3-9　未成型的表格

1. 绘制表头部分的框线

该图中的表头，是由填写的项目名称、计算基数、砖柱体积、柱表面积等文字组成，在该表格打开情况下，用鼠标选中这部分的所有项目格，如图 5.3-10 中颜色格所示，再点击鼠标右键，会立刻跳出一工具窗口，如图 5.3-11 所示。

砖砌柱子数据表　　　　　　　　　　　　表 1.2.11 —— 表题
　　　　　　　　　　　　　　　　　　　　　　　　　　　　 —— 表头

项目名称	计算基数（m）				砖柱体积 m³	柱表面积 m²
	边长	边宽	柱高	根数		
矩形柱	0.05	0.03	3.00	1	0.00	0.24
圆形柱	0.35		3.20	1	0.31	7.04
五边形柱	0.00		0.00	1	0.00	0.00
六边形柱	0.00		0.00	1	0.00	0.00
八边形柱	0.00		0.00	1	0.00	0.00
砖柱合计					0.31	7.28

（表腹）

图 5.3-10　选中表头

剪切（T）
复制（C）
粘贴（P）
选择性粘贴（S）
插入（I）
删除（D）
清除内容（N）
设置单元格式（F）
从下拉列表中选择（K）
创建列表（C）
超链接（H）

图 5.3-11　工具窗口

然后将鼠标移至其中"设置单元格式（F）"，点击左键，这时会跳出一个"单元格格式"窗口，如图 5.3-12 所示，再用鼠标左键点击其中"边框"键，则该窗口变成如图 5.3-13 所示的边框格式窗口，其中左半边是框格线功能区（该区中有三个预置框，是供画表格框线所使用的，分为"无"线、"外边框"线、"内部"线三种符号）。右半边是线条设置区（该区中设有若线形，是供所画框线选择哪种线条形式使用，如断续线、虚线、细实线、粗实线等）。

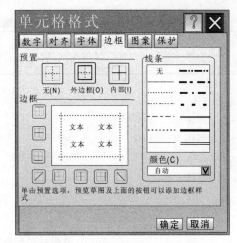

图 5.3-12 单元格式窗口 图 5.3-13 边框格式窗口

在图 5.3-13 窗口中，首先选择线形，如若表格外框线采用粗实线，即用鼠标点击粗黑线，这时在该线形上出现一虚线框 ⬚，表示选中。然后用鼠标点击"外边框"符号，则"文本"区的虚线框变成粗线框，如图 5.3-14 所示。最后点击窗口下角"确定"键，表示该表格外框线画完。继续用鼠标点击细实线，则出现虚线框 ⬚，再用鼠标点击"内部"线符号，这时在文本区的粗线框内出现田字分割细实线，如图 5.3-15 所示。

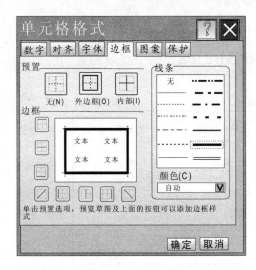

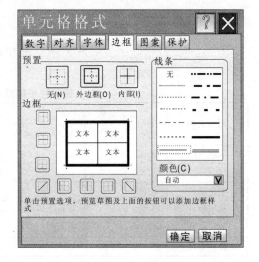

图 5.3-14 画外框线 图 5.3-15 画框内线

再点击"确定"键，表示该表格内部框线画完。最后将鼠标移出该框线之外点击一下，则该表格头的框线绘制完成，如图 5.3-16 所示。

2. 绘制表腹部分的框线

首先选中表腹部分所有项目格，如图 5.3-17 中颜色格所示。

然后按上所述，点击右键——点击"设置单元格式（F）"——点击"边框"键——点击粗黑线——点击"外边框"符号——点击"确定"键——点击"细实线"——点击"内部"线符号——点击"确定"键，最后将鼠标移出该框线之外点击一下，则该表腹的框线绘制完成，如图 5.3-18 所示。

砖砌柱子数据表　　　　　　　　　　　　表 1.2.11　　— 表题

项目名称	计算基数（m）				砖柱体积 m³	柱表面积 m²
	边长	边宽	柱高	根数		
矩形柱	0.05	0.03	3.00	1	0.00	0.24
圆形柱	0.35		3.20	1	0.31	7.04
五边形柱	0.00		0.00	1	0.00	0.00
六边形柱	0.00		0.00	1	0.00	0.00
八边形柱	0.00		0.00	1	0.00	0.00
砖柱合计					0.31	7.28

（表头 — 表腹 标注）

图 5.3-16　表头框线画完

砖砌柱子数据表　　　　　　　　　　　　表 1.2.11　　— 表题

项目名称	计算基数（m）				砖柱体积 m³	柱表面积 m²
	边长	边宽	柱高	根数		
矩形柱	0.05	0.03	3.00	1	0.00	0.24
圆形柱	0.35		3.20	1	0.31	7.04
五边形柱	0.00		0.00	1	0.00	0.00
六边形柱	0.00		0.00	1	0.00	0.00
八边形柱	0.00		0.00	1	0.00	0.00
砖柱合计					0.31	7.28

（表头 — 表腹 标注）

图 5.3-17　选中表腹所有项目格

砖砌柱子数据表　　　　　　　　　　　　表 1.2.11　　— 表题

项目名称	计算基数（m）				砖柱体积 （m³）	柱表面积 （m²）
	边长	边宽	柱高	根数		
矩形柱	0.05	0.03	3.00	1	0.00	0.24
圆形柱	0.35		3.20	1	0.31	7.04
五边形柱	0.00		0.00	1	0.00	0.00
六边形柱	0.00		0.00	1	0.00	0.00
八边形柱	0.00		0.00	1	0.00	0.00
砖柱合计					0.31	7.28

（表头 — 表腹 标注）

图 5.3-18　表腹框线绘制完成

（二）文字对位

从图 5.3-18 可以看出，表格虽已成型，但其中文字位置相互错乱不齐，影响表格的整体美观。在一个项目格中文字位置可以三种，即靠左、居中、靠右。具体操作为：

在表格打开情况下，选中需要对位的项目格（可将表头和表腹全部选中），点击鼠标右键，会跳出图 5.3-11 窗口。然后将鼠标移至其中"设置单元格式（F）"，点击左键，这时会跳出图 5.3-12 窗口，再用鼠标左键点击其中"对齐"键，则该窗口变成如图 5.3-19

所示对位窗口，其中左边有"水平对齐"、"垂直对齐"两个小窗口，先用鼠标点击"水平对齐"下翻键，会跳出图 5.3-20 若干位置窗口，再用鼠标点击其中"居中"，这时所选项目格内文字都置于横向中间位置。再用鼠标点击"垂直对齐"下翻键，会跳出如图 5.3-21 位置窗口，再用鼠标点击其中"居中"，这时所选项目格内文字，都置于竖向中间位置。

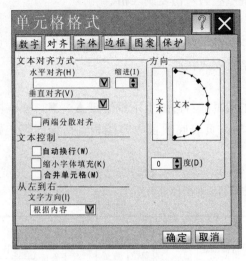

图 5.3-19　对位窗口

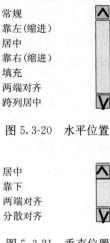

图 5.3-20　水平位置

图 5.3-21　垂直位置

最后将鼠标移至右下角，点击"确定"键，则对位工作全部完成，如图 5.3-22 所示，表格内的文字全部置于居中位置。

砖砌柱子数据表　　　　　　　　表 1.2.11

项目名称	计算基数（m）				砖柱体积（m³）	柱表面积（m²）
	边长	边宽	柱高	根数		
矩形柱	0.05	0.03	3.00	1	0.00	0.24
圆形柱	0.35		3.20	1	0.31	7.04
五边形柱	0.00		0.00	1	0.00	0.00
六边形柱	0.00		0.00	1	0.00	0.00
八边形柱	0.00		0.00	1	0.00	0.00
砖柱合计					0.31	7.28

图 5.3-22　表格文字全部居中

三、表格的分页分段

有些工程，因项目比较多，对表格的填写项目行也多，但由于电脑屏幕的页面限制，一个页面只能显示一部分内容，这时，就要求将表格分成几段，进行分开显示。

（一）表格的分段显示

表格分段是指将一份表格分成上下几段，它是用于在一个文档页面内，有叙述文字和表格的混编情况。也就是说，在叙述文章下面，安放一个表格，但安放位置只能安放表格的一部分，这时就要将一份表格分成两段，如图 5.3-23（a）、（b）所示，将（a）部分留在你的文档页面上，而将（b）部分安放在下一个页面上，这种分段的操作，分为复制表格、拖动表格、移动项目行、调整下编辑框线。

1. 复制表格

先点击选中该份表格图 5.3-23（a），再用鼠标指针点击屏顶"工具行"的"复制"图标，再点击"粘贴"图标，即会在原表格上出现重叠另一份复制表格。

2. 拖动表格

将复制的那份表格，用鼠标指针点击选中，并按下左键向下进行拖动，直拖到下一页面或你需要安放的位置，即可松手，则这份表格就安放在此。

3. 移动表内项目行

然后双击该拖来表格打开，用鼠标指针点击编辑框右边的上下翻滚键▲、▼，使表格内的项目行向上移动，当移到表顶的项目内容与前页表底项目内容能相互衔接即可，如图 5.3-23（b）中序号 7 所示。

分部分项工程和单价措施项目清单与计价表

工程名称：单体式住宅建筑工程

序号	项目编码	项目名称		项目特征描述	计量单位	工程数量	金额（元）		
							综合单价	合价	其中暂估价
	A	土方工程							
1	010101001001	平整场地		表层土±30cm 内挖填找平	m²	184.60			
2	010101003001	挖地槽		三类土，挖土深 0.78m，弃土运距 20m 内	m³	56.26			
3	010101004001	挖地坑		同上	m³	2.10			
4	010103001001	回填土		槽基和室内回填，夯填	m³	70.76			
5	010103002001	余取土运输		运距 50m 内，推车运输	m³	12.40			
	0	0			0.00	0.00			
	D	砌筑工程							
6	010401001001	砖基础		M5 水泥砂浆，标准砖大放脚	m³	24.91			

（a）表格前段

序号	项目编码	项目名称		项目特征描述	计量单位	工程数量	综合单价	合价	暂估价
7	010401003001	砖实心墙		M2.5 水泥石灰砂浆。	m³	161.44			
	E	钢筋混凝土工程							
	0.00	现浇构件							
8	010501001001	混凝土垫层	混凝土	碎石 40mmC20 混凝土	m³	21.84			
			模板面积	组合钢模板木支撑	m²	55.12			
9	010501003001	柱基础	混凝土	碎石 40mmC20 混凝土	m³	1.10			
			模板面积	组合钢模板木支撑	m²	7.72			

（b）表格后段

图 5.3-23　一份表格分开两部分显示（一）

序号	项目编码	项目名称		项目特征描述	计量单位	工程数量	金额（元）			
							综合单价	合价	其中	
									暂估价	
10	010502002001	构造柱	混凝土	碎石 40mmC20 混凝土	m³	15.19				
			模板面积	组合钢模板木支撑	m²	102.17				
11	010502003001	圆形柱	混凝土	碎石 40mmC20 混凝土	m³	1.15				
			模板面积	木模板木支撑	m²	18.46				
12	010503002001	矩形梁	混凝土	碎石 40mmC20 混凝土	m³	4.60				
			模板面积	组合钢模板木支撑	m²	55.56				
13	010503004001	圈梁	混凝土	碎石 40mmC20 混凝土	m³	12.27				
			模板面积	组合钢模板木支撑	m²	163.59				
14	010505003001	楼板、天花板	混凝土	碎石 20mmC20 混凝土	m³	41.71				
			模板面积	组合钢模板木支撑	m²	663.20				
15	010505003002	屋面板	混凝土	碎石 20mmC20 混凝土	m³	18.59				
			模板面积	组合钢模板木支撑	m²	210.04				
16	010505007001	天沟	混凝土	碎石 20mmC20 混凝土	m³	34.38				
			模板面积	组合钢模板木支撑	m²	216.37				
17	010506001001	楼梯	混凝土	碎石 20mmC20 混凝土	m²	18.14				
			模板面积	组合钢模板木支撑	m²	39.56				

(b) 表格后段

图 5.3-23 一份表格分开两部分显示（二）

4. 调整下编辑框线

当表格分成若干段的最后一段时，可能因表内项目行向上移动后，会出现表格底部有多余空白，如图 5.3-24 所示。这时，将可将鼠标指针移到底部下编辑框外线小方点■处，则指针变成上下箭线"↕"，随即按下鼠标左键，并上下拖动，将下外框线上拖到你需要的位置，松手即可。

63	011503001004	露台不锈钢栏杆	不锈钢管 φ89×2.5，φ32×1.5	m	6.00			
64	011503001005	露空间不锈钢栏杆	不锈钢管 φ89×2.5，φ32×1.6	m	3.20			
	S	措施项目						
	S.1	脚手架工程						
65	011701002001	外墙脚手架	高度 11m，双排钢管脚手架	m²	423.88			
66	011701006001	满堂脚手架	最大层高 4m，钢管脚手架	m²	525.20			
					0.00			
	S.3	垂直运输						
67	011703001001	垂直运输	混合结构三层，采用卷扬机	m²	488.51			
					0.00			
		本页小计						
		合计						

图 5.3-24 表格尾端多余空白

（二）表格的分页显示

表格的分页是指将一份很长的表格，分成第一页、第二页……。这几页表格都是具有相同表头的表格，如图5.3-25（a）、（b）所示，该表共有50个项目。

现假设有一份只显示其中一部分内容的表格，如图5.3-25（a）所示为23个项目，将它设为第一页，现在要将下面的内容作为第二页显示出来，具体做法为：

1. 先复制该表格

将需要分页的表格复制一份。

分部分项工程和单价措施项目清单与计价表

工程名称：水榭建筑工程　　　　　　　　　　　　　标段　　　　　　　　　第1页共2页

序号	项目编码	项目名称	项目特征描述	计量单位	工程量	金额（元）		
						综合单价	合价	其中暂估价
	房A	土方工程					938.82	
1	010101001001	平整场地	本场地内30cm以内挖填找平	m²	122.25	4.08	498.78	
2	010101003001	挖地槽	挖地槽深0.5m，槽宽0.5m，三类土	m³	10.99	40.04	440.04	
	A	砖作工程					16514.00	
3	020101003001	台明糙砖墙基	M5水泥砂浆砌筑，露明部分清水勾缝12.06m²	m³	17.57	357.37	6278.99	
4	020101003002	后檐砖墙	M5石灰水泥砂浆砌筑。做牖窗3.72m²	m³	9.57	504.92	4832.08	
5	020101003003	砖坐槛空花矮墙	M5水泥石灰砂浆，坐槛面无线脚无榷簧20.06m	m³	2.17	2489.83	5402.93	
	B	石作工程					10065.50	
6	020200100201	毛石踏跺	毛石台阶，M5水泥砂浆砌筑	m³	0.44	346.27	153.02	
7	020206001001	鼓蹬石	φ300mm×200mm，达到二遍剁斧等级	只	24.00	413.02	9912.48	
	E	木作工程					146963.83	
8	020501001001	φ20廊柱	12根φ20cm，高3.47m，一等材、刨光	m³	1.623	4749.99	7709.23	
9	020501001002	φ22步柱	12根φ22cm，高3.875m，一等材、刨光	m³	2.212	4358.14	9640.21	
10	020501004005	圆童柱	4根φ16cm脊童，8根φ18cm金童，一等材、刨光	m³	0.155	4431.87	686.73	
11	020502001001	梁类	4根φ22cm大梁，4根φ20cm山界梁，一等材、刨光	m³	1.734	4679.96	8115.05	
12	020506001001	老戗	4根截面10cm×12cm，一等材、刨光	m³	0.129	6704.19	864.84	
13	020506001002	嫩戗	4根截面10cm×8cm，一等材、刨光	m³	0.014	9762.14	136.67	
14	020503001001	圆桁类	廊步搭交桁各2根φ16cm，一等材、刨光	m³	2.319	3332.51	7728.09	

（a）

图5.3-25　有表头的分页显示（一）

（a）第一页

续表

序号	项目编码	项目名称	项目特征描述	计量单位	工程量	金额（元）		
						综合单价	合价	其中暂估价
15	020503003001	木机类	连、金、脊机，截面 8cm×5cm，一等材、刨光	m³	0.318	5742.74	1826.19	
16	020503004001	木枋类	柏口枋、步枋，厚在 8cm 内，一等材、刨光	m³	2.119	5143.36	10898.78	
17	020505002001	直椽	截面 7cm×5cm，一等材、刨光	m³	2.208	4675.76	10324.08	
18	020505005001	飞椽	截面 7cm×5cm，中距 23cm，一等材、刨光	m³	0.529	6181.91	3270.23	
19	020505008001	摔网椽	截面 7cm×5cm，中距 23cm，一等材、刨光	m³	0.266	4681.65	1245.32	
20	020505008002	摔网飞椽	截面 7cm×5cm，中距 23cm，一等材、刨光	m³	0.135	6061.20	817.05	
21	020506005001	菱角木	4 块，厚 10cm	m³	0.014	5009.29	70.13	
22	020506006001	戗山木	8 块，截面 10cm×13cm，一等材、刨光	m³	0.060	5423.33	325.40	
23	020506007001	千斤销	4 个，截面 7cm×7cm	只	4.00	137.42	549.68	

(a)

分部分项工程和单价措施项目清单与计价表

工程名称：水榭建筑工程　　　　　　　　　　标段　　　　　　　　　第 2 页共 2 页

序号	项目编码	项目名称	项目特征描述	计量单位	工程量	金额（元）		
						综合单价	合价	其中暂估价
24	020508022001	夹堂板	阔面山面各 1 块，截面 35cm×1cm	m	31.60	27.76	877.22	
25	020508023001	山花板	2 块，厚 2.5cm，一等材、刨光	m²	8.40	104.01	873.37	
26	020509001001	隔扇	仿古式长窗，葵式芯屉。槛框 47.31m	m²	62.76	1163.11	72993.29	
27	020511002001	挂落	五纹头宫万式，一等材、刨光	m	27.75	288.73	8012.26	
	F	屋面工程		0	0.00		42782.34	
28	020601003001	屋面铺瓦	蝴蝶瓦屋面，1：3 白灰砂浆坐浆，地方瓦材	m²	169.65	92.86	15753.73	
29	020601001001	铺望砖	做砖细平面望，上铺油毡	m²	169.65	67.83	11507.39	
30	020602002001	花砖正脊	一皮花砖二线脚，1：2.5 白灰砂浆砌筑	m	11.65	367.51	4281.49	
31	020602011001	哺龙脊头	窑制哺龙，1：2.5 水泥砂浆砌筑，纸筋灰抹缝	只	2.00	753.80	1507.60	

(b)

图 5.3-25　有表头的分页显示（二）
(a) 第一页；(b) 第二页

续表

序号	项目编码	项目名称	项目特征描述	计量单位	工程数量	金额（元）		其中
						综合单价	合价	暂估价
32	020602004001	赶宕脊	7寸筒瓦，M5混合砂浆砌筑，水泥纸筋灰抹缝	m	10.94	303.28	3317.88	
33	020602004002	竖带	四路瓦条，7寸筒瓦，M5混合砂浆，水泥纸筋灰抹缝	m	12.83	394.67	5063.62	
34	020602005001	戗脊	滚筒7寸筒瓦，戗脊长15.36m	条	4.00	107.61	430.44	
35	020602009001	檐口花边瓦	蝴蝶瓦花边滴水，1∶3白灰砂浆坐浆，地方瓦材	m	25.28	11.52	291.23	
36	020602009002	檐口滴水瓦	蝴蝶瓦花边滴水，1∶3白灰砂浆坐浆，地方瓦材	m	25.28	24.88	628.97	
	G	地面工程		0	0.00		54426.38	
37	020701001001	方砖地面	砖细方砖400mm×400mm	m²	122.25	402.84	49246.92	
38	010404001001	地面碎石垫层	200mm厚碎石垫层	m³	24.45	211.84	5179.46	
	H	抹灰工程		0	0.00		1759.66	
39	011201001001	墙面抹灰	混合砂浆、纸筋灰浆面、刷大白浆	m²	58.33	20.09	1171.85	
40	011201001002	窗框抹灰	混合砂浆、纸筋灰浆面、刷大白浆	m²	6.90	20.09	138.62	
41	011201001003	墙裙抹灰	水泥砂浆底，水泥砂浆面	m²	21.39	21.00	449.19	
	J	油漆彩画		0	0.00		12598.59	
42	020901001001	山花板	底油一遍，刮腻子，调和漆二遍	m²	6.97	19.44	135.50	
43	020901003001	木挂落	底油一遍，刮腻子，调和漆二遍	m²	12.49	34.64	432.65	
44	020902003001	椽子类	油漆同上，含脊花架檐椽，飞椽，摔网及飞椽	m²	152.41	26.69	4067.82	
45	020903001001	上架构件	油漆同上，含梁桁机木，戗梁，菱角木，戗山木	m²	36.97	23.28	860.66	
46	020903002001	下架构件	油漆同上，含柱、枋、夹堂板	m²	148.99	23.28	3468.49	
47	020903002002	夹堂板	底油一遍，刮腻子，调和漆二遍	m	69.52	7.55	524.88	
48	020905001001	木隔扇	底油一遍，刮腻子，调和漆二遍	m²	89.74	34.64	3108.59	
	K	措施项目		0	0.00		1844.92	
49	021001002001	外墙砌筑脚手架	单排木制脚手架，墙高3.34m	m²	46.66	13.37	623.84	
50	021001007001	内檐满堂脚手架	3.6m内木制脚手架	m²	108.83	11.22	122.17	
		小计						
		合计					287894.03	

(b)

图 5.3-25　有表头的分页显示（三）

(b) 第二页

2. 再将复制表格双击打开

即将复制的表格拖至下一页，再双击打开。

3. 然后选中第一页的所有行序号

在表格打开情况下，将鼠标指针移到复制表格左编辑框"序号"行，从表头下第一行开始（即"序号0—房，A—土方工程"行的序号开始），按下鼠标左键，并向下拖动，直拖到该页最后一行"序号23"，松手。这时这些项目行都变成深蓝色，即表示序号0～23被选中。

4. 再隐藏被选中的项目行

即将鼠标指针移至被选的其中任一处点击右键，这时弹出如图 5.3-26 窗口，然后点击其中"隐藏（H）"，则那些深蓝色的项目（序号0～23）就会被全部隐藏起来而看不到了，于是该表的表头下就只显示前表之后的项目行（即序号24～50）。

如果这时该表格的下编辑框线也随之上移，而使表格上缩看不到内容时，可将鼠标指针移到该底部下编辑框外线小方点■处，按下鼠标左键向下拉动，直到显示出全部内容即可松手，这就是表的第二页，如图 5.3-25（b）所示。

图 5.3-26 弹出的窗口

四、表格的移动与缩放

当表格编制完成后，可能因位置不适，需要移动，或者表格占地太大或过小，需要进行调整，其操作如下。

（一）表格的移动

表格的移动是指将整体表格由一个地方挪移到另一个地方，或者由一页挪移到另一页面上，其操作非常简单。

即用鼠标对准表格点击一下选中，然后按下左键进行拖动，当拖到合适位置后，松手即可。

（二）表格的缩放

表格的缩放是指将整体表格加以扩大或缩小的操作，其操作也很简单。先用鼠标对准表格点击一下选中，这时表格四个边各边会出现有 3 个小圆圈"○"，然后将鼠标移至表格左下角（其他 3 角也可以）小圆圈处，这时在小圆圈处立即出现双箭线↘斜角符号，如图 5.3-27 所示，随即按下鼠标左键，顺着斜角方向拉伸或内缩，表格整体也会随之扩大或缩小，当大小合适后，松手即可。

组合房间平面尺寸表

工程名称：水榭建筑工程　　　　　　　　　　　　　　　　　　　　　　　单位：m

房屋平面尺寸（m）	当心间阔	1次间阔	2次间阔	3次间阔	稍间阔	廊道阔	通面阔	台明出阔
	4.91	3.37	0.00	0.00	0.00	1.16	13.97	0.30
	当心间深	次间1深	次间2深	次间3深	次间4深	廊道深	通进深	台明出深
	3.21	1.13	0.00	0.00	0.00	1.16	7.79	0.30
如意式台阶	踏步宽	踏步高	上阶长	中1阶长	中2阶长	中3阶长	下阶长	垂带御路宽
前门踏跺	0.30	0.15	4.61	0.00	0.00	0.00	5.21	0.00
后门踏跺								

图 5.3-27 表格的缩放

第四节　《定额基价表》修改方法

《定额基价表》是编制清单计价的重要依据，在本书光盘内，列有以国家 1995 年制定的《全国统一建筑工程基础定额》和 1992 年制定的《全国统一建筑装饰装修工程消耗量定额》为基础编制的《定额基价表》，供学习实践使用。而且全国各个省市也都是在这两个定额的基础上，按年限周期和当时物价水平，进行制定和修改成为本地区的《定额基价表》。

如果读者手上还没有当地主管部门颁发的新《定额基价表》，就可利用本光盘中的《定额基价表》，结合现有人工、材料单价，进行修改即可。在这里，介绍快速修改的方法。

一、对"工日、材料"单价的修改

人工工日单价、材料品种单价等都是《定额基价表》的最基本、最重要的基数，它是确定工程项目产品基价的基础。这些单价可以根据计价管理部门所颁发市场预算价格，进行选择确定。随着时间推移和物价指数变化，定额管理部门每间隔一定时间周期（一般 2～4 年）都要对工日、材料单价作一次统一调整。施工企业也可根据投标报价需要，作高低增减调整。

（一）对工日单价修改

工日单价是计算《定额基价表》中人工费的基本数据，它是指每个工日应付给的工人工资。随着时间周期的推移，对工日单价都要进行一定的修改调整，其方法如下。

1. 寻找需要修改的表格

首先要在打开光盘情况下找到你需要修改的定额基价表，并将其复制到空白文档中（也可以不复制，就在表上修改，但必须保证原始光盘表格不被损坏），假设需要修改的表格复制过来，见表 5.4-1 所示。

3. 人工挖土方　　　　　　　　　　　　　　　　　　　　表 5.4-1

工作内容：挖土、抛土或装筐，修整底边、工作面内排雨水。　　　　　　计量单位：1m³

定额编号			1—37	1—38	1—39	1—40	1—41	1—42
项目			干土			湿土		
			深度在 2m 以内					
			一二类土	三类土	四类土	一二类土	三类土	四类土
名称	单位	单价（元）	定额耗用量					
人工 综合工日	工日	75.01	0.36	0.40	0.45	0.60	0.65	0.68
基价表	人工费（元）		27.00	30.00	33.75	45.01	48.76	51.01
	材料费（元）							
	机械费（元）							
	基价（元）		27.00	30.00	33.75	45.01	48.76	51.01

该表中的人工单价为 75.01（元/工日），定额编号 1-37～1-42 项的人工费和基价分别为 27.00、30.00……51.01。若现假设人工单价按 80（元/工日）计算，则人工费和基价都要进行修改。

2. 表格快速修改

将复制过来的表 5.4-1 用鼠标左键双击该表格打开，也可单击右键弹出窗口，用鼠标左键点击窗口中"工作表对象——编辑"打开表格。

然后用鼠标左键点击"75.01"选中，再用手指敲打键盘数值"80"，则该格数值立即改变为"80.00"，再将鼠标指针移出该格，点击左键一下表示确认，则表中很快变成如表5.4-2 中颜色格所示，即人工费和基价变成 28.80、32.00……54.40。最后将鼠标指针移除框外点击一下，即完成修改工作。

3. 人工挖土方   表 5.4-2

工作内容：挖土、抛土或装筐，修整底边、工作面内排雨水。   计量单位：1m³

定额编号			1—37	1—38	1—39	1—40	1—41	1—42
项目			干土			湿土		
			深度在 2m 以内					
			一二类土	三类土	四类土	一二类土	三类土	四类土
名称	单位	单价（元）	定额耗用量					
人工	综合工日	工日	80.00	0.36	0.40	0.45	0.60	0.65	0.68
基价表	人工费（元）			28.00	32.00	36.00	48.00	52.00	54.40
	材料费（元）								
	机械费（元）								
	基价（元）			28.00	32.00	36.00	48.00	52.00	54.40

（二）对材料单价修改

材料单价是计算《定额基价表》材料费的基本数据，它是指每单位数量（如 1m³、1m²、1t）的品种材料所标定的金额（元）数。随着时间推移和物价指数变化，定额管理部门每间隔一定周期（一般 2～4 年）要对材料单价作一次统一调整。而施工企业可以根据投标报价需要，适应市场价格作高低增减调整。修改方法与上基本相同

1. 寻找需要修改的表格

首先在打开光盘情况下，找到你需要修改的定额基价表，将其复制到空白文档中（也可以不复制，就在表上修改，但必须保证原始光盘表格不被损坏），假设需要修改的表格复制过来，见表 5.4-3 所示。

材料定额表   表 5.4-3

计量单位：1m³

定额编号			1—107	1—108	1—109	1—110	1—111
项目			砖砌外墙				
			1/2 砖	3/4 砖	1 砖	1.5 砖	2 砖以上
名称	单位	单价（元）	定额耗用量				
人工	综合工日	工日	75.01	2.14	2.21	1.84	1.84	1.77
材料	M5 水泥石灰砂浆	m³	218.06	0.206	0.225	0.240	0.253	0.258
	机砖	百块	31.59	5.60	5.46	5.35	5.32	5.28
	水	m³	3.25	0.11	0.11	0.11	0.11	0.11

续表

机械	机械费　％ 人工费％		9.00	9.00	9.00	9.00	9.00
基价表	人工费（元）		160.52	165.77	138.02	138.02	132.77
	材料费（元）		222.18	221.90	221.70	223.59	223.41
	机械费（元）		14.45	14.92	12.42	12.42	11.95
	基价（元）		397.15	402.59	372.14	374.03	368.13

其中额编号为 1-107～1-111 项的材料费，分别为 222.18、221.90……223.41。相应基价分别为 397.15、402.59……368.13。若假设现在市场材料价格为：

M5 水泥石灰砂浆单价为 250.00 元/m³；

机砖单价为 50.00 元/百块；

水单价为 3.50 元/m³。则材料费和基价都要进行修改。

2. 表格快速修改

将复制过来的表 5.4-3，用鼠标左键双击该表格打开（也可单击右键弹出窗口，用鼠标左键点击窗口中"工作表对象——编辑"打开表格）。

然后用鼠标左键点击 M5 水泥石灰砂浆单价"218.06"选中，再用键盘输入数值"250.00"；

再将鼠标左键点击机砖单价"31.59"，随即用键盘输入数值"50.00"；

再将鼠标左键点击水单价"3.25"，随即用键盘输入数值"3.50"。然后将鼠标指针移出该格，点击左键一下予以确认，则上表变成如表 5.4-4 中颜色格所示，此时材料费分别变成 331.89、329.64……328.89。而基价分别变成 506.85、510.33……473.61。最后将鼠标指针移出框外，在屏幕任何处左击一下即可完成修改。

材料定额表　　　　　　　　　　　　　　　表 5.4-4

计量单位：1m³

定额编号			1—107	1—108	1—109	1—110	1—111
项目			砖砌外墙				
			1/2 砖	3/4 砖	1 砖	1.5 砖	2 砖以上
名称	单位	单价（元）	定额耗用量				
人工　综合工日	工日	75.01	2.14	2.21	1.84	1.84	1.77
材料　M5 水泥石灰砂浆	m³	250.00	0.206	0.225	0.240	0.253	0.258
机砖	百块	50.00	5.60	5.46	5.35	5.32	5.28
水	m³	3.50	0.11	0.11	0.11	0.11	0.11
机械　机械费％	人工费％		9.00	9.00	9.00	9.00	9.00
基价表	人工费（元）		160.52	165.77	138.02	138.02	132.77
	材料费（元）		331.89	329.64	327.89	329.64	328.89
	机械费（元）		14.45	14.92	12.42	12.42	11.95
	基价（元）		506.85	510.33	478.33	480.08	473.61

二、对"工日、材料"耗用量的修改

对《定额基价表》中人工工日数量、材料品种数量等，是工程定额项目的标准耗用量。这些定额耗用量是由国家定额管理部门，经过现场测试、综合计算而制定的，除非国家重新颁布新的定额，一般情况目前都不予修改。但随着技术水平发展和管理水平提高，施工企业为了投标竞争需要，可以对某些耗用量作适当调整，但这些耗用量，应是通过多年经验积累的可靠数据。

（一）对工日耗用量修改

工日耗用量是计算《定额基价表》人工费的基本数据，它是指对完成每个计量单位产品所需要消耗的工日数。对工日耗用量修改方法如下。

1. 寻找需要修改的表格

首先，在打开光盘后，找到你需要修改的定额表，为了保持光盘的原始数据不被损坏，应将其复制到空白文档中，现设将需要修改的表格复制过来，见表5.4-5所示，该表额编号为1-101～1-106项，其工日数分别为1.31、2.90……1.75。

现假设对定额编号为1-101项和1-105项的人工耗用量进行修改：砖基础综合工日改为2工日/m³；1砖砖砌内墙综合工日改为2.2工日/m³。

1. 砖基础、砖墙 表5.4-5

工作内容：1. 调运、铺砂浆、运砖、砌砖（基础包括清基槽及基坑）。2. 安放砌体内钢筋、预制过梁板、垫块。3. 砖过梁：砖平拱模板制、安、拆。4. 砌窗台虎头砖、腰线、门窗套。 计量单位：1m³

定额编号			1—101	1—102	1—103	1—104	1—105	1—106
项目			砖基础	砖砌内墙				
				1/4砖	1/2砖	3/4砖	1砖	1砖以上
名称	单位	单价（元）	定额耗用量					
人工 综合工日	工日	65.00	1.31	2.90	2.03	2.10	1.80	1.75
材料 M5水泥砂浆	m³	221.31	0.243					
M5水泥石灰砂浆	m³	218.06		0.125	0.200	0.221	0.235	0.249
机砖	百块	31.59	5.27	6.12	5.60	5.45	5.33	5.26
水	m³	3.25	0.10	0.12	0.11	0.11	0.11	0.11
机械 机械费%	人工费%		9.00	9.00	9.00	9.00	9.00	9.00
基价表 人工费（元）			85.15	188.50	131.95	136.50	117.00	113.75
材料费（元）			220.58	220.98	220.87	220.71	219.98	220.82
机械费（元）			7.66	16.97	11.88	12.29	10.53	10.24
基价（元）			313.40	426.44	364.70	369.50	347.51	344.81

2. 利用表格修改

用鼠标左键双击表5.4-5打开（也可单击右键弹出窗口，用鼠标左键点击窗口中"工作表对象——编辑"打开表格）。

然后用鼠标左键点击定额编号为1-101项的"1.31"选中，再用键盘输入砖基础综合工日数值"2"；再用鼠标左键点击定额编号为1-105项的"1.80"选中，再用键盘输入砖砌内墙综合工日数值"2.2"，见表5.4-6中颜色格所示，则人工费变成130.00元和143.00元；相应基价变成362.28元和375.85元。最后将鼠标指针移出框外，左击一下即可完成修改。

1. 砖基础、砖墙　　　　　　　　　　　　表 5.4-6

工作内容：1. 调运、铺砂浆、运砖、砌砖（基础包括清基槽及基坑）。2. 安放砌体内钢筋、
预制过梁板、垫块。3. 砖过梁：砖平拱模板制、安、拆。4. 砌窗台虎头砖、腰线、门窗套。　　　计量单位：1m³

定额编号			1—101	1—102	1—103	1—104	1—105	1—106
项目			砖基础	砖砌内墙				
				1/4 砖	1/2 砖	3/4 砖	1 砖	1 砖以上
名称	单位	单价（元）	定额耗用量					
人工	综合工日	工日	65.00	2.00	2.90	2.03	2.10	2.00	1.75
材料	M5 水泥砂浆	m³	221.31	0.243					
	M5 水泥石灰砂浆	m³	218.06		0.125	0.200	0.221	0.235	0.249
	机砖	百块	31.59	5.27	6.12	5.60	5.45	5.33	5.26
	水	m³	3.25	0.10	0.12	0.11	0.11	0.11	0.11
机械	机械费%	人工费%		9.00	9.00	9.00	9.00	9.00	9.00
基价表	人工费（元）			130.00	188.50	131.95	136.50	143.00	113.75
	材料费（元）			220.58	220.98	220.87	220.71	219.98	220.82
	机械费（元）			11.70	16.97	11.88	12.29	12.87	10.24
	基价（元）			362.28	426.44	364.70	369.50	375.85	344.81

（二）对材料耗用量修改

现利用上述图表中的项目，将定额编号 1-101 项和 1-105 项的材料消耗量改为：机砖为 5.5（百块/m³）；M5 水泥石灰砂浆为 0.3（m³/m³）；水 0.2（m³/m³）。我们直接利用表格修改如下。

1. 对"定额编号 1-101 项"的修改

在表格打开情况下，对定额编号 1-101 项内的"M5 水泥砂浆"耗用量，用鼠标左键点击"0.243"选中，再用键盘输入 M5 水泥石灰砂浆"0.3"；再对"机砖"耗用量，用鼠标左键点击"5.27"，随即用键盘输入机砖"5.5"；再对"水"耗用量，用鼠标左键点击"0.10"，随即用键盘输入水"0.2"。

2. 对"定额编号 1-105 项"的修改

然后移动鼠标指针到定额编号 1-105 项内的"M5 水泥石灰砂浆"耗用量，用鼠标左键点击"0.235"选中，再用键盘输入"0.3"；再对"机砖"耗用量，用鼠标左键点击"5.33"，随即用键盘输入"5.5"；再对"水"耗用量，用鼠标左键点击"0.11"，随即用键盘输入"0.2"。最后将鼠标指针移动到其他处，点击一下左键即完成修改。如表 5.4-7 中颜色格所示，这时，材料费变成 240.79 元和 239.81 元；相应基价变成 382.49 元和 395.68 元。

1. 砖基础、砖墙　　　　　　　　　　　　表 5.4-7

工作内容：1. 调运、铺砂浆、运砖、砌砖（基础包括清基槽及基坑）。2. 安放砌体内钢筋、
预制过梁板、垫块。3. 砖过梁：砖平拱模板制、安、拆。4. 砌窗台虎头砖、腰线、门窗套。　　　计量单位：1m³

定额编号			1—101	1—102	1—103	1—104	1—105	1—106
项目			砖基础	砖砌内墙				
				1/4 砖	1/2 砖	3/4 砖	1 砖	1 砖以上
名称	单位	单价（元）	定额耗用量					

人工	综合工日	工日	65.00	2.00	2.90	2.03	2.10	2.00	1.75
材料	M5 水泥砂浆	m³	221.31	0.300					
	M5 水泥石灰砂浆	m³	218.06		0.125	0.200	0.221	0.300	0.249
	机砖	百块	31.59	5.50	6.12	5.60	5.45	5.50	5.26
	水	m³	3.25	0.20	0.12	0.11	0.11	0.20	0.11
机械	机械费％	人工费％		9.00	9.00	9.00	9.00	9.00	9.00
基价表	人工费（元）			130.00	188.50	131.95	136.50	143.00	113.75
	材料费（元）			240.79	220.98	220.87	220.71	239.81	220.82
	机械费（元）			11.70	16.97	11.88	12.29	12.87	10.24
	基价（元）			382.49	426.44	364.70	369.50	395.68	344.81

作者著作简介

1. 编制建筑工程预算问答（27.1 万字）　　　　　1989.3 中国建筑工业出版社出版
本书是在全国预算界第一本以问答形式，阐述工程预算中实际应用问题的书籍。

2. 预算员手册（42.9 万字）　　　　　　　　　1991.1 中国建筑工业出版社出版
本书是第一个打破老预算手册的纯数据资料格式的版本，将预算原理、计算方法、技术资料等有机结合在一起的综合实用性手册。

3. 编制建筑与装饰工程预算问答（43.8 万字）　　1995.1 中国建筑工业出版社出版
该书以问答形式介绍：一般土建工程；现代建筑装饰工程；中国古园林建筑工程；房屋水电工程；工程招投标与其他有关问题。

4. 施工组织管理 200 问（31.2 万字）　　　　　1995.2 广东科技出版社出版
该书内容以问答形式阐述：施工组织设计要领、施工方案的选择、施工进度计划的编制、设计施工平面布置图、计划管理、工程质量管理、技术管理、成本管理、安全生产管理等问答。

5. 建筑装饰工程预算（54.5 万字）　　　　　　1996.5 中国建筑工业出版社出版
该书是《1992 年全国统一建筑装饰工程预算定额》颁布后，紧密配合阐述建筑装饰工程预算的书籍。内容为：（1）建筑装饰工程预算与报价；（2）楼地面工程；（3）墙柱面工程；（4）天棚工程；（5）门窗工程；（6）油漆涂料工程；（7）其他工程；（8）装饰灯具。

6. 简明建筑施工员手册（55.1 万字）　　　　　1997.5 广东科技出版社出版
该书是供现场施工员学习参考的综合性读物。内容包括：（1）施工准备；（2）单位工程施工组织设计；（3）施工技术；（4）施工测量；（5）栋号工程承包核算；（6）施工材料及其检验；（7）施工常用结构计算。

7. 中国古建筑构造答疑（18.8 万字）　　　　　1997.9 广东科技出版社出版
本书以较简单的问答形式，介绍了中国古建筑构造上的一些基本名词和知识。

8. 基础定额与预算简明手册（52.5 万字）　　　1998.5 中国建筑工业出版社出版
本书是全国第一个详细介绍《全国统一建筑工程基础定额》具体制定方法以及施工图预算编制方法和相应一些技术资料。

9. 怎样编制施工组织设计（30.5 万字）　　　　1999.11 中国建筑工业出版社出版
该书是以问答形式介绍：怎样编制施工组织设计；施工组织设计的技术知识和施工组织中的一些设计资料。

10. 建筑装饰工程概预算（教材）（25.8 万字）　2000.6 中国建筑工业出版社出版
该书是全国高职高专建筑装饰技术教育的系列教材之一。

11. 预算员手册（第二版）（100.9 万字）　　　2001.5 中国建筑工业出版社出版
该书详细介绍了《建筑工程概算定额》、《建筑工程基础定额》、《建筑工程施工定额》、

《房屋水电工程安装定额》、《涉外工程的人工、材料和机械台班》等的制定方法。及相应的设计概算、施工图预算、施工预算，以及房屋水电和涉外工程预算的编制方法。

12. 室内外建筑配景装饰工艺（14.6万字）　　　　2002.1 广东科技出版社出版

该书介绍了室内门、墙、柱的几种装饰造型和室外亭廊假山石景的施工工艺。

13. 中国园林建筑施工技术（60万字）　　　　　　2002.3 中国建筑工业出版社出版

该书较完整介绍仿古建筑园林工程的一些基本施工工艺，其内容有：1 中国园林建筑总论；2 基础与台基工程；3 木构架工程；4 墙体砌筑工程；5 屋顶瓦作工程；6 木装修工程；7 地面及甬路工程；8 油漆彩画工程；9 石券桥及其他石活；10 假山掇石工艺。

14. 中国园林建筑工程预算（102万字）　　　　　2003.3 中国建筑工业出版社出版

该书是全国第一本详细、全面介绍，仿古建筑及园林工程预算编制的实用性书籍，共分五篇，第一篇为"通用项目"；第二篇为"营造法原做法项目"；第三篇为"营造则例做法项目"；第四篇为"园林绿化工程"；第五篇为"园林工程预算造价的计算"。

15. 中国园林建筑构造设计（48.2万字）　　　　　2004.3 中国建筑工业出版社出版

该书以较通俗的形式，介绍一般仿古建筑结构中，各种构件的构造及其设计尺寸。共分九章：第一章　仿古建筑构造设计通则；第二章　庑殿建筑的构造设计；第三章　歇山建筑的构造设计；第四章　硬山与悬山建筑的构造设计；第五章　亭廊榭舫建筑的构造设计；第六章　垂花门与木牌楼的构造设计；第七章　室内外装修构件的构造设计；第八章　台基与地面的构造；第九章　彩画知识的鉴别。

16. 编制装饰装修工程工程量清单与定额（66.8万字）2004.9 中国建筑工业出版社出版

本书是为帮助从事建筑装饰工程专业预算工作者，学习理解执行《建设工程工程量清单计价规范》和编制企业定额基本知识的实用书籍，全书共分五章：第一章　装饰装修工程量清单绪论；第二章　工程量清单编制实践；第三章　工程量清单计价格式编制实践；第四章　消耗量定额及基价表的编制；第五章　建筑装饰工程参考定额基价表。

17. 编制建筑工程工程量清单与定额（139.5万字）　2006.4 中国建筑工业出版社出版

本书是帮助建筑工程专业预算工作者，学习理解执行《建设工程工程量清单计价规范》和编制企业定额基本知识的实用书籍，全书共分六章：第一章　建筑工程工程量清单绪论；第二章　工程量清单编制实践；第三章　工程量清单计价格式编制实践；第四章　消耗量定额及基价表的编制；第五章　建筑工程参考定额基价表；第六章　利用定额光盘修改定额基价表。

18. 园林建筑与绿化工程清单计价手册（145.00万字）2007.7 中国建筑工业出版社出版

本书是为帮助从事园林建筑工程专业预算工作者，学习理解执行《建设工程工程量清单计价规范》的实用书籍，全书共分九章：第一章　园林建筑绿化工程"工程量清单"绪论；第二章　《通用项目》工程量清单编制实践；第三章　《营造法原作法项目》工程量清单编制实践；第四章　《营造则例作法项目》工程量清单编制实践；第五章　《园林绿化工程》工程量清单编制实践；第六章　工程量清单计价格式编制实践；第七章　仿古建筑及园林工程定额基价表；第八章　《计价规范》附录摘要；第九章　利用定额光盘修改基价表。

19. 建筑工程计价简易计算（18万字）　　　　　　2008.1 化学工业出版社出版

本书是为解决编制工程预算中工作量大，耗费时间，操作重复，计算烦琐这一情况而设计的一套智能计算表，它彻底改变了大量手工计算的劳累操作，只要用电脑做最简单的尺寸数据输入，即可完成烦琐的加减乘除运算工作。书中包括计价简易计算指导说明和光盘。在指导说明中叙述了光盘使用及其计算表格的操作方法，并用工程项目实践算例，全程指导如何按图纸取定尺寸和手工计算等内容光盘中包含建筑工程的土方、桩基、砌筑、混凝土、门窗、楼地面、屋面、装饰、金属等智能工程量计算表；智能清单计价计算表；智能定额基价计算表等。

20. 装饰工程清单计价手册（60万字）　　　　2008.3 化学工业出版社出版

本书特点：理论透彻、原理简明、实践感强、计算简单、操作快速。它是目前同类书籍中，真正达到理论与实践相结合，务实与操作为一体的革命化版本。全书分七章：第一章装饰装修工程量清单绪论；第二章　编制工程量清单实践；第三章　工程量清单计价实践；第四章　制定消耗量定额基价表；第五章应用智能计算光盘；第六章　装饰装修工程参考定额基价表；第七章：《计价规范》附录摘要。附：光盘一张，其中供有各种智能性的工程量计算表、清单单价计算表、定额基价表、各种多边形、弧形墙地面积及栏杆等简易计算，只要将所需计算基数（如长宽尺寸或单价等）输入到相应表内，就可立刻得到你所需要的计算结果，从而摒弃的手工计算器和烦琐的计算操作，使过去需要若干小时甚至若干天的工作，即可在瞬间简单完成。

21. 中国仿古建筑设计（41.9万字）　　　　2008.8 化学工业出版社出版

本书是介绍中国明清时期仿古建筑知识的普及版本，它以通俗性语言、形象化图例、条理性叙述等方式，详细讲解仿古建筑各个构体的设计内容。全书分为7章：第一章　仿古建筑的形与体；第二章　仿古建筑的木构架；第三章　仿古建筑的屋面；第四章　仿古建筑的围护与立面；第五章　仿古建筑的装饰构件；第六章　仿古建筑的台基与地面；第七章　仿古石桥与石景。

22. 仿古建筑快捷计价手册（41.9万字）　　　　2009.11 化学工业出版社出版

《仿古建筑快捷计价手册》，是介绍唐宋元明清时期仿古建筑工程，进行工程计价和工作实践的专业书籍。它以《计价规范》和《仿古定额基价表》为基本依据，选用水榭房屋建筑和亭子建筑工程为实例，详细叙述其工程量计算及其计价方法，并提供了一张快捷计算光盘，只需将所需要计算的基数（如长、宽、高尺寸或单价或百分率等）输入到相应表内，即可立刻得到你所需要的计算结果，本书内容共分为六章：

第一章　仿古建筑工程计价依据文件。第二章　《营造法原作法项目》释疑。第三章　《营造法原作法项目》工程量清单及计价。第四章　《营造则例作法项目》释疑。第五章　《营造则例作法项目》工程量清单及计价。第六章　仿古建筑快捷计算光盘应用说明。附：《仿古建筑快捷计算光盘》一张。

23. 中国仿古建筑构造精解（50.2万字）　　　　2010.3 化学工业出版社出版

本书综合了《营造法式》、《工程做法则例》、《营造法原》等专著的基本内容，对仿古建筑的基本构造、名词术语、设计原理、施工要点等，进行专题专述、以文配图、释疑解难，以求达到：使初学者明理是非，给教学者解决疑难，让设计者有所参考，供施工者有所借鉴。全书按仿古建筑特点分割成七章，计350个问答题，将各种常规性仿古建筑的构造图样、规格尺寸、名词释疑等，进行既有综合性，又有独立性的答疑条款，以方便读者查阅和使用。具体内容为：第一章　中国仿古建筑特色论述。第二章　中国仿古建筑木构架。第三章 中国仿古建筑屋面瓦作。第四章 中国仿古建筑围护结构。第五章 中国仿古建筑台基与地面。第六章 中国仿古建筑装饰装修。第七章 仿古建筑设计施工点拨。

24. 预算员手册（第三版）（78.8万字） 2010.8 中国建筑工业出版社出版

本书按新的改革要求，将原版预算内容改为工程量清单内容，并提供一张智能计算光盘，以解除烦琐的手工计算操作。该书是将理论与实践、务实与操作融为一体的版本，全书共分五章：第一章 工程量清单基本内容简述。第二章 建筑工程项目名称释疑。第三章 建筑工程量清单编制示范。第四章 建筑工程量清单计价示范。第五章 建筑工程计算光盘使用说明。

25. 城市别墅建筑设计（32.9万字） 2011.6 化学工业出版社出版

本书以普及版本的入门形式，帮助初学者和自学者达到既能掌握基本理论知识，也能进行实际操作，为提高建筑设计能力打下牢固基础。全书共分五章：第一章 城市别墅概论。第二章 功能分析与平面设计。第三章 外观造型与立面设计。第四章 内空高度与剖面设计。第五章 城市别墅建筑设计图集。

26. 中国园林建筑施工技术（第三版）（66.8万字） 2012.5 中国建筑工业出版社出版

本书对原版章节结构作了一定更新和调整，增补了《营造法式》、《营造法原》的一些相关内容及解说，增添了更多的图例，全书分为八章：第一章 园林建筑鉴别及基础施工。第二章 园林建筑木构架施工。第三章 园林建筑墙体施工。第四章 园林建筑屋顶工程。第五章 园林建筑木装修工程。第六章 地面及石作工程。第七章 油漆彩画工程。第八章 石券桥及石景。

27. 《仿古建筑工程工程量计算规范》GB 50855—2013 解读与应用示例（58.4万字） 2013.10 中国建筑工业出版社出版

本书是对 2013《仿古建筑工程工程量计算规范》的实施，进行解读和示例的辅导书籍，全书分为五章：第一章 新旧工程计量规范概论。第二章 编制仿古建筑"工程量清单"。第三章 编制仿古建筑工程"清单计价"。第四章 《营造法原作法项目》名词通解。第五章 《营造则例作法项目》名词通解。

28. 中国仿古建筑知识（71.0万字） 2013.10 中国建筑工业出版社出版

本书以宋《营造法式》、清《工程做法则例》、吴《营造法原》等三本历史著作的原始内容，对中国古建筑各部分技术知识，以专题专词专释形式，进行较全面地详细诠译，并将宋、清、吴三制所述及相同问题，收集整理在一起，以供读者相互对照阅览。全书共分八章：第一章 中国古建筑文化特征。第二章 中国古建筑台基与地面。第三章 中国古建筑木构架。第四章 中国古建筑屋面结构。第五章 中国古建筑砖墙砌体。第六章 中国古建筑斗栱。第七章 中国古建筑木装修。第八章 中国古建筑油漆彩画。

29. 《仿古建筑工程预算快速入门与技巧》（44.0万字） 2014.4 中国建筑工业出版社出版

本书介绍对仿古建筑工程的工程量清单，利用电脑光盘中表格，进行快速编写和简易计算的一种操作方法。并同时列出手工计算与快速计算表的对照内容，以帮助读者能够进行对照比较。书中内容共分为四章：第一章 仿古建筑计价光盘操作。第二章 仿古亭子建筑"项目清单"编制。第三章 仿古亭子建筑"项目清单"计价。第四章 仿古房屋建筑的清单编制与计价。第五章 仿古建筑基本知识。

30. 《房屋建筑与装饰工程工程量计算规范》GB 50855—2013 解读与应用示例（90.6

2015.3 中国建筑工业出版社出版

本书介绍利用电脑光盘中表格，进行快速编写和简易计算的一种操作方法。只要将光盘放入电脑打开后，在相应表格内输入最基本数据，就可立刻得到你所需要的计算结果，减免了寻找计算公式和计算系数的麻烦，使复杂的计算工作得以大大简化。书中内容共分为四章：

第一章　住宅建筑工程"项目清单编制"。介绍采用表格方法，编制住宅房屋"工程量清单"的全过程。

第二章　住宅建筑工程"清单计价"。介绍采用表格方法，快速完成住宅房屋工程的"清单计价"工作。

第三章　幼儿园建筑工程"项目清单编制"。以幼儿园工程复习和扩展，用表格法编制工程量清单。

第四章　幼儿园建筑工程"清单计价"。衔接上章，复习和扩展表格法的清单计价。

第五章　光盘操作知识。以通俗易懂形式，介绍使用光盘表格的一些基本操作知识。